高校经典教材同步辅导丛书

模拟电子技术基础简明教程
（第4版）
同步辅导及习题全解

主　编　苏志平　于登峰

中国水利水电出版社
www.waterpub.com.cn
·北京·

内 容 提 要

本书是与高等教育出版社出版《模拟电子技术基础简明教程》（第 4 版）（主编杨素行，副主编杜湘瑜）一书配套的同步辅导及习题全解辅导书。

《模拟电子技术基础简明教程》（第 4 版）共 10 章，分别介绍半导体器件、放大电路的基本原理和分析方法、放大电路的频率响应、功率放大电路、集成运算放大电路、放大电路中的反馈、模拟信号运算电路、信号处理电路、波形发生电路、直流电源。本书按教材内容安排全书结构，各章均包括知识要点概述、内容概要、习题与思考题、典型提高题 4 部分内容。全书按教材内容，针对各章节习题给出详细解答，思路清晰、逻辑性强，循序渐进地帮助读者分析并解决问题，内容详尽、简明易懂。

本书可作为高等院校学生学习“模拟电子技术”课程的辅导教材，也可作为考研人员复习备考的辅导教材，还可供教师备课命题参考。

图书在版编目（ＣＩＰ）数据

模拟电子技术基础简明教程（第4版）同步辅导及习题全解 / 苏志平，于登峰主编. -- 北京 : 中国水利水电出版社，2023.6
（高校经典教材同步辅导丛书）
ISBN 978-7-5226-1598-1

Ⅰ. ①模… Ⅱ. ①苏… ②于… Ⅲ. ①模拟电路－电子技术－高等学校－教学参考资料 Ⅳ. ①TN710.4

中国国家版本馆CIP数据核字(2023)第111635号

责任编辑：王玉梅　　加工编辑：曲书瑶　　封面设计：李　佳

书　　名	高校经典教材同步辅导丛书 **模拟电子技术基础简明教程（第 4 版）同步辅导及习题全解** MONI DIANZI JISHU JICHU JIANMING JIAOCHENG (DI 4 BAN) TONGBU FUDAO JI XITI QUANJIE
作　　者	主　编　苏志平　于登峰
出版发行	中国水利水电出版社 （北京市海淀区玉渊潭南路 1 号 D 座　100038） 网址：www.waterpub.com.cn E-mail：mchannel@263.net（万水） sales@mwr.gov.cn 电话：（010）68545888（营销中心）、82562819（万水）
经　　售	北京科水图书销售有限公司 电话：（010）68545874、63202643 全国各地新华书店和相关出版物销售网点
排　　版	北京万水电子信息有限公司
印　　刷	三河市鑫金马印装有限公司
规　　格	170mm×227mm　16 开本　14 印张　226 千字
版　　次	2023 年 6 月第 1 版　2023 年 6 月第 1 次印刷
定　　价	41.80 元

前 言

高等教育出版社出版的《模拟电子技术基础简明教程》(第 4 版)(主编杨素行,副主编杜湘瑜)以体系完整、结构严谨、层次清晰、深入浅出的特点成为“模拟电子技术基础”课程的经典教材,被全国许多院校采用。

为了帮助读者更好地学习“模拟电子技术基础”课程,掌握更多的知识,我们根据多年的教学经验编写了这本与此教材配套的《模拟电子技术基础简明教程(第 4 版)同步辅导及习题全解》。本书旨在使广大读者理解基本概念,掌握基本知识,学会基本解题方法与解题技巧,进而提高应试能力。

本书作为一种辅助性的教材,具有较强的针对性、启发性、指导性和补充性。考虑到“模拟电子技术基础”课程的特点,我们在内容上作了以下安排:

(1)知识要点概述。 每章前面均对本章的知识要点进行了整理,并综合众多参考资料归纳了本章几乎所有的考点,便于读者学习与复习。

(2) 内容概要。 对每章知识点作了简练概括,梳理了各知识点之间的联系脉络,突出各章节主要定理及重要公式,使读者在各章节学习过程中目标明确、有的放矢。

(3) 习题与思考题。 教材中思考题、课后习题丰富、层次多样,许多基础性问题从多个角度帮助读者理解基本概念和基本理论,促其掌握基本解题方法。鉴于此,我们对教材的课后习题给出了详细的解答。

(4) 典型提高题。 该部分选取了一些启发性或综合性较强的经典例题,对所给例题先进行分析,再给出详细解答,并在最后作出点评,意在抛砖引玉。

由于时间仓促及编者水平有限,书中难免存在疏漏甚至错误之处,恳请广大读者和专家批评指正。如有疑问,请联系我们(微信:JZCS15652485156;QQ 群:774625499)。

编者

2022 年 10 月

目录
contents

目 录
contents

目 录
contents

第一章

半导体器件

知识要点概述

1. 掌握半导体二极管的伏安特性及主要参数。
2. 掌握稳压二极管的伏安特性及主要参数。
3. 掌握半导体三极管的输入、输出特性及主要参数。
4. 理解 PN 结的单向导电性。
5. 理解半导体三极管的放大作用。
6. 理解半导体三极管的放大原理、特性曲线及主要参数。
7. 了解半导体中的两种载流子。
8. 了解 N 型半导体和 P 型半导体。

内容概要

各种半导体器件，包括半导体二极管、稳压管、双极型三极管和场效应三极管等，是构成各种模拟电子电路（包括分立元件电路和集成电路）的基本元件。因此，本章属于模拟电子电路的基础性内容。

一、半导体的分类

- 本征半导体
- 杂质半导体
  - P 型半导体　多子为空穴
  - N 型半导体　多子为电子

二、半导体二极管

1. 半导体二极管的单向导电作用

半导体二极管的核心组成部分是一个 PN 结，在 PN 结中存在着两种载流子的运动：扩散运动和漂移运动。载流子的这两种运动产生相应的两种电流：扩散电流和漂移电流。扩散运动的结果是使空间电荷区加宽，而漂移运动的结果是使空间电荷区变窄。当达到动态平衡时，扩散电流和漂移电流相等，PN 结中总的电流为 0，空间电荷区的宽度达到稳定。

PN 结正向偏置时，即使加上一个很小的正向电压，回路中也将流过一个较大的正向电流，说明 PN 结正向偏置时能够导电，如图 1-1(a) 所示。

PN 结反向偏置时，反向电流极小，几乎等于 0，此时 PN 结处于截止状态，说明 PN 结反向偏置时不能导电，如图 1-1(b) 所示。

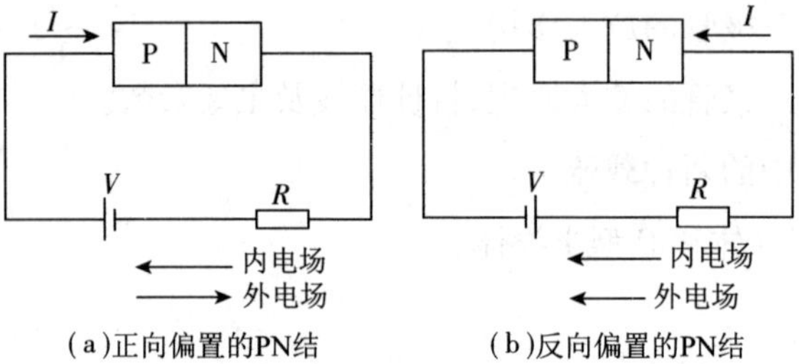

(a)正向偏置的PN结　(b)反向偏置的PN结

图 1-1　PN 结

2. 半导体二极管的伏安特性

半导体二极管的伏安特性如图 1-2 所示，由此可以清楚地看出它具有单向导电作用。

小功率锗二极管的死区电压约为 0.1V，正向导通压降约为 0.2V；小功率硅二极管的死区电压约为 0.5V，正向导通压降约为 0.7V。

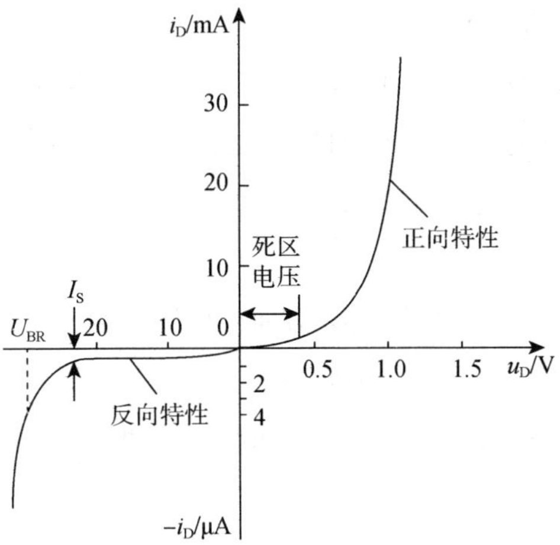

图 1-2

3. 半导体二极管的主要参数

(1) 最大整流电流 I_F—— 二极管长期运行时，允许通过二极管的最大正向平均电流。使用时，管子的平均电流不得超过此值，否则二极管可能被烧毁。

(2) 最高反向工作电压 U_R—— 加在二极管两端的最高反向电压不得超过此值，否则二极管可能被击穿。

(3) 反向电流 I_R—— 在室温下，给二极管加上规定的反向电压时流过管子的反向电流。要求此值越小越好。

(4) 最高工作频率 f_M—— 二极管允许的最高工作频率。

4. 稳压管

(1) 稳压管的伏安特性。稳压管的伏安特性和符号如图 1-3 所示。使用稳压管时，为了使其工作在反向击穿区，应将外加电压的正端接稳压二极管的阴极，外加电压的负端接稳压二极管的阳极。

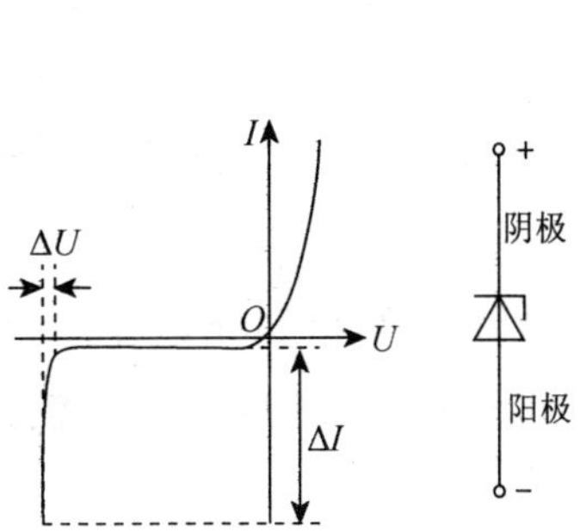

图 1-3

(2) 稳压管与一般的半导体二极管的区别:

1) 为了利用二极管的单向导电性,一般的二极管常常既工作在正向特性区,也工作在反向特性区;而为了达到稳压的目的,稳压管通常工作在反向击穿区。

2) 一般来说,要求二极管的反向击穿电压比较高;而稳压管的反向击穿电压相对比较低。

3) 二极管如果被击穿,常常造成损坏;而稳压管虽然工作在反向击穿区,但只要注意限制流过稳压管的电流,并不会损坏管子。

4) 二极管的主要用途有整流、检波等;而稳压管的主要用途是组成稳压电路。

三、双极结型三极管

1. 三极管的放大作用

三极管具有电流放大作用。

三极管中的电流分配符合以下关系:$I_B < I_C < I_E$,且 $I_C \approx I_E$。

2. 三极管的特性曲线

三极管的输入、输出特性曲线描述了三极管各极电流和电压之间的关系。NPN 三极管的共射输入、输出特性曲线如图 1-4 所示。

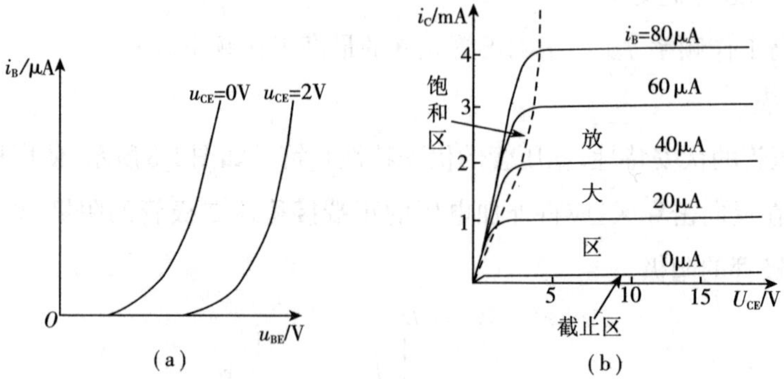

图 1-4

在图 1-4(b) 所示的输出特性上,可以划分为三个区域:截止区、放大区和饱和区。在这三个区域中,只有工作在放大区,三极管才具有电流放大作用,即集电极电流 I_C 和基极电流 I_B 之间存在以下关系:

$$I_C = \bar{\beta} I_B$$

■ 四、场效应三极管

1. 双极型三极管与场效应三极管的电极对应关系

基极 b → 栅极 g，发射极 e → 源极 s，集电极 c → 漏极 d

2. 场效应三极管的分类

- 场效应管
  - 结型
    - N 沟道（耗尽型）
    - P 沟道（耗尽型）
  - 绝缘栅型
    - N 沟道
      - 增强型
      - 耗尽型
    - P 沟道
      - 增强型
      - 耗尽型

各种不同类型的场效应管的符号和特性曲线也都不同，见表 1-1。

表 1-1　各种场效应管的符号和特性曲线

种类		符号	转移特性	输出特性
结型 N 沟道	耗尽型	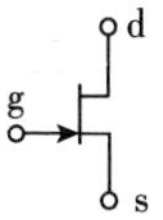	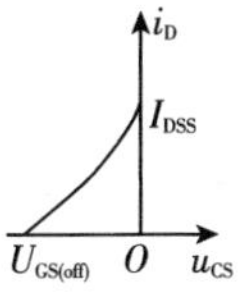	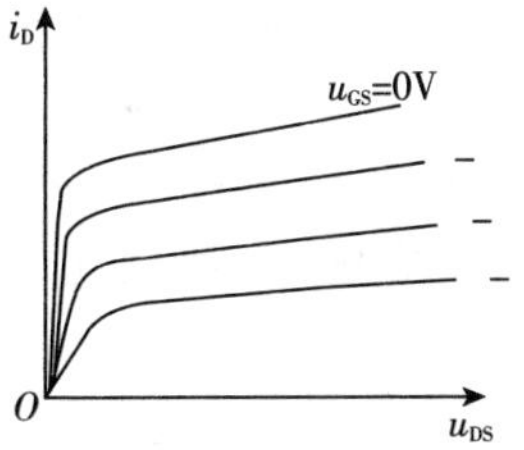
结型 P 沟道	耗尽型	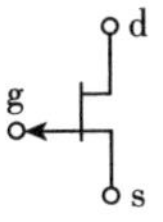	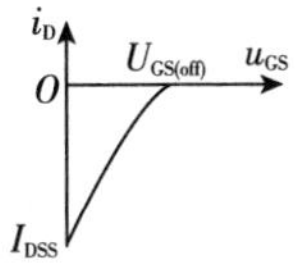	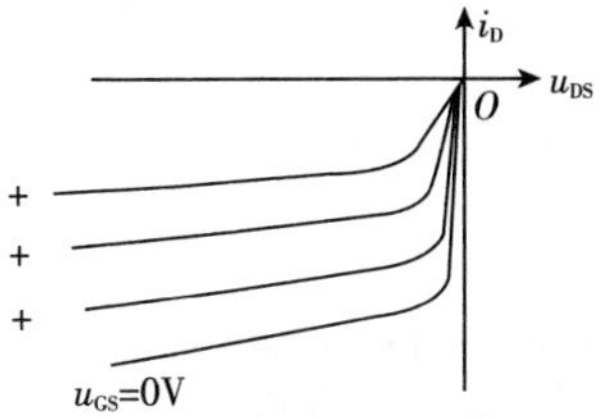

续表

种类		符号	转移特性	输出特性
绝缘栅型 N沟道	增强型	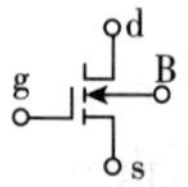	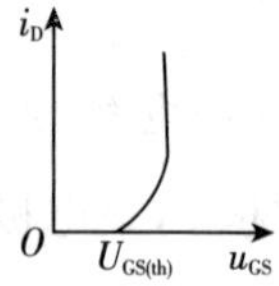	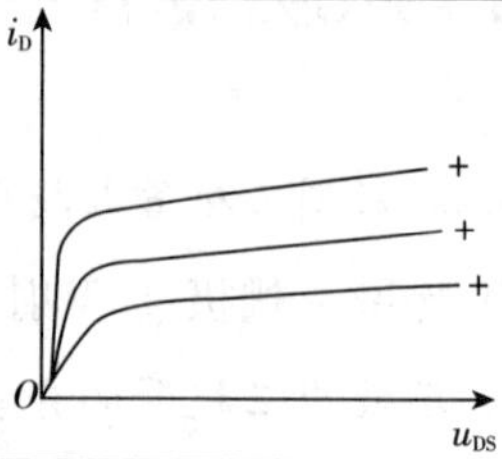
	耗尽型	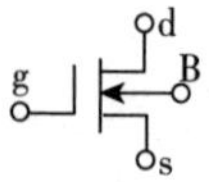	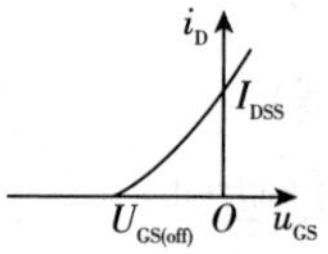	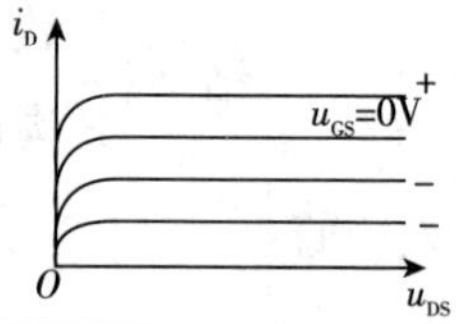
绝缘栅型 P沟道	增强型	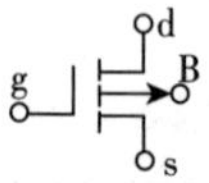	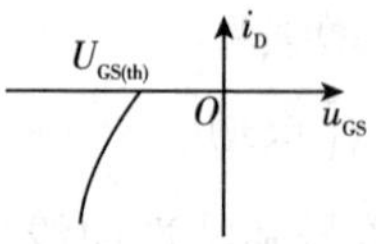	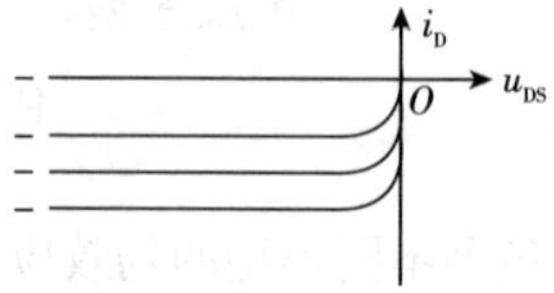
	耗尽型	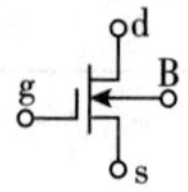	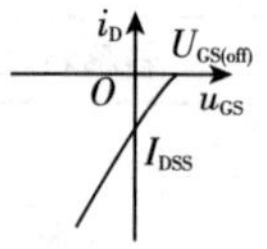	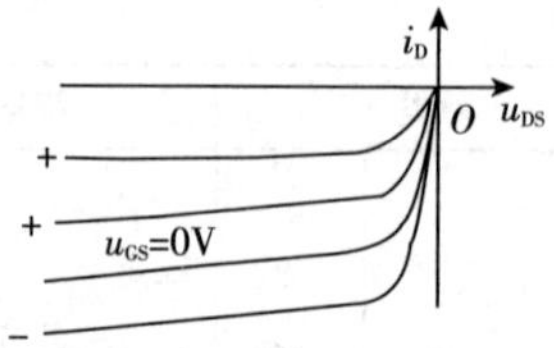

(1) 结型及绝缘栅耗尽型场效应管：

$$i_D = I_{DSS}\left(1-\frac{u_{GS}}{U_{GS(off)}}\right)^2$$

(2) 绝缘栅增强型场效应管：

$$i_D = K(u_{GS}-U_{GS(th)})^2$$

习题与思考题

习题 1-1 逻辑推理 半导体二极管的核心部分是一个 PN 结，根据 PN 结的形成原理推导。

解题过程 为了使半导体二极管具有良好的单向导电性，要求二极管的正向电阻越小越好，同时要求其反向电阻越大越好。通常理想二极管的正向电阻等于 0，反向电阻等于 ∞。

习题 1-2 知识点窍 温度每升高 10℃，反向电流增加一倍。

逻辑推理 通过实例计算，理解二极管的反向电流随温度升高而急剧增大的特性。

解题过程 在 20℃ 时反向电流约为 $2^{-3}\times 10\mu A = 1.25\mu A$

在 80℃ 时反向电流约为 $2^{3}\times 10\mu A = 80\mu A$

习题 1-3 逻辑推理 清楚曲线上各参数的定义，并进一步分析，当二极管工作在正向特性区时，若电源电压增大，二极管的电流也随之增大，但管子两端的电压变化不大。

解题过程 采用图解法，其图解过程如图解 P1-3 所示。

由图解 P1-3 估算可得：当电源电压为 1.5V 时，$I\approx 0.8mA$，$U\approx 0.7V$；当电源电压改为 3V 时，$I\approx 2.2mA$，$U\approx 0.8V$。

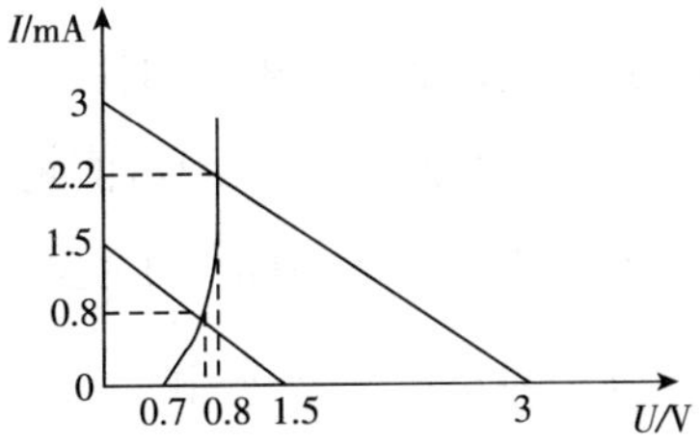

图解 P1-3

习题 1-4 知识点窍 二极管的单向导电性及其转移特性：二极管导通时，$u_D = 0.7V$；二极管截止时，$i_D = 0$。

逻辑推理 由题设二极管的正向压降和反向电流可以忽略，则在二极管两侧加正向电压时，二极管是导通的且其导通电阻为 0。当两侧加反向电压时，二极管是截止的，相当于电阻值为 ∞。

解题过程 由以上推理可得波形图，如图解 P1-4 所示。

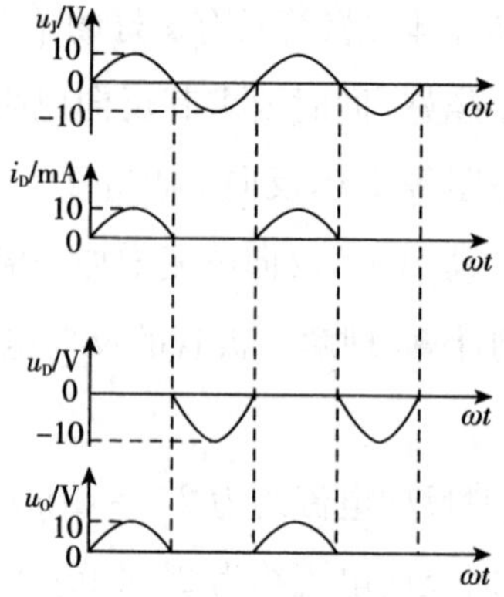

图解 P1-4

习题 1-5 逻辑推理 由 $r_Z = \frac{\Delta U}{\Delta I}$，当稳压管的电流变化时，稳压管的电压变化量越小，表明稳压效果越好，因此 r_Z 越小越好；对于同一个稳压管而言，工作电流 I_Z 越大，其动态内阻 r_Z 越小，因此 I_Z 越大越好；温度系数 α_U 的绝对值越小，表示当温度变化时，稳压管的电压变化百分比越小。

解题过程 为了使稳压管具有良好的稳压特性，要求它的工作电流 I_Z 越大越好，但应注意不要超过其额定功耗，以免损坏稳压管，同时要求动态内阻 r_Z 与温度系数 α_U 的绝对值越小越好。

习题 1-6 知识点窍 稳压管主要参数 U_Z、r_Z 和 α_U 的意义。

逻辑推理 利用稳压管主要参数的意义，由 $r_Z = \frac{\Delta U_Z}{\Delta I_Z}$ 以及 $\frac{\Delta U_Z}{U_Z} = \Delta T \alpha_U$ 进行推导。

解题过程 ① 由 $r_Z = \frac{\Delta U_Z}{\Delta I_Z}$ 知

$$\Delta U_Z = \Delta I_Z r_Z$$
$$= (20-5)\times 10^{-3}\,\text{A}\times 8\Omega = 0.12\text{V}$$

则 $U_Z = (10+0.12)\text{V} = 10.12\text{V}$

② 由 $\frac{\Delta U_Z}{U_Z} = \Delta T \alpha_U = (50-20)℃ \times 0.09\%/℃ = 2.7\%$

则 $U_Z = 10\text{V} + 10\text{V}\times 2.7\%$
$$= 10.27\text{V}$$

习题 1-7 逻辑推理 根据 $I=\dfrac{U}{R}$（即欧姆定律）计算各部分的电流值 I 及 I_L，再根据 $I=I_Z+I_L$ 计算 I_Z。

解题过程 ① 由 $U_Z=6V, R_L=1k\Omega$，有

$$I_L=\frac{U_Z}{R_L}=\frac{6V}{1k\Omega}=6mA$$

$$I=\frac{U-U_Z}{R}=\frac{(10-6)V}{200\Omega}=20mA$$

$$I_Z=I-I_L=20mA-6mA=14mA$$

② 当电源电压 U 升高到 12V 时，I_L 不变，此时 $I_L=6mA$，则

$$I=\frac{U-U_Z}{R}=\frac{(12-6)V}{200\Omega}=30mA$$

$$I_Z=I-I_L=30mA-6mA=24mA$$

③ 当 R_L 改为 2kΩ 时，有

$$I_L=\frac{6V}{2k\Omega}=3mA$$

$$I=\frac{U-U_L}{R}=\frac{(10-6)V}{200\Omega}=20mA$$

所以此时稳压管中的电流为

$$I_Z=I-I_L=20mA-3mA=17mA$$

习题 1-8 知识点窍 稳压管的分析：正向导通时，$u_D\approx0.7V$；反向击穿时，$u_D=u_Z$。

逻辑推理 串联时，正接反接共有 3 种组态，分别求此时的电压。

解题过程 串联时，正接反接 3 种不同的串联方法如图解 P1-8 所示。

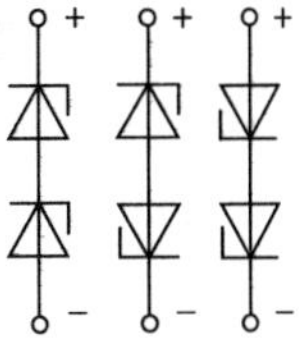

图解 P1-8

其稳压值分别为

(a)6V＋6V＝12V

(b)6V＋0.7V＝6.7V

(c)0.7V＋0.7V＝1.4V

习题 1-9 逻辑推理 清楚曲线上各参数的定义，并通过比较理解$\bar{\beta}$与 β、$\bar{\alpha}$ 与 α 的数值逼

近性。

解题过程 (1) 根据各参数定义在曲线上分别求出：

$$\bar{\beta} \approx \frac{I_C}{I_B} = \frac{6}{0.04} = 150$$

$$\bar{\alpha} \approx \frac{I_C}{I_E} = \frac{6}{6.04} = 0.993$$

$$\beta = \frac{\Delta I_C}{\Delta I_B} = \frac{9-3.2}{0.06-0.02} = 145$$

$$\alpha = \frac{\Delta I_C}{\Delta I_E} = \frac{9-3.2}{9.06-3.22} = 0.993$$

(2) 三极管的安全工作区如图解 P1-9 所示。

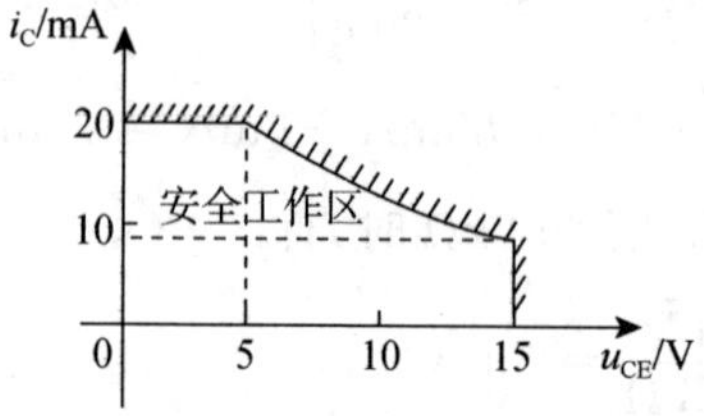

图解 P1-9

习题 1-10 **知识点窍** $\alpha = \frac{\beta}{1+\beta}$，$\bar{\alpha} \approx \frac{I_C}{I_E}$，$\bar{\beta} \approx \frac{I_C}{I_B}$。

逻辑推理 根据电流之间的比例关系：$\bar{\beta} \approx \frac{I_C}{I_B}$，$\bar{\alpha} \approx \frac{I_C}{I_E}$ 以及 α 与 β 的关系

$\alpha = \frac{\beta}{1+\beta}$ 求解。

解题过程 由 $\bar{\beta}_1 = 99$ 及 $\bar{\alpha}_1 = \frac{\bar{\beta}_1}{1+\bar{\beta}_1}$ 得 $\bar{\alpha}_1 = \frac{99}{1+99} = 0.99$

当 $I_{B1} = 10\mu A$ 时，

$$I_{C1} \approx \bar{\beta}_1 I_{B1} = 99 \times 10\mu A = 990\mu A$$

$$I_{E1} \approx \frac{I_{C1}}{\alpha_1} = \frac{990\mu A}{0.99} = 1mA$$

同理，由 $\bar{\alpha}_2 = 0.95$ 可求得 $\bar{\beta}_2 = 19$

若 $I_{E2} = 1\text{mA}$,则

$I_{C2} \approx \bar{\alpha}_2 I_{E2} = 0.95 \times 1\text{mA} = 0.95\text{mA}$

$I_{\beta_2} \approx \dfrac{I_{C2}}{\beta_2} = \dfrac{0.95\text{mA}}{19} \approx 50\mu\text{A}$

习题 1-11 知识点窍 温度对 I_{CBO}、β 的影响:温度每升高 10℃ 时,I_{CBO} 大约增加一倍;温度每升高 1℃ 时,β 大约增大 1%。

逻辑推理 根据集电极反向电流的温度特性及电流放大倍数 β 的温度特性进行求解。

解题过程 由 $I_{CEO} = (1+\beta)I_{CBO}$,

则 20℃ 时,$I_{CEO} = (1+30) \times 1\mu\text{A} = 31\mu\text{A}$

50℃ 时,$I_{CBO} \approx 8\mu\text{A}$

$\beta \approx 30 + 30 \times 30 \times 1\% = 39$

所以 $I_{CEO} = I_{CBO}(1+\beta) = (39+1) \times 8\mu\text{A} = 320\mu\text{A}$

习题 1-12 解题过程 ① 由教材图 P1-12(b) 中 $i_B = 0\mu\text{A}$ 时可得 $I_{CEO} = 0.5\text{mA}$;由教材图 P1-12(a) 中 i_B 的变化可得死区电压为 -0.2V。

②PNP 管中若工作在放大区应使发射结正偏,集电结反偏,所以 $u_{BE} < 0$,$u_{BC} > 0$。

同理,NPN 管中,发射结正偏时,$u_{BE} > 0$;集电结反偏时,$u_{BC} < 0$。

习题 1-13 逻辑推理 根据三极管截止区、放大区和饱和区的特点,根据 U_{BE} 及 U_{BC} 的大小来判断。

解题过程 (a)$U_{BE} = 0.7\text{V}$,$U_{BC} = 0.7 - 5 = -4.3\text{V}$

发射结正偏,集电结反偏,三极管工作在放大区。

(b)$U_{BE} = 2\text{V} - 12\text{V} = -10\text{V}$,$U_{BC} = 2\text{V} - 12\text{V} = -10\text{V}$

发射结和集电结均反偏,三极管工作在截止区。

(c)$U_{BE} = -5.3\text{V} + 6\text{V} = 0.7\text{V}$,$U_{BC} = -5.3\text{V} - 0 = -5.3\text{V}$

发射结正偏,集电结反偏,三极管工作在放大区。

(d)$U_{BE} = 10.75\text{V} - 10\text{V} = 0.75\text{V}$,

$U_{BC} = 10.75\text{V} - 10.3\text{V} = 0.45\text{V}$

发射结和集电结均正偏，三极管工作在饱和区。

(e)$U_{BE}=0.3V$，$U_{BC}=0.3V+5V=5.3V$

发射结和集电结均反偏，三极管工作在截止区。

(f)$U_{BE}=4.7V-5V=-0.3V$，$U_{BC}=4.7V-4.7V=0$

发射结正偏，集电结电压为0，三极管处于临界饱和状态。

(g)$U_{BE}=-1.3V+1V=-0.3V$，$U_{BC}=-1.3V+10V=8.7V$

发射结正偏，集电结反偏，三极管工作在放大区。

(h)$U_{BE}=11.7V-12V=-0.3V$，$U_{BC}=11.7V-8V=3.7V$

发射结正偏，集电结反偏，三极管工作在放大区。

习题 1-14 逻辑推理 根据KVL定律和欧姆定律求出 I_B，再根据 $\beta=\frac{I_C}{I_B}$ 求 I_C，然后求出 U_{CE}，根据以上数值再判断三极管的工作特性。

解题过程 (a)$i_B=\frac{(2-0.7)V}{20k\Omega}=0.065mA$

$i_C\approx\beta\cdot i_B=50\times0.065mA=3.25mA$

$u_{CE}=10V-2k\Omega\times3.25mA-0.7V=2.8V$

此时三极管工作在放大区，如图解P1-14中的A点所示。

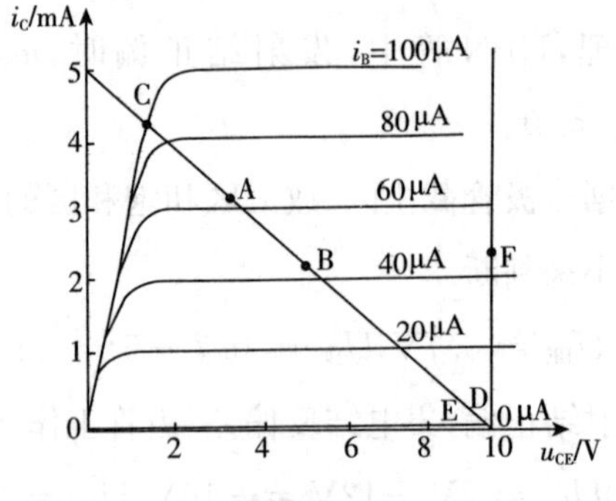

图解 P1-14

(b) 同理，求得 $i_B=0.0465mA$

$i_C\approx2.325mA$

$u_{CE}=10V-2.325mA\times2k\Omega=5.35V$

此时三极管工作在放大区，如图解P1-14中的B点所示。

(c) 用与(a)、(b) 同样的方法计算得

$i_B = 0.465\text{mA}, i_C \approx 23.25\text{mA}, u_{CE} = -36.5\text{V}$

此时 I_C 与 U_{CE} 的值是矛盾的，实际情况是三极管此时已工作在饱和区。

故 $i_B = 0.465\text{mA}, i_C \approx \dfrac{V_{CC}}{R_C} = \dfrac{10\text{V}}{2\text{k}\Omega} = 5\text{mA}, u_{CE} = u_{CES} = 0.3\text{V}$，如图解 P1-14 中的 C 点所示。

(d) 由图可知 $u_{BE} = -2\text{V}$，则

$i_B \approx 0, i_C \approx 0, u_{CE} \approx V_{CC} = 10\text{V}$

此时三极管工作在截止区，如图解 1-14 中的 D 点所示。

(e)$i_B = 0, i_C \approx 0, u_{CE} \approx V_{CC} = 10\text{V}$

此时三极管工作在截止区，如图解 1-14 中的 E 点所示，实际上 D、E 两点基本重合。

(f)$i_B = 0.0465\text{mA}, i_C \approx 50 \times 0.0465\text{mA} = 2.325\text{mA}, u_{CE} = V_{CC} = 10\text{V}$

此时三极管工作在放大区，如图解 P1-14 中的 F 点所示。

习题 1-15 **逻辑推理** 根据三极管工作在放大区时，基极的电位处于集电极和发射极之间，首先确定基极，再根据 $|U_{BE}| < |U_{BC}|$ 确定出集电极和发射极。根据 $U_{BE} > 0$ 时为 NPN 管，$U_{BE} < 0$ 时为 PNP，硅管与锗管的判别规则是：$U_{BE} \geqslant 0.6\text{V}$ 时为硅管，$U_{BE} \leqslant 0.3\text{V}$ 时为锗管。

解题过程 (a)1 为发射极 e，2 为集电极 c，3 为基极 b，三极管的类型为 NPN 锗管。

(b)2 为发射极 e，1 为集电极 c，3 为基极 b，三极管的类型为 PNP 硅管。

习题 1-16 **知识点窍** 场效应管的漏极特性曲线和转移特性：当 $U_{GS} > U_T$ 时，

$I_D = I_{DO}\left(\dfrac{U_{GS}}{U_T} - 1\right)^2$。

逻辑推理 在场效应管的漏极特性曲线上，根据各参数之间的关系用作图法画转移特性。

解题过程 作图过程如图解 P1-16 所示。

由图可知，$U_T = 2V$。

根据公式，$I_D = I_{DO}\left(\dfrac{U_{GS}}{U_T} - 1\right)^2$，其中，$I_{DO}$ 为 $U_{GS} = 2U_T$ 时 I_D 的值，而 $I_{DO} = 2.45mA$，则

$$g_m = \frac{\Delta I_D}{\Delta U_{GS}} = \frac{(4-1.2)mA}{(4.5-3.5)V} = 2.8mS$$

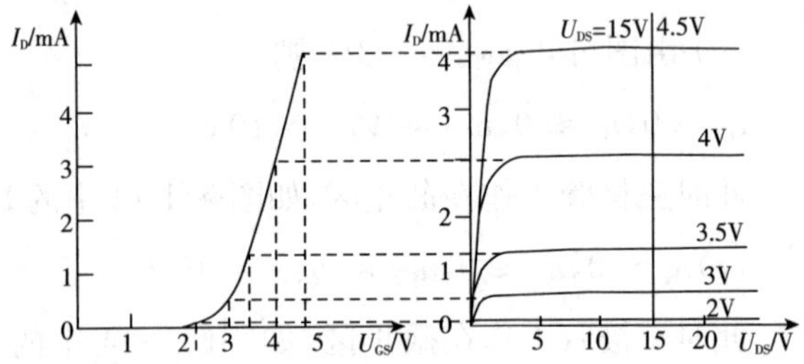

图解 P1-16

习题 1-17 逻辑推理 根据各种不同的场效应管的转移特性进行判断，并对场效应管的主要参数 U_T、U_P、I_{DSS} 进行标定。

解题过程 (a)N 沟道 MOS 增强型（有一段死区，且 $i_D > 0$）。

(b) 结型 P 沟道耗尽型。

(c)N 沟道 MOS 耗尽型（由于 VGS 变大而夹断）。

(d)P 沟道 MOS 增强型。

主要性能参数 $U_{GS(th)}$、$U_{GS(off)}$、I_{DSS} 见图解 P1-17。

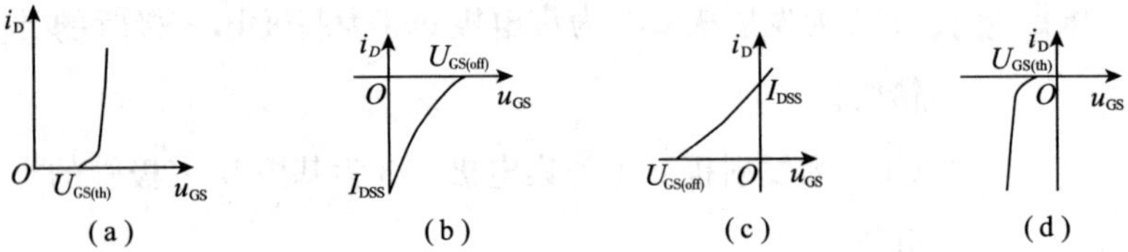

图解 P1-17

习题 1-18 逻辑推理 N 沟道增强型 MOS 场效应管的转移特性：当 $U_{GS} > U_T$ 时，$I_D = I_{DO}\left(\dfrac{U_{GS}}{U_T} - 1\right)^2$。

根据 I_{DO} 和 U_T 的值及转移特性作图。

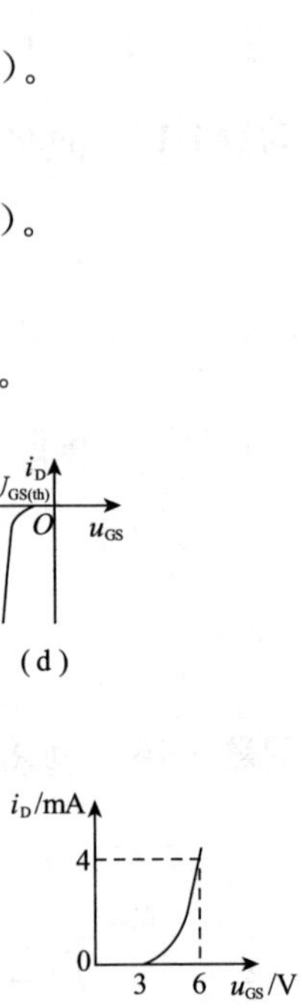

图解 P1-18

解题过程 转移特性曲线如图解 P1-18 所示。

习题 1-19 解题过程 利用 I_{DSS} 与 U_P 作图，场效应管的转移特性曲线如图解 P1-19 所示。

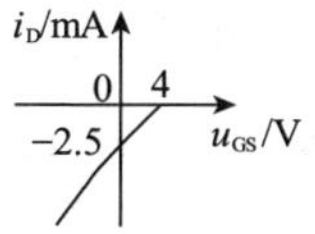

图解 P1-19

典型提高题

题 1-1 设图 D1-1 中的 VD_1、VD_2 都是理想二极管，求电阻 R 中的电流 I 和电压 U_O。已知 $R = 6k\Omega, E_1 = 6V, E_2 = 12V$。

【逻辑推理】 在两个电源 E_1 和 E_2 的作用下，VD_1 和 VD_2 是正向偏置还是反向偏置不易直接看出，可采用以下两种方法进行解答。

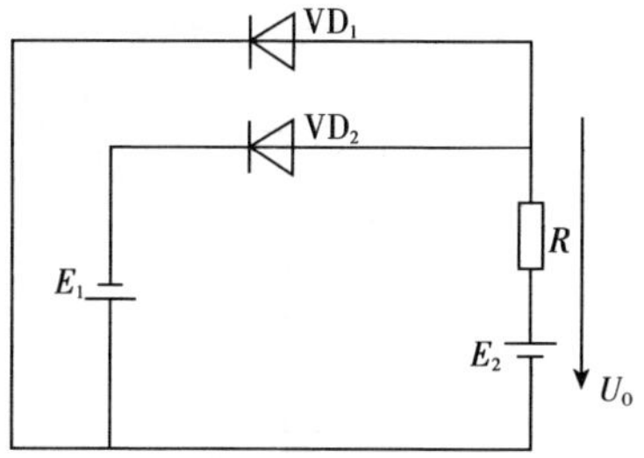

图 D1-1

方法一：先把二极管从电路中取下，然后比较两个开路端电位的高低，即确定开始端电压的极性，若这个开路电压的极性对被判断的二极管是正向偏置的，管子接回原处将导通；反之，管子是反向偏置的，将截止。

方法二：对于含有多个（两个以上）二极管的电路，首先求出二极管的阴极和阳极电位；再比较各二极管的阴极和阳极的电位差，电位差为正且较高的二极管将抢先导通；理想二极管用短路线代替，然后决定其他二极管的状态，阳极对阴极的电位差为负值，二极管截止，最后计算各处电压。

解：

方法一：(1) 先判断 VD_1 的状态。把 VD_1 从电路中取下，如图解 D1-1(a) 所示，可以判断出 VD_2 是正向导通的，于是 6V 电源的正极接 a 端，负极接 b 端，a 点电位高于 b 点电位，这个极性使 VD_1 反向偏置。

(2) 再判断 VD_2 的状态。把 VD_2 从电路中取下，如图解 D1-1(b) 所示，可以判断出 VD_1 是正向导通的，于是 6V 电源的正极经 VD_1 接 d 端，负极接 c 端，即开路端 d 点电位高于 c 点电位，这个极性使 VD_2 正向偏置。

(3) 根据上述判断可以画出图 D1-1 的等效电路，如图解 D1-1(c) 所示。

流过电阻 R 的电流 I 和 U_O 为

$$I = \frac{E_1 + E_2}{R} = \frac{(6+12)\text{V}}{6\text{k}\Omega} = 3\text{mA}$$

$$U_O = -E_1 = -6\text{V}$$

方法二：图 D1-1 所示电路中 VD_1 阳极对阴极的电位差为 +12V，VD_2 为 +18V。经比较，VD_2 抢先导通，用短路线代替后，VD_1 阳极对阴极承受 −6V 电压，故 VD_1 截止，VD_1 开路，如图解 D1-1(c) 所示，并求得

$$I = \frac{(6+12)\text{V}}{6\text{k}\Omega} = 3\text{mA}$$

$$U_O = -E_1 = -6\text{V}$$

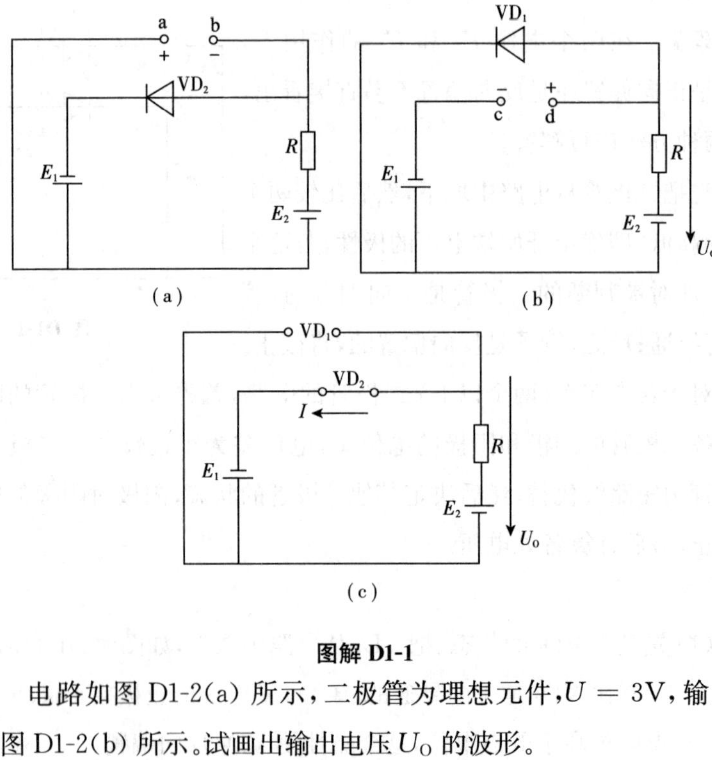

图解 D1-1

题 1-2 电路如图 D1-2(a) 所示，二极管为理想元件，$U = 3\text{V}$，输入电压 $u_I = 6\sin \omega t$，如图 D1-2(b) 所示。试画出输出电压 U_O 的波形。

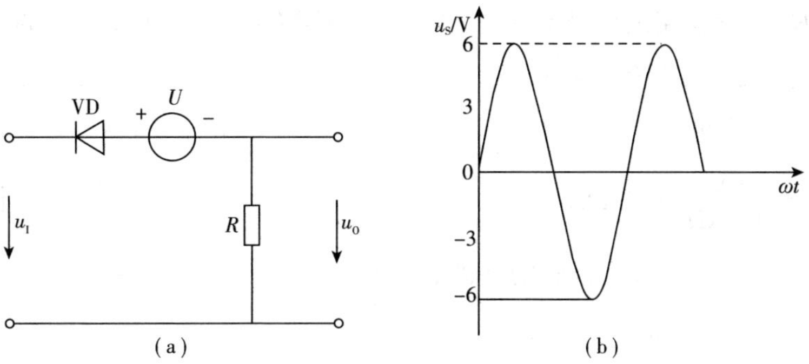

图 D1-2

【逻辑推理】 对 $u_I > U$ 和 $u_I < U$ 分别进行分析。

解:当 $u_I > 3V$ 时,VD 截止,$u_O = 0$;当 $u_I < 3V$ 时,VD 导通,$u_O = u_I - 3V$。由此可画出 u_O 的波形,如图解 D1-2 所示。

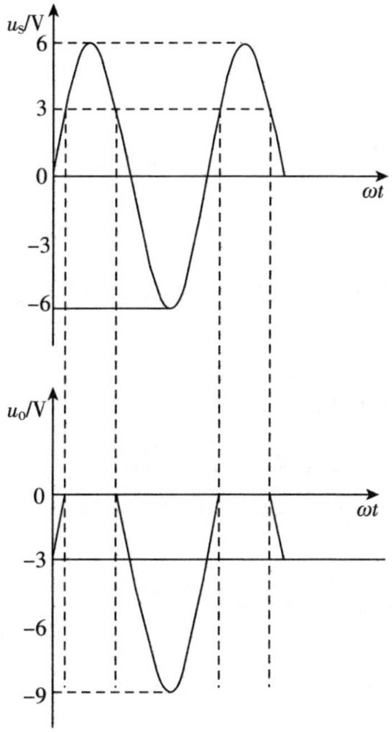

图解 D1-2

题 1-3 放大电路如图 D1-3 所示,晶体管的 $\beta = 50$,$R_C = 1.5k\Omega$,$U_{BE} = 0.6V$。

① 为使电路在 $R_P = 0$ 时,晶体管刚好进入饱和状态(即饱和压降 $U_{CES} = 0$),求电阻 R 的值。

② 若 R_P 的滑动端因接触不良而断路，此时测得 $U_{CE}=7.5V$，求 R_P 的大小。

【知识点窍】 二极管的特性，$I_C=\beta I_B$。

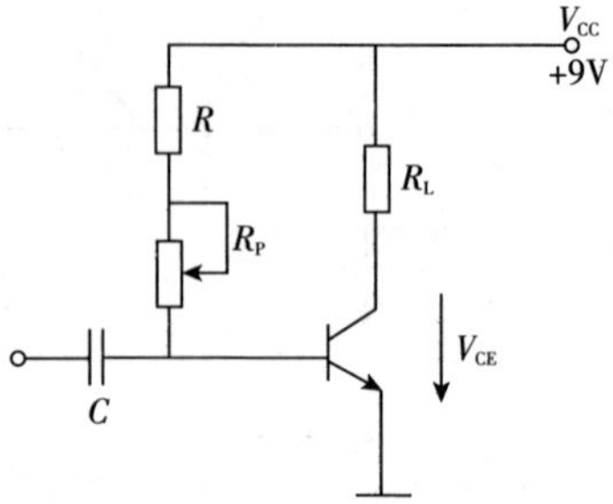

图 D1-3

解：① 由题意可知

$$I_C=\frac{9V}{1.5k\Omega}=6mA$$

由 $I_C=\beta I_B$ 可知三极管的基极电流为

$$I_B=\frac{I_C}{\beta}=\frac{6mA}{50}=0.12mA$$

$$R=\frac{9V-0.6V}{0.12mA}=70k\Omega$$

② 由题意可知

$$I_C=\frac{9V-7.5V}{1.5k\Omega}=1mA$$

$$I_B=\frac{I_C}{\beta}=\frac{1mA}{50}=0.02mA$$

$$R+R_P=\frac{9V-0.6V}{0.02mA}=\frac{8.4V}{0.02mA}=420k\Omega$$

$$R_P=(R+R_P)-R=420k\Omega-70k\Omega=350k\Omega$$

题 1-4 某半导体三极管的输出特性曲线如图 D1-4 所示。试求出该管的 β、α、I_{CEO}、$U_{(BR)CEO}$ 和 P_{CM}。

【知识点窍】 三极管特性曲线。

【逻辑推理】 根据曲线上各参数的定义求解。

解：根据各参数的定义在曲线上分别求出

$$\beta=\frac{\Delta I_C}{\Delta I_B}=\frac{(4-2)mA}{(80-40)\times 10^{-3}mA}=50$$

$$\alpha=\frac{\beta}{1+\beta}=\frac{50}{51}=0.98$$

$$I_{CEO}=I_C-I_B=(0.2-0)mA=0.2mA$$

$$U_{(BR)CEO}=25V$$

当 $U_{CE}=10V$ 时，则

$$P_{CM}=I_CU_{CE}=(5\times 10)mW=50mW$$

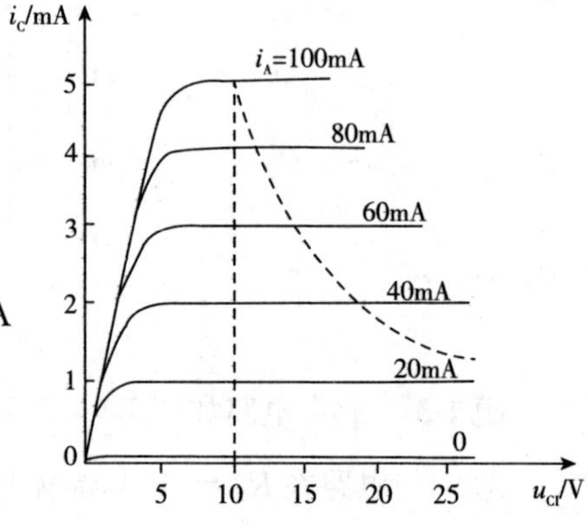

图 D1-4

第二章

放大电路的基本原理和分析方法

知识要点概述

1. 掌握放大的基本概念。

2. 掌握放大电路主要技术指标的含义。

3. 掌握放大电路静态与动态，直流通路与交流通路的概念。

4. 掌握用简化的 h 参数等效电路分析放大电路的 $\dot{A}_u$、R_i 和 R_o 的方法，以及 r_{be} 的估算公式。

5. 掌握两种单管共射放大电路（简单的单管共射放大电路和分压式工作点稳定电路）的工作原理，静态工作点 Q 以及 $\dot{A}_u$、R_i 和 R_o 的估算方法。

6. 掌握放大电路三种基本组态（共射、共基和共集）的工作原理和特点。

7. 理解用图解法分析放大电路的静态和动态工作情况。

8. 理解温度变化对三极管参数的影响。

9. 理解由场效应管组成的共源和共漏放大电路的工作原理及 $\dot{A}_u$、R_i 和 R_o 的估算方法。

10. 理解直接耦合放大电路的零点漂移现象。

11. 了解多级放大电路的阻容耦合和变压器耦合的特点。

12. 了解多级放大电路的电压放大倍数和输入电阻、输出电阻的估算方法。

13. 了解场效应管放大电路与双极型三极管放大电路相比较的特点。

内容概要

本章首先提出了模拟电路的一些基本概念,如放大的本质、直流通路和交流通路、静态和动态、负载工作点、非纯性失真、放大倍数、输入电阻和输出电阻等,在此基础上介绍了几种放大电路的组态与工作原理,并着重介绍了两种分析电路的基本方法:图解法和微变等效电路法。

一、放大电路的组成原则

放大电路的组成原则是以判断放大器能否正常地放大正弦交流信号为标准的。

放大电路有如下两条原则:

(1) 放大器中的晶体管应工作在放大区,即满足发射结正偏,集电结反偏。

(2) 交流通路要通畅,即交流信号在输入回路和输出回路不被短路和过分地旁路。

二、放大电路的基本分析方法

(1) 图解法:其实质是针对放大器件的特性曲线为非线性的特点,在 BJT 或 FET 的特性曲线的基础上用作图的方法求解。

主要优点如下:

1) 形象、直观。

2) 既能分析放大电路的静态,又能分析其动态工作情况。

主要缺点如下:

1) 作图过程比较烦琐,容易产生作图误差。

2) 某些较复杂的放大电路无法用图解法直接求解电压放大倍数。

(2) 微变等效电路法:其实质是在信号变化范围比较小(即“微变”)的前提下,采用局部线性化的方法,用一个线性电路来等效一个非线性的放大器件(BJT 或 FET)。

主要优点如下：

1) 求解过程简单方便，无须作图。

2) 用微变等效电路法可分析简单的放大电路，也可分析较为复杂的放大电路。

主要缺点如下：

1) 只能分析放大电路的动态工作情况，不能进行静态分析。

2) 无法用微变等效电路法分析波形的非线性失真。

三、静态工作点的稳定问题

对于任何放大电路，估算静态工作点都有一个原则，就是必须根据它们的直流通路进行估算。在本章中介绍了几种类型的放大电路，现将这几种电路静态工作点 Q 的估算公式加以整理归纳，列在表 2-1 中。

表 2-1　几种典型放大电路静态工作点的估算公式

电路名称	电路原理图	静态工作点估算公式
单管共射放大电路	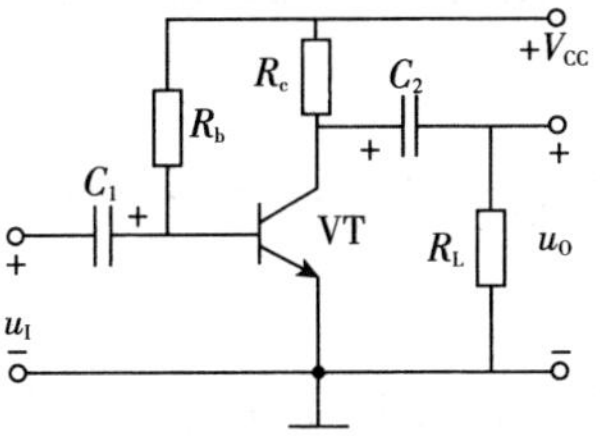	$I_{BQ}=\dfrac{V_{CC}-U_{BEQ}}{R_b}$ 硅管：$U_{BEQ}=(0.6\sim0.8)\mathrm{V}$ 锗管：$U_{BEQ}=(0.1\sim0.3)\mathrm{V}$ $I_{CQ}\approx\beta I_{BQ}$ $U_{CEQ}=V_{CC}-I_{CQ}R_c$
分压式工作点稳定电路	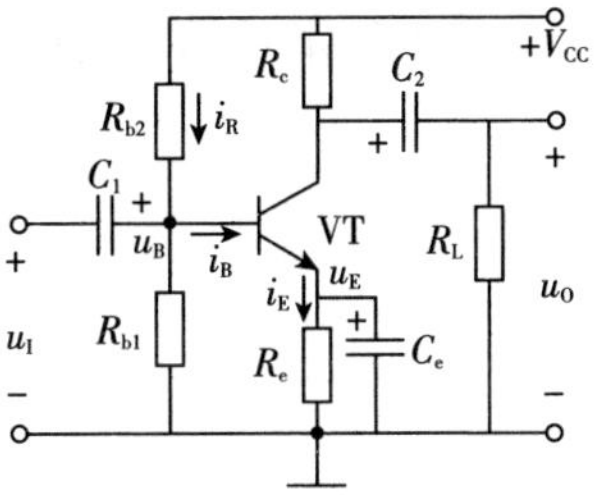	当 $I_R\gg I_{BQ}$ 时 $U_{BQ}\approx\dfrac{R_{b1}}{R_{b1}+R_{b2}}V_{CC}$ $I_{CQ}\approx I_{EQ}=\dfrac{U_{BQ}-U_{BEQ}}{R_e}$ $U_{CEQ}=V_{CC}-I_{CQ}(R_c+R_e)$ $I_{BQ}\approx\dfrac{I_{CQ}}{\beta}$

续表

<table>
<tr><th>电路名称</th><th>电路原理图</th><th>静态工作点估算公式</th></tr>
<tr><td>共集电极
放大电路</td><td>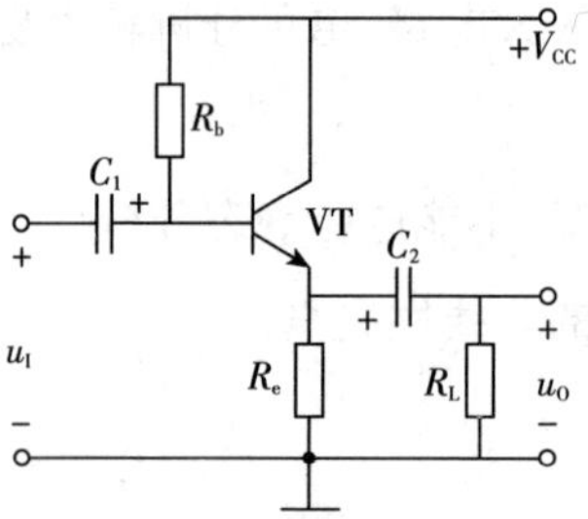
</td><td>$I_{BQ}=\frac{V_{CC}-U_{BEQ}}{R_b+(1+\beta)R_e}$
$I_{CQ}\approx\beta I_{BQ}$
$U_{CEQ}=V_{CC}-I_{EQ}R_e$
$\approx V_{CC}-I_{CQ}R_e$</td></tr>
<tr><td>共基极
放大电路</td><td>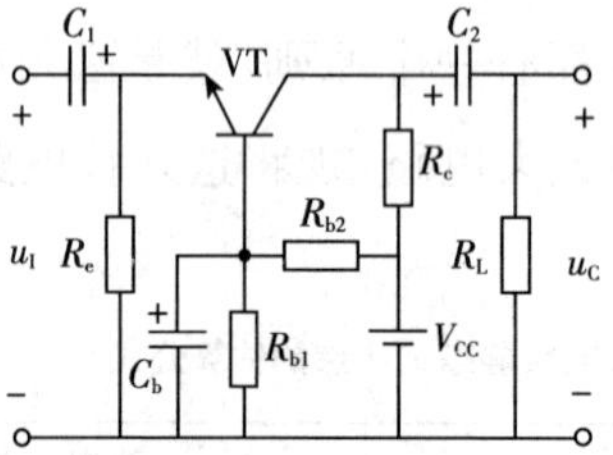
</td><td>当 $U_{BEQ}\ll U_{BQ}$，且 $I_B\ll I_E$ 时
$I_{CQ}\approx I_{EQ}=\frac{U_{BQ}-U_{BEQ}}{R_e}$
$\approx\frac{1}{R_e}\left(\frac{R_{b1}V_{CC}}{R_{b1}+R_{b2}}V_{CC}-U_{BEQ}\right)$
$I_{BQ}\approx\frac{I_{CQ}}{1+\beta}$
$U_{CEQ}\approx V_{CC}-I_{CQ}(R_c+R_e)$</td></tr>
</table>

四、双极型三极管放大电路的三种基本组态

晶体管单管放大电路的三种基本组态是共射组态、共基组态和共集组态。共射、共基和共集组态中的“共”，表示输入信号和输出信号的“公共端”。

表 2-2 中，对晶体管三种基本放大器的计算进行了总结，以便读者进行参考。

表 2-2　晶体管三种基本放大器的计算

组态	电路原理图	直流通路及静态计算	交流通路、微变等效电路及动态计算（交流通路／微变等效电路）
共射极放大电路	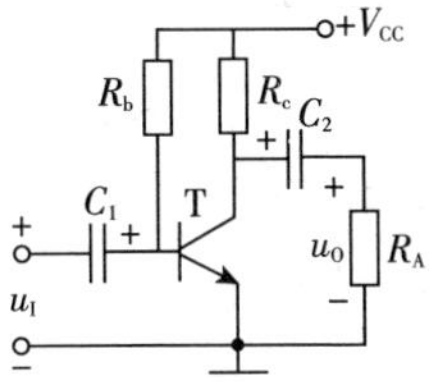	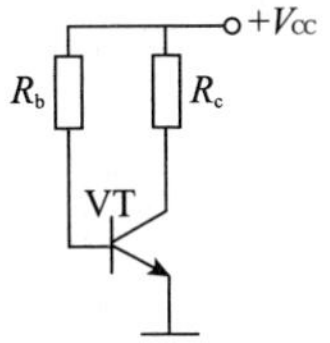 $I_{BQ}=\frac{V_{CC}-U_{BEQ}}{R_b}$ 式中：硅管 U_{BEQ} 取 0.7V；锗管 U_{BEQ} 取 0.3V；$I_{CQ}\approx\beta I_{BQ}$；$U_{CEQ}=V_{CC}-I_{CQ}R_c$	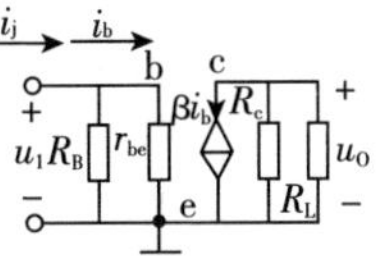 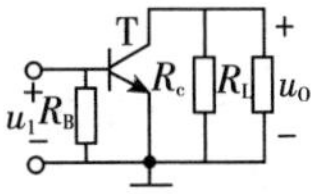 $A_u=-(\beta(R_c // R_L)) // r_{be}$ 式中："—"表示 u_o 与 u_I 反相 $r_{be}=r_{bb'}+(1+\beta)\frac{26}{I_{EQ}}$；$R_i=R_B // r_{be}$；$R_o=R_c$
共集电极放大电路	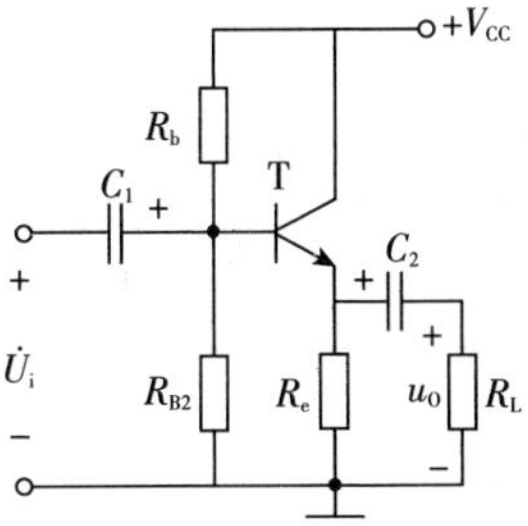	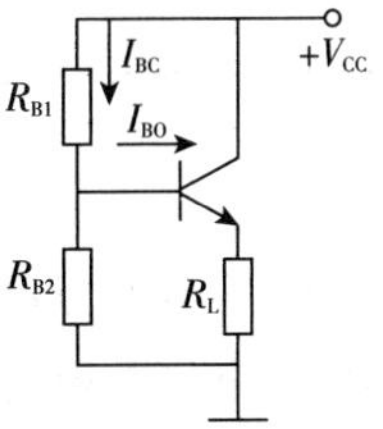 方法一：适用于 $I\geqslant(5\sim10)I_{BQ}$ $U_{BQ}\approx\frac{R_{B2}}{R_{B1}+R_{B2}}V_{CC}$ $I_{BQ}=\frac{U_{BQ}-U_{BEQ}}{R_E}$ 方法二： $V_{BB}=\frac{R_{B2}}{R_{B1}+R_{B2}}V_{CC}$ $R_B=R_{B1} // R_{B2}$ $I_{BQ}=\frac{U_{BQ}-U_{BEQ}}{R_B+(1+\beta)R_E}$ $I_{CQ}=(1+\beta)I_{BQ}$	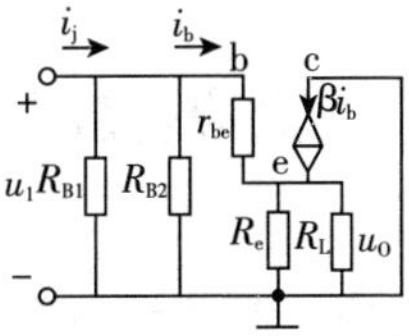 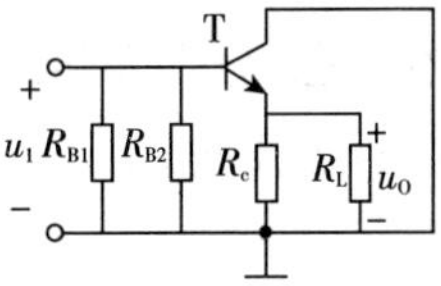 $A_u=\frac{(1+\beta)(R_E // R_L)}{r_{bc}+(1+\beta)(R_E // R_L)}$ u_o 与 u_I 同相 $R_i=R_{B1} // R_{B2} // [r_{bc}+(1+\beta)(R_e // R_L)]R_o$ $=R_E // \frac{r_{be}}{1+\beta}$ 当信号电源有内阻 R_S 时， $R_o=R_E // \frac{r_{be}+(R_S // R_{B1} // R_{B2})}{1+\beta}$

续表

组态	电路原理图	直流通路及静态计算	交流通路、微变等效电路及动态计算	
			交流通路	微变等效电路
共基极放大电路	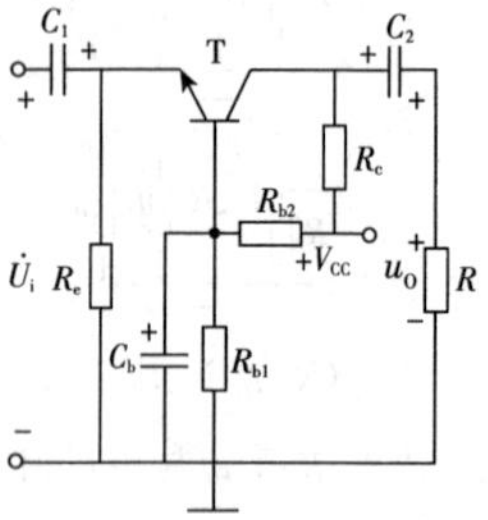	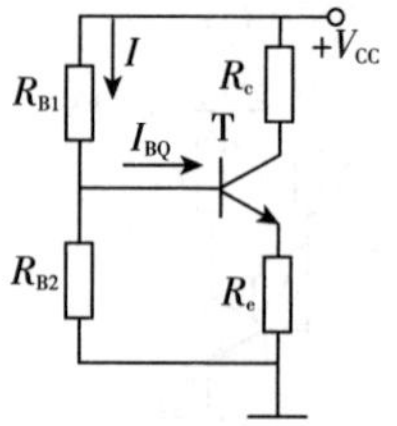 计算方法同共集电极放大电路：共集和共基两个放大电路的 U_{CEQ}、U_{CQ} 计算式均为 $U_{CEQ} \approx V_{CC} - I_{EQ}(R_c + R_e)$ $U_{CQ} = V_{CC} - I_{CQ}R_c$	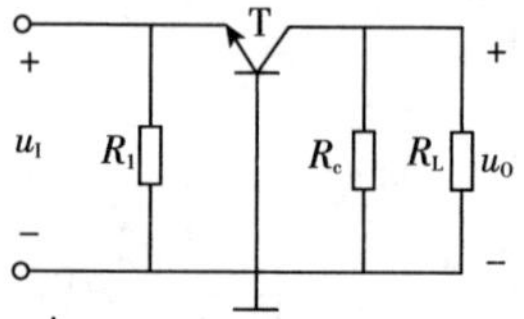	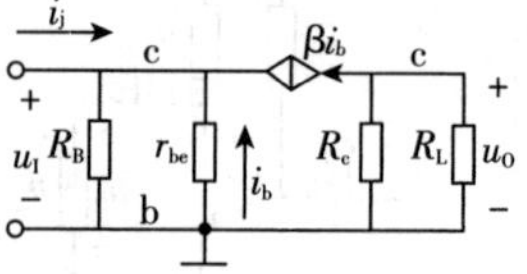 $A_u = \dfrac{\beta(R_c \mathbin{/\!/} R_L)}{r_{be}}$，$u_o$ 与 u_I 同相， $R_i = R_e \mathbin{/\!/} \dfrac{r_{be}}{1+\beta}$，$R_o = R_c$

五、场效应管放大电路

对应于晶体管单管放大电路的三种基本组态，场效应管组成的放大电路同样有三种基本组态，分别为共源组态、共漏组态和共栅组态，在表 2-3 中对这三种组态的放大电路进行了比较。

表 2-3　MOS 管三种组态放大电路的基本特性

电路组态	原理电路	$A_u = \dfrac{u_O}{u_I}$	输入电阻	输出电阻	基本特点
共源 CS	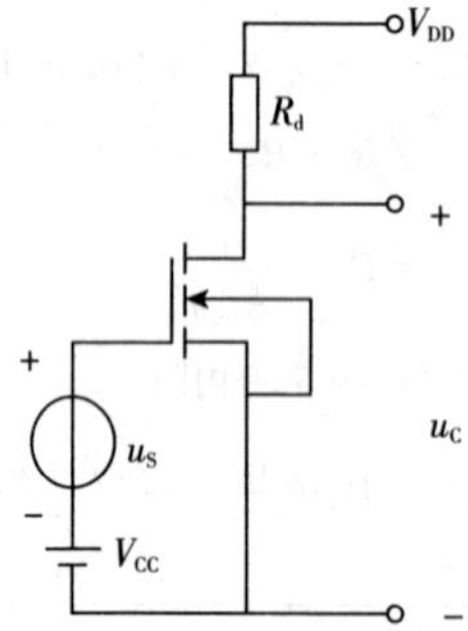	$-g_m R_d$，其中，$R_I = R_d \mathbin{/\!/} r_{ds}$	$R_I = R_{G1} \mathbin{/\!/} R_{G2} \mathbin{/\!/} \infty = R_{G1} \mathbin{/\!/} R_{G2}$	$R_o \approx R_d$（忽略 r_{ds} 的影响）	① 因为晶体管的 g_m 远远大于场效应管的 g_m，所以在同样的 R_L 下，晶体管放大器的增益比场效应管大；② 场效应管放大器的输入阻抗比晶体管放大器要大得多，故比较适合作输入级

续表

电路组态	原理电路	$A_u = \frac{u_O}{u_I}$	输入电阻	输出电阻	基本特点
共漏 CD	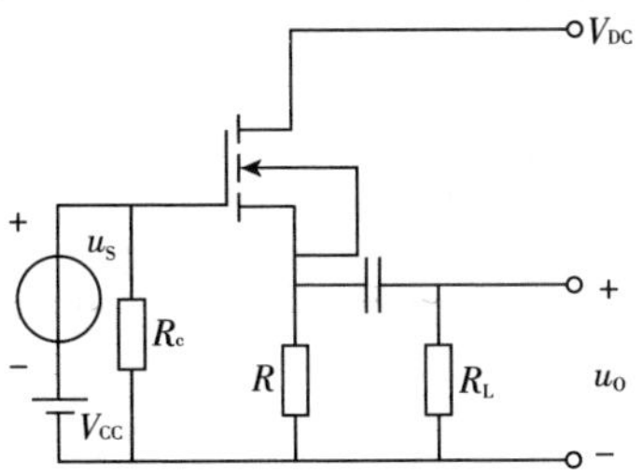	$\frac{g_m R_L}{1+g_m R}$，其中，$R_L = R \mathbin{/\!/} r_{ds}$	$R_I = R_G \mathbin{/\!/} \infty$	$R_o = R_s \mathbin{/\!/} \frac{1}{g_m}$	①输入输出同相，增益 $A_u<1$，且晶体管 A_u 要接近于1；②输入电阻大；③输出电阻小
共栅 CG	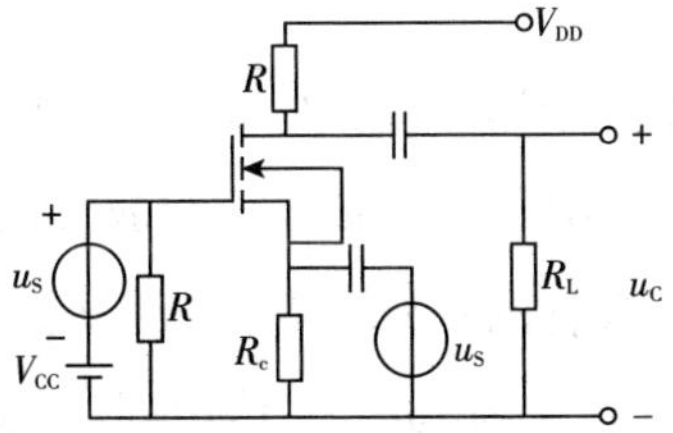	$g_m R_L$	$R_I = R_S \mathbin{/\!/} \frac{1}{g_m}$	$R_o = R_d \mathbin{/\!/} r_{ds} \approx R_d$	① 输入输出信号同样，增益与共源（共射）差不多；② 输入电阻小；③输出电阻与共源放大器的输出电阻相当

六、多级放大电路

多级放大电路的级联方式有阻容耦合、变压器耦合和直接耦合。本章主要讨论阻容耦合放大电路。阻容耦合放大电路的各级静态工作点是独立的，互不干扰，静态分析与单级放大电路相同。

n 级放大电路的电压放大倍数等于各级放大倍数之积，即

$$\dot{A}_u = \dot{A}_{u1} \cdot \dot{A}_{u2} \cdot \cdots \cdot \dot{A}_{un} = \prod_{k=1}^{n} \dot{A}_{uk}$$

n 级放大电路的输入电阻是输入级放大电路的输入电阻，即

$$R_i = R_{i1}$$

n 级放大电路的输出电阻是输出级放大电路的输出电阻，即

$$R_o = R_{on}$$

n 级放大电路中，第 k 级的输入电阻就是前一级放大电路的负载电阻，即

$$R_{ik} = R_{L(k-1)}$$

第 k 级的输出电阻是后一级等效信号源的内阻，即

$$R_{ok} = R_{s(k+1)}$$

注意：在计算各单级放大电路的电压放大倍数时，只能按上述方式之一考虑级间影响。

习题与思考题

习题 2-1 知识点窍 放大电路的组成原则和放大原理。

逻辑推理 组成放大电路时必须遵循以下三个原则：① 外加直流电源的极性保证三极管的发射结正偏，集电结反偏，保证工作在放大区；② 输入回路保证 Δu_i 能够传送到三极管的基极回路，并使基极电流产生 Δi_B；③ 输出回路保证 Δi_C 能转化为 Δu_{ce}，并传送到放大电路输出端。

解题过程 (a) 无放大作用：不满足原则 ①。

(b) 不能正常放大：不满足原则 ①。

(c) 无放大作用：不满足原则 ③。

(d) 无放大作用：不满足原则 ②。

(e) 有放大作用。

(f) 无放大作用，在交流电路中，C_2 将负载短路无法放大。

(g) 无放大作用：不满足原则 ③。

(h) 不能正常放大：不满足原则 ①。

(i) 无放大作用，PMOS 管的发射结反偏。

习题 2-2 逻辑推理 有两种基本方法：

(1) 直流：将所有电容开路、交流电源开路，再画成最简单的形式即可。

(2) 交流：将所有的电容短路，直流电源置零即可。

解题过程

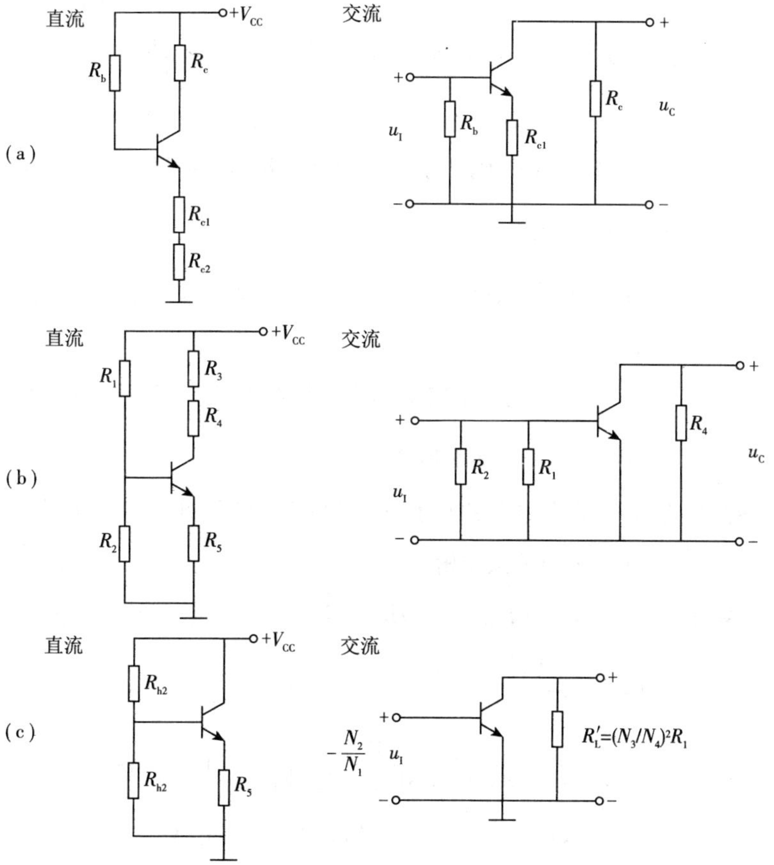

图解 P2-2

习题 2-3 **知识点窍** 单管共射电路中，有

$$I_{BQ}=\frac{V_{CC}-0.7}{R_b}, I_{CQ}=\beta I_{BQ}, U_{CEQ}=I_{CQ}R_C+V_{CC}$$

解题过程 ①I_{BQ} 变小，I_{CQ} 变小，U_{CEQ} 变小。

②I_{BQ} 变大，I_{CQ} 变大，U_{CEQ} 变大。

③I_{BQ} 不变，I_{CQ} 变大，U_{CEQ} 变大。

习题 2-4 **逻辑推理** 电路中基极静态电压，$U_{BQ}\approx\frac{R_{b1}}{R_{b1}+R_{b2}}U_{CC}$，集电极静态电压 $I_{CQ}=\frac{U_{BQ}+0.7}{R_e}$，基极静态电流 $I_{BQ}=\frac{I_{CQ}}{\beta}$，C、E 间静态电压 $U_{CEQ}=$

$U_{CC}-I_{CQ}(R_e+R_c)r_{be}=\dfrac{\beta U_1}{I_{CQ}}$，$|\dot{A}_u|=\dfrac{\beta(R_L /\!/ R_L)}{r_{be}}$。

解题过程 ① 增大 R_{b1}，则 I_{BQ} 增大 $\Rightarrow I_{CQ}$ 增大 $\Rightarrow U_{CEQ}$ 减小 $\Rightarrow r_{be}$ 减小 $\Rightarrow |\dot{A}_u|$ 增大。

② 增大 R_{b2}，则 I_{BQ} 减小 $\Rightarrow I_{CQ}$ 减小 $\Rightarrow U_{CEQ}$ 增大 $\Rightarrow r_{be}$ 增大 $\Rightarrow |\dot{A}_u|$ 增大。

③ 增大 R_e，则 I_{BQ} 减小 $\Rightarrow I_{CQ}$ 减小 $\Rightarrow U_{CEQ}$ 增大 $\Rightarrow r_{be}$ 增大 $\Rightarrow |\dot{A}_u|$ 减小。

④ 增大 β 则 I_{BQ} 减小 $\Rightarrow I_{CQ}$ 基本不变 $\Rightarrow U_{CEQ}$ 基本不变 $\Rightarrow r_{be}$ 增大 $\Rightarrow |\dot{A}_u|$ 基本不变。

习题 2-5 **逻辑推理** 根据放大电路的直流通路和KVL定律列出等式关系，再利用各参数之间的关系求解。

解题过程 由 $V_{CC}=(I_{CQ}+I_{BQ})R_c+I_{BQ}R_b+U_{BEQ}$ 和 $I_{CQ}=\beta I_{BQ}$ 得

$$I_{BQ}=\frac{V_{CC}-U_{BEQ}}{(1+\beta)R_c+R_b}$$

$$=\frac{(12-0.6)\text{V}}{(1+100)\times 3\text{k}\Omega+120\text{k}\Omega}=0.027\text{mA}$$

$$I_{CQ}=\beta I_{BQ}=100\times 0.027\text{mA}=2.7\text{mA}$$

$$U_{CEQ}=V_{CC}-(I_{CQ}+I_{BQ})R_c$$

$$=12\text{V}-(2.7+0.027)\times 3\text{V}=3.82\text{V}$$

习题 2-6 **知识点窍** 本题涉及三极管的伏安特性曲线，应用图解法来求解静态工作。其一般方法为：在输出特性曲线上作直流负载线 $V_{CE}=V_{CC}-i_LR_L$，找两个特殊点 $V_L=0$ 和 $U_{CE}=V_{CC}$；$U_{CE}=0$，$i_C=\dfrac{V_{CC}}{R_c}$。连接此两点便为直流负载线，与伏安特性曲线的交点即为静态工作点。

解题过程 ① 基极静态电流 $I_{BQ}=\dfrac{V_{CC}-V_{BEQ}}{R_b}\approx 20\mu\text{A}$，两个特殊点(10V，0mA)(0V，1mA) 如图解 P2-6 所示，$U_{CE}\approx 0.5\text{V}$，$I_{CQ}\approx 0.96\text{mA}$，$Q$ 接近饱和区，易失真。

② 此题目答案不唯一，只要能减少 R_c 上的压降就可以提高 U_{CEQ}，如增大 R_b（R_c 不变），或减小 R_c（R_b 不变），等等。

③ 将(2V,2mA) 与(10V,0mA) 相连即得此时的直流负载线。

此时 $R_c = \dfrac{V_{CC} - U_{CEQ}}{I_{CQ}} = 4\text{k}\Omega$

$R_b = \dfrac{V_{CC} - U_{BEQ}}{I_{BQ}} \approx 250\text{k}\Omega$（$I_{BQ}$ 的值在图中可以得到）

故改变 R_b、R_c 的值分别为 250kΩ、4kΩ。

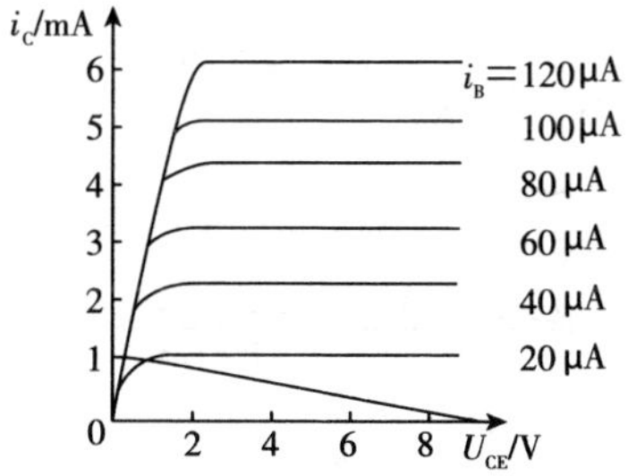

图解 P2-6

习题 2-7 知识点窍 直流负载线与静态工作点的求法；交流负载线斜率 $R' = -\dfrac{1}{R_c /\!/ R_L}$；最大不失真幅度 $U_m = \dfrac{\sqrt{2}}{2} \times \min(V_{CC} - U_{CEQ}, U_{CEQ} - U_{CES})$（有效值）。

逻辑推理 根据放大电路的直流通路确定直流负载线方程，由给定电路参数确定 Q 点，再根据交流负载线过 Q 点和其斜率作交流负载线。

解题过程 ① 根据放大电路的直流通路及 KVL 定律可得

$U_{CE} \approx V_{CC} - i_C(R_e + R_c) = 15 - 3i_C$

据此方程画出的直流负载线，如图解 P2-7 所示。

②$U_{BQ} = \dfrac{R_{b1}}{R_{b1} + R_{b2}} V_{CC} = \dfrac{11}{39 + 11} \times 15\text{V} = 3.3\text{V}$

$I_{CQ} \approx I_{EQ} = \dfrac{U_{BQ} - U_{BE}}{R_e} = \dfrac{3.3 - 0.7}{1}\text{mA} = 2.6\text{mA}$

在三极管的伏安特性曲线上画出一条 $i_C = 2.6\text{mA}$ 的水平线，与直流负载线的交点即为静态工作点 Q，然后过 Q 点作垂直于 U_{CE}

的直线，由图可得 $U_{CEQ}=7.2V$。

③$R'_L=R_c \mathbin{/\!/} R_L=2k\Omega \mathbin{/\!/} 2k\Omega=\frac{2\times2}{2+2}k\Omega=1k\Omega$

交流负载线的斜率为 $K=-\frac{1}{R'_L}=-1$，因为交流负载线过 Q 点，由此可作出交流负载线，如图解 P2-7 所示。

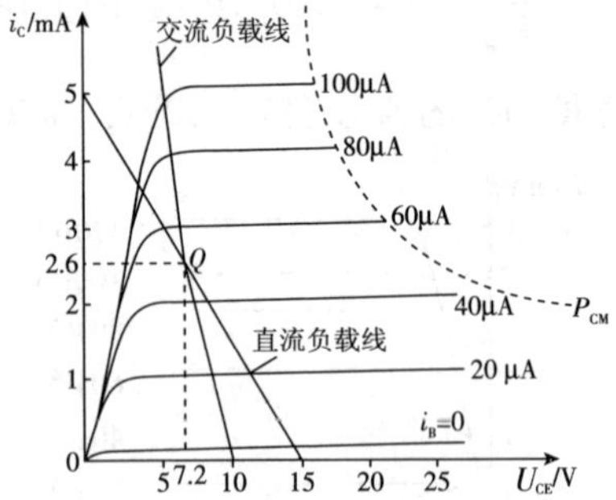

图解 P2-7

习题 2-8 知识点窍 用图解法分析波形失真，对 NPN 管，Q 点过低将发生截止失真，Q 点过高将产生饱和失真。

解题过程 ① 由输出电压的波形可判定该电路产生的是饱和失真。

② 为消除饱和失真应降低放大电路静态工作点 Q，此时可增大电路中 R_{b1}(39kΩ) 的值，也可减少 R_{b2}(11kΩ) 的值。

习题 2-9 知识点窍 集电极回路含有多个电源的放大电路的负载线的求法，运用图解法。

逻辑推理 运用图解法分别画出三极管部分和负载部分的伏安特性曲线，然后求解交点；由于负载部分含有多个电源，可利用戴维宁定理将其负载部分等效为一个电源 V'_{CC} 和一个电阻 R'_c 的串联。

解题过程 由题目中所给定的参数可求得戴维宁等效电路中 $V'_{CC}=7.2V$，$R'_c=4k\Omega$，于是可得放大电路的直流负载线方程为

$$U_{CE}=V'_{CC}-i_C R'_c=7.2-4i_C$$

根据此方程即可在伏安特性曲线上作出直流负载线，如图解 P2-9 所示。

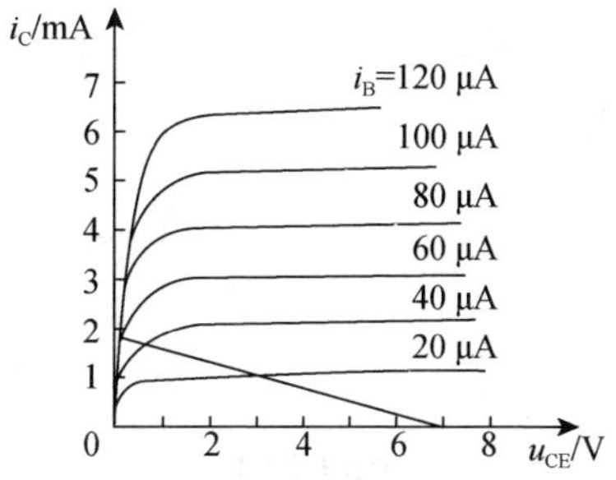

图解 P2-9

习题 2-10 知识点窍 静态工作点的估算、用微变等效电路法分析电路的动态工作情况。

逻辑推理 根据放大电路的直流通路及 KVL 定律估算静态工作点，再根据 $\dot{A}_u$、R_i、R_o 的定义对各参量进行求解。

解题过程 ① 由放大电路的直流通路可得

$$I_{BQ}=\frac{V_{CC}-V_{BE}}{R_b}=\frac{(7-0.7)\text{V}}{530\text{k}\Omega}=10\mu\text{A}$$

$$I_{CQ}=\beta I_{BQ}=60\times10\mu\text{A}=0.6\text{mA}$$

$$U_{CEQ}=V_{CC}-I_{CQ}R_c=(6-0.6\times5)\text{V}=3\text{V}$$

② 由 $r_{be}=r_{bb'}+(1+\beta)\dfrac{26}{I_{CEQ}}$，$I_{CEQ}\approx I_{CQ}$ 得

$$r_{be}=\left[300+(1+60)\frac{26}{0.6}\right]\Omega\approx2.9\text{k}\Omega$$

③ 根据微变等效电路(图解 P2-10) 可得

$$\dot{A}_u=\frac{\dot{U}_o}{\dot{U}_i}=-\frac{\beta R_L'}{r_{be}}$$

$$R_L'=R_L\ //\ R_c=5\text{k}\Omega\ //\ 5\text{k}\Omega=2.5\text{k}\Omega$$

$$\dot{A}_u=-\frac{60\times25}{2.9}=-517$$

$$R_i=r_{be}\ //\ R_b=2.9\text{k}\Omega\ //\ 530\text{k}\Omega\approx2.9\text{k}\Omega$$

$$R_o=R_c=5\text{k}\Omega$$

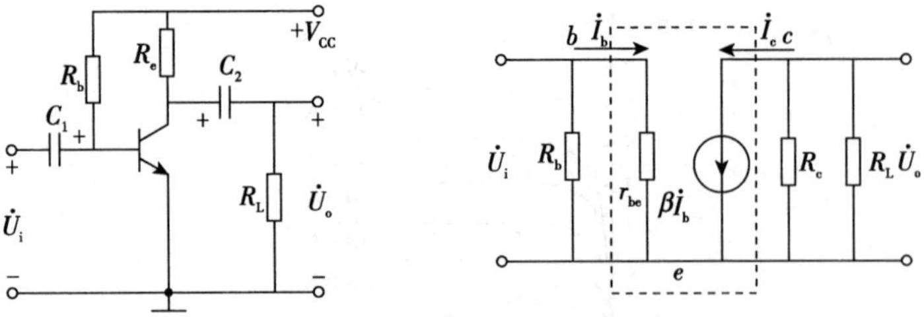

图解 P2-10

习题 2-11 逻辑推理 首先估算静态工作点 Q，然后在特性曲线上求出 Q 点附近的 β，由此再估算 r_{be}、$\dot{A}_u$、R_i 及 R_o。

解题过程 $U_{BQ}=\dfrac{R_{b1}}{R_{b1}+R_{b2}}V_{CC}=\dfrac{2.5}{2.5+10}\times 15\text{V}=3\text{V}$

$$I_{CQ}\approx I_{EQ}=\frac{U_{BQ}-U_{BE}}{R_e}=\frac{3-0.7}{750}\text{A}\approx 3\text{mA}$$

$$U_{CEQ}\approx V_{CC}-I_{CQ}(R_c+R_e)=[15-3\times(2+0.75)]\text{V}=6.75\text{V}$$

由 I_{CQ} 与 U_{CEQ} 的值可在输出特性曲线上确定静态工作点 Q。

在 Q 点附近的 β 为

$$\beta=\frac{\Delta i_C}{\Delta i_B}=\frac{(4.5-3)\text{mA}}{(30-20)\mu\text{A}}=150$$

$$r_{be}=r_{bb'}+(1+\beta)\times\frac{26}{I_{CEQ}}=\left[300+(1+500)\times\frac{26}{3}\right]\Omega\approx 4.6\text{k}\Omega$$

$$\dot{A}_u=-\frac{\beta R_L'}{r_{be}}=-\frac{\beta R_L /\!/ R_c}{r_{be}}=-\frac{150\times 2\text{k}\Omega /\!/ 1.5\text{k}\Omega}{4.6}=-27.95$$

$$\dot{R}_i=r_{be} /\!/ R_{b1} /\!/ R_{b2}=1.6\text{k}\Omega /\!/ 2.5\text{k}\Omega /\!/ 10\text{k}\Omega$$

$$=\frac{1}{\dfrac{1}{1.6\text{k}\Omega}+\dfrac{1}{2.5\text{k}\Omega}+\dfrac{1}{10\text{k}\Omega}}\approx 0.89\text{k}\Omega$$

$$R_o=R_c=2\text{k}\Omega$$

习题 2-12 逻辑推理 根据电路理论中的分压关系，计算 $\dot{A}_{us}$，实际上是根据 $\dot{A}_{us}=\dfrac{\dot{U}_o}{\dot{U}_s}$ 的一种转化。

解题过程 $\dot{A}_{us}=\dfrac{R_i}{R_L+R_s}\dot{A}_u=-\dfrac{0.89}{0.89+10}\times 80.6\approx-6.6$

习题 2-13 解题过程 ① 由 KVL 定理可得

$R_b I_B + U_{BE} = V_{CC} \Rightarrow I_B = 20\mu A, I_{CQ} = \beta I_B = 2mA,$

$U_{CEQ} = V_{CC} - I_{CQ} R_{CQ} = -4V$

② 射极电阻为

$$r_{be} \approx r_{\pi} = \frac{\beta}{g_m} = \frac{\beta V_T}{i_C} \approx 1.3k\Omega$$

$$③\dot{A}_u = -\frac{\beta(R_L // R_c)}{r_{be}} = -100$$

④ 截止失真，减小 R_b。

习题 2-14 知识点窍 静态电路的分析，微变等效电路的画法与动态电路的分析。

逻辑推理 根据放大电路的直流通路求出静态工作点 Q；利用在交流电路中将电源、电容视为短路画出微变等效电路图，然后根据定义求 $\dot{A}_u$、R_o、R_i。

解题过程 ① 由 KVL 定律得

$$V_{CC} = I_{BQ} R_b + U_{BE} + (1+\beta) I_{BQ} R_e$$

则 $I_{BQ} = \dfrac{V_{CC} - U_{BE}}{R_b + (1+\beta) R_e}$ 代入数据得

$I_{BQ} = 20\mu A$

$I_{CQ} = \beta I_{BQ} = 50 \times 20\mu A = 1mA$

$U_{CEQ} \approx V_{CC} - I_{CQ}(R_c + R_e) = [12 - 1 \times (3.9 + 2)]V = 6.1V$

② 微变等效电路如图解 P2-14 所示。

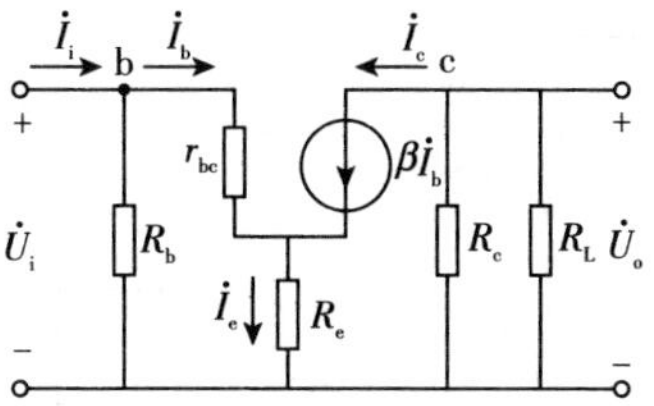

图解 P2-14

③ 由 $r_{be} = r_{bb'} + (1+\beta) \times \dfrac{26}{I_{EQ}}$ 和 $I_{EQ} \approx I_{CQ}$ 得

$$r_{be} = r_{bb'} + (1+\beta) \times \frac{26}{I_{CQ}}$$

$$= \left[300 + (1+50) \times \frac{26}{1}\right]\Omega = 1.6\text{k}\Omega$$

$$\dot{A}_u = -\frac{\beta R_L'}{r_{be} + (1+\beta)R_e} = -\frac{\beta R_c \,//\, R_L}{r_{be} + (1+\beta)R_e}$$

$$= -\frac{50 \times 3.9\text{k}\Omega \,//\, 3.9\text{k}\Omega}{1.6 + (1+50) \times 2\text{k}\Omega} = -0.94$$

$$R_i = [r_{be} + (1+\beta)R_e] \,//\, R_b$$

$$= [1.6 + (1+50) \times 2]\text{k}\Omega \,//\, 470\text{k}\Omega = 84.9\text{k}\Omega$$

$$R_o \approx R_c = 3.9\text{k}\Omega \quad (R_o = R_c \,//\, r_{ce}, r_{ce}\text{ 非常大})$$

习题 2-15 知识点窍 静态电路的分析、微变等效电路的画法与动态电路的分析，r_{be} 的估算、KVL 定律。

逻辑推理 根据放大电路的直流通路求出静态工作点 Q；利用在交流电路中电源、电容视为短路画出微变等效电路图，然后根据 $\dot{A}_u$、R_o、R_i 的含义求出各参量的值。

解题过程 ① 由放大电路的直流通路可得

$$U_{BQ} \approx \frac{R_{b1}}{R_{b1} + R_{b2}} V_{CC} = \frac{33}{33+100} \times 10\text{V} \approx 2.48\text{V}$$

$$I_{CQ} \approx I_{EQ} = \frac{U_{BQ} - U_{BE}}{R_F + R_e} = \frac{(2.48 - 0.6)\text{V}}{(0.2 + 1.8)\text{k}\Omega} = 0.94\text{mA}$$

$$U_{CEQ} \approx V_{CC} - I_{CQ}(R_c + R_F + R_e) = [10 - 0.94(3 + 0.2 + 1.8)]\text{V}$$

$$= 5.3\text{V}$$

② 微变等效电路如图解 P2-15 所示。

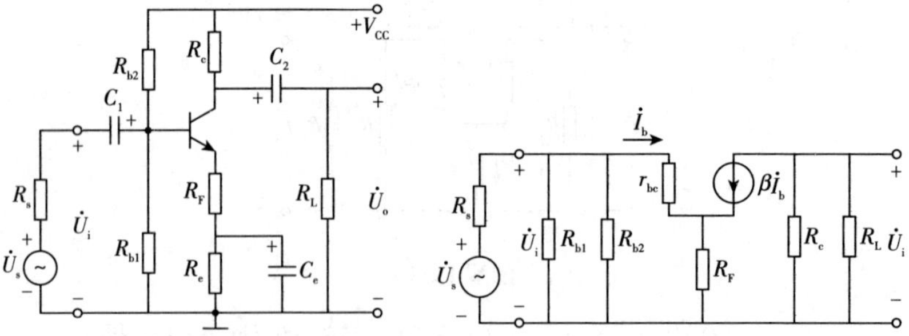

图解 P2-15

③$r_{be}=r_{bb'}+(1+\beta)\times\frac{26}{I_{CQ}}=\left[100+(1+100)\times\frac{26}{0.94}\right]\Omega$

$\approx 2.9k\Omega$

根据②中所作的微变等效电路及 $\dot{A}_u=\frac{\dot{U}_o}{\dot{U}_i}$ 可得

$$\dot{A}_u=\frac{-\beta R'_L}{r_{be}+(1+\beta)R_F}$$

$$=\frac{-100\times 3k\Omega /\!/ 3k\Omega}{2.9k\Omega+(1+100)\times 0.2k\Omega}\approx -6.5$$

④$R_i=R_{b1} /\!/ R_{b2} /\!/ r_{be}+(\beta+1)R_F$

$=33k\Omega /\!/ 100k\Omega /\!/ (2.9+101\times 0.2)k\Omega\approx 12k\Omega$

由 $U_i=\frac{R_i}{R_i+R_s}$,则 $\dot{A}_{us}=\frac{R_i}{R_i+R_s}\dot{A}_u=\frac{12}{12+4}\times(-6.5)\approx -4.9$

⑤由④中的结果可得

$R_i=R_{b1} /\!/ R_{b2} /\!/ r_{be}+(1+\beta)R_F\approx 12k\Omega$

$R_o\approx R_c /\!/ (r_{ce}+R_F)\approx R_e=3k\Omega$

习题 2-16 **知识点窍** 射极输出器静态和动态分析,考察 R_L 的变化对 $\dot{A}_u$ 和 R_i 的影响。

逻辑推理 首先根据放大电路的直流通路求出静态工作点 Q,然后利用在交流电路中将电源、电容视为短路,用微变等效电路法画出中频等效电路,再对 $\dot{A}_u$、R_i、R_o 进行分析。

解题过程 ①根据微变等效电路法作出的微变等效电路如图解 P2-16 所示。由射极输出器电路的直流通路可得

$$I_{BQ}=\frac{V_{CC}-V_{BEQ}}{R_b+(1+\beta)R_e}=\frac{12-0.7}{560+(1+100)\times 5.6}mA$$

$\approx 0.01mA=10\mu A$

$I_{CQ}\approx\beta I_{BQ}=100\times 10\mu A=1mA$

$U_{CEQ}\approx V_{CC}-I_{CQ}R_e=(12-1\times 5.6)V=6.4V$

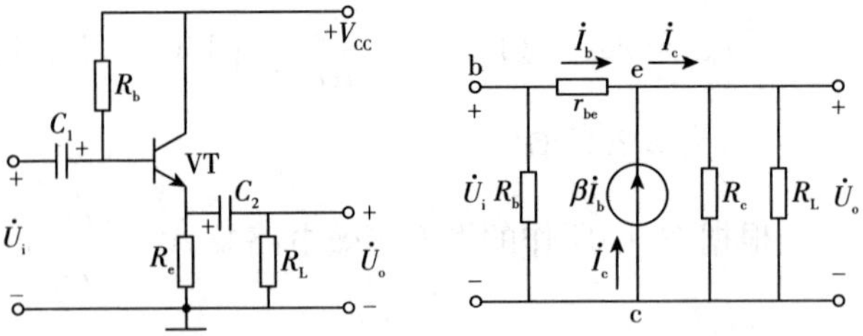

图解 P2-16

② 由 $\dot{A}_u=\dfrac{\dot{U}_o}{\dot{U}_i}$ 得

$$\dot{A}_u=\frac{(1+\beta)R'_e}{r_{be}+(1+\beta)R'_e}$$

其中，$R'_e=R_e\ /\!/\ R_L$

$$r_{be}=r_{bb'}+(1+\beta)\frac{26}{I_{EQ}}$$

因为 $I_{EQ}\approx I_{CQ}$，则

$$r_{be}=300\Omega+(1+100)\times\frac{26}{1}\Omega\approx 2.9\text{k}\Omega$$

当 $R_L=\infty$ 时，$R'_e=R_e\ /\!/\ R_L\approx R_e=5.6\text{k}\Omega$

此时 $\dot{A}_u=\dfrac{(1+100)\times 5.6}{2.9+(1+100)\times 5.6}=0.99$

当 $R_L=1.2\text{k}\Omega$ 时，$R'_e=R_e\ /\!/\ R_L=0.99\text{k}\Omega$

代入 $\dot{A}_u$ 中得 $\dot{A}_u=0.97$

可见，当 R_L 变化时，对射极输出器的 $\dot{A}_u$ 影响不大，即射极输出器具有较强的带负载能力。

③ 由 R_i 的含义可得 $R_i=[r_{be}+(1+\beta)R'_e]\ /\!/\ R_b$

其中 $R'_e=R_e\ /\!/\ R_L$

由 ② 中的结果可知

当 $R_L\to\infty$ 时，$R'_e=R_e=5.6\text{k}\Omega$，$R_i=282\text{k}\Omega$

当 $R_L=-1.2\text{k}\Omega$ 时，$R'_e=0.99\text{k}\Omega$，代入 R_i 中可得 $R_i=87\text{k}\Omega$

由此可知，当输出端 R_L 变化时，对射极输出器输入端的 R_i 有较大影响。

④$R_o = \frac{r_{be} + R'_s}{1+\beta} // R_e$，其中 $R'_s = R_s // R_b = 0$

$$R_o = \frac{r_{be}}{1+\beta} // R_e = \frac{2.9\text{k}\Omega}{101} // 5.6\text{k}\Omega \approx 29\Omega$$

习题 2-17 知识点窍 微变等效电路的画法；电压放大倍数的求解。

逻辑推理 根据微变等效电路法画出电路的微变等效电路，在此基础上对放大倍数进行分析。

解题过程 根据微变等效电路法作出的微变等效电路如图解 P2-17(a) 所示。

由图可知

$$\frac{\dot{U}_{o1}}{\dot{U}_i} = -\frac{\beta R_c}{r_{be} + (1+\beta)R_e}$$

$$\frac{\dot{U}_{o2}}{\dot{U}_i} = -\frac{(1+\beta)R_e}{r_{be} + (1+\beta)R_e}$$

可见，当 $R_c = R_e$ 时，$\dot{U}_{o1} \approx -\dot{U}_{o2}$，此时 $U_{o1} \approx U_{o2}$ 波形如图解 P2-17(b) 所示。

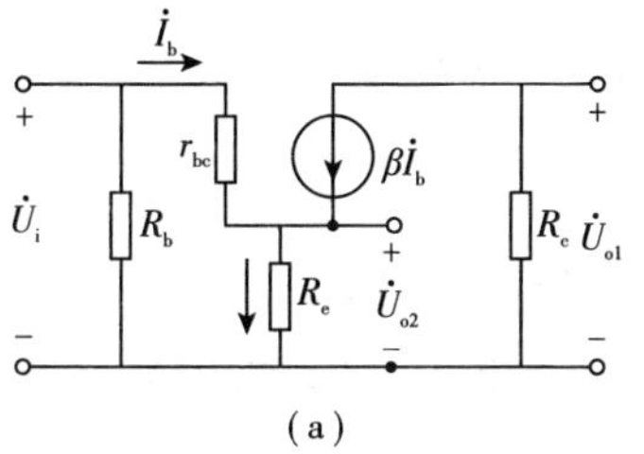

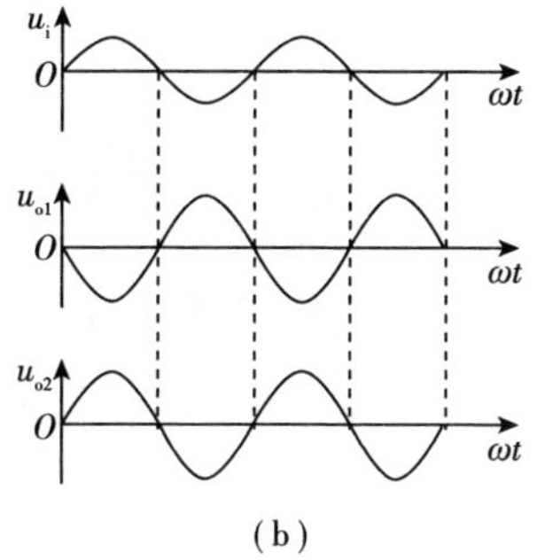

图解 P2-17

习题 2-18 逻辑推理 画出其交流通路，即可发现为共基型无反馈电路。

解题过程 由 KVL 定理：

① 由 $I_E R_e + U_{BE} = 0$ 得 $R_e = 1.2\text{k}\Omega$

② 静态基极电流为 $I_B = \frac{I_E}{1+\beta} = 0.04\text{mA}$

$U_{CE}=I_C(R_c\,/\!/\,R_L)=6.6\text{V}$

③$\dot{A}_u=\dfrac{\beta R_c'}{r_{be}}=77.9$

$r_{be}\approx r_\pi=\dfrac{\beta}{g_m}=\dfrac{\beta V_T}{I_C}=0.963\Omega$

输入电阻 $R_i=\dfrac{r_{be}}{1+\beta}=18.7\Omega$

输出电阻 $R_o=(1+\beta)r_{ce}=3\text{k}\Omega$

习题 2-19 解题过程 (a) 共基结构;(b) 共射结构;(c) 共集结构;(d) 共射结构;(e) 共射结构和共基结构。

习题 2-20 知识点窍 用近似估算法求静态工作点 Q;g_m、$\dot{A}_u$ 与 R_o 的含义;$g_m=\dfrac{2}{U_T}\sqrt{I_{DQ}I_{DO}}$。

逻辑推理 首先利用近似估算法计算静态工作点 Q,然后根据特性曲线求出跨导 g_m,再按照 $\dot{A}_u$ 和 R_o 的定义求出该参数。

解题过程 ① 首先利用近似估算法求静态工作点 Q,由教材图 P2-20(b) 的特性曲线可见,场效应管的开启电压 $U_T=1\text{V}$。

当 $U_{GS}=2U_T=2\text{V}$ 时,$U_{GSQ}=V_{GG}=2\text{V}$,$i_D=I_{DO}=2.3\text{mA}$

$I_{DQ}=I_{DO}\left(\dfrac{U_{GSQ}}{U_T}-1\right)^2=2.3\text{mA}$

直流负载线的方程为

$U_{DS}=V_{DD}-V_DR_d=20-5.1V_D$

$U_{DSQ}=U_{DD}-I_{DQ}R_d=(20-5.1\times2.3)\text{V}\approx8.3\text{V}$

②$g_m=\dfrac{2}{U_T}\sqrt{I_{DQ}I_{DO}}=\left(\dfrac{2}{1}\times\sqrt{2.3\times2.3}\right)\text{mS}=4.6\text{mS}$

③$\dot{A}_u=-g_mR_d=-4.6\times5.1\approx-23.5$

$R_o=R_d=5.1\text{k}\Omega$

习题 2-21 知识点窍 分压以及偏压式共源放大电路的分析。

逻辑推理 用微变等效电路法画出其微变等效电路,再根据 $\dot{A}_u$、R_i 和 R_o 的定义对各参数进行估算。

解题过程 ① 由电路的微变等效电路可得

$$\dot{A}_u = -g_m R'_d，其中\ R'_d = R_d \mathbin{/\!/} R_L$$

$$\dot{A}_u = -g_m(R_d \mathbin{/\!/} R_L) = -1.5 \times (15 \mathbin{/\!/} 1000)$$

$$\approx -22.167$$

$$R_i = R_G + (R_1 \mathbin{/\!/} R_2) = 20\text{M}\Omega + (30\text{k}\Omega \mathbin{/\!/} 200\text{k}\Omega) \approx 20\text{M}\Omega$$

$$R_o = R_d = 15\text{k}\Omega$$

② 若不接旁路电容 C_s，则根据微变等效电路分析可得

$$\dot{A}_u = -\frac{g_m R'_d}{1 + g_m R_s}，其中\ R'_d = R_d \mathbin{/\!/} R_L = 15\text{k}\Omega \mathbin{/\!/} 1\text{M}\Omega$$

$$\approx 15\text{k}\Omega = R_d$$

$$\dot{A}_u \approx -\frac{g_m R_d}{1 + g_m R_s} = -\frac{1.5 \times 15}{1 + 1.5 \times 1} = -9$$

习题 2-22 知识点窍 用估算法求源极输出器的 Q 点和 g_m；用微变等效电路法求 $\dot{A}_u$ 和 R_o。

逻辑推理 首先利用近似估算法求静态工作点 Q，然后根据特性曲线求出跨导 g_m，通过微变等效电路与 $\dot{A}_u$、$\dot{R}_o$ 的定义求出各参数。

解题过程 ①$U_{GSQ} = V_{GG} = 4\text{V}$

由 $I_{DQ} = I_{DO}\left(\frac{U_{GSQ}}{U_T} - 1\right)^2 = 2\text{mA} \times \left(\frac{4\text{V}}{2\text{V}} - 1\right)^2 = 2\text{mA}$ 得

$$U_{DSQ} = V_{DD} - I_{DQ}R_s = (20 - 2 \times 4.7)\text{V} = 10.6\text{V}$$

$$②g_m = \frac{2}{U_T}\sqrt{I_{DO}I_{DQ}} = \frac{2}{2} \times \sqrt{2 \times 2}\,\text{mS} = 2\text{mS}$$

$$③\dot{A}_u = \frac{g_m R_s}{1 + g_m R_s} = \frac{2 \times 4.7}{1 + 2 \times 4.7} \approx 0.9$$

$$\dot{R}_o = \frac{\dot{U}_o}{\dot{I}_o} = \frac{1}{g_m + \frac{1}{R_s}} = \frac{1}{g_m} \mathbin{/\!/} R_s = \frac{1000}{2}\Omega \mathbin{/\!/} 4700\Omega \approx 450\Omega$$

习题 2-23 知识点窍 多级放大电路静态工作点的分析，KCL、KVL 定律，微变等效电路的画法与求解。

逻辑推理 根据放大电路的直流通路，对每一级电路分别进行分析，首先找出最容易确定的环节，然后计算其他各处的静态电位和电流，然

后运用交流小信号模型对各级电路进行分析。

解题过程 ① 设 $U_{BEQ1}=U_{BEQ2}=0.7V$

根据放大电路的直流通路与 KVL 定律

$$I_{BQ1}=\frac{V_{CC}-V_{BE1}}{R_{b1}}=\frac{15-0.7}{360}mA\approx 0.04mA$$

$$I_{CQ1}=\beta_1 I_{BQ1}=50\times 0.04mA=2mA\approx I_{EQ1}$$

为了进行估算，暂时先假设 $I_{BQ2}<I_{CQ1}$，则

$$U_{CQ1}=V_{CC}-I_{CQ}R_{c1}=(15-2\times 5.6)V=3.8V$$

$$I_{EQ2}=\frac{U_{CQ1}-U_{BE2}}{R_{e2}}=\frac{(3.8-0.7)V}{750\Omega}\approx 4.1mA\approx I_{CQ2}$$

$$I_{BQ2}\approx\frac{I_{EQ2}}{\beta_2}=\frac{4.1mA}{30}\approx 0.14mA$$

由此可见假设 $I_{BQ2}<I_{CQ1}$ 是成立的，因此

$$U_{CEQ2}\approx V_{CC}-I_{CQ2}(R_{c2}+R_{e2})$$
$$=[15-4.1\times(2+0.75)]V\approx 3.7V$$

② 由 $r_{be}=r_{bb'}+(1+\beta)\times\frac{26}{I_{EQ}}$ 得

$$r_{be1}=r_{bb'}+(1+\beta_1)\times\frac{26}{I_{EQ1}}=r_{bb'}+(1+\beta_1)\times\frac{26}{(1+\beta_1)I_{BQ1}}$$
$$=\left(300+\frac{26}{0.04}\right)\Omega=0.95k\Omega$$

$$r_{be2}=r_{bb'}+\frac{26}{I_{BQ2}}=\left(300+\frac{26}{0.14}\right)\Omega\approx 0.5k\Omega$$

$$\dot{A}_{u1}=-\frac{\beta_1[R_{c1}\ /\!/\ r_{be2}+(1+\beta_2)R_{e2}]}{r_{be1}}$$
$$=-\frac{50\times[5.6\ /\!/\ (0.5+31\times 0.75)]}{0.95}\approx -238.5$$

$$\dot{A}_{u2}=-\frac{\beta_2 R_{c2}}{r_{be2}+(1+\beta_2)R_{e2}}=\frac{30\times 2}{-0.5+31\times 0.75}\approx -2.5$$

$$\dot{A}_u=\dot{A}_{u1}\cdot\dot{A}_{u2}=(-238.5)\times(-2.5)=596.25$$

$$R_i=R_{b1}\ /\!/\ r_{be1}\approx r_{be1}=0.95k\Omega$$

$$R_o=R_{c2}=2k\Omega$$

习题 2-24 知识点窍 NPN—PNP 直接耦合放大电路的估算；微变等效电路的画法与求解；KCL、KVL 定律。

逻辑推理 首先根据放大电路的直流通路对静态电压与电流进行估算，再对各级电路进行动态分析，画出各级电路的微变等效电路图，根据 A_u、R_i、R_o 的定义对各参数进行求解。

解题过程 ① 当 $u_o = 0$ 时，第二级放大电路的集电极电流为

$$I_{CQ2} = \frac{V_{EE}}{R_{c2}} = \frac{12}{3.3}\text{mA} \approx 3.6\text{mA} \approx I_{EQ2}$$

$$I_{BQ2} = \frac{I_{CQ2}}{\beta_2} = \frac{3.6}{20}\text{mA} = 0.18\text{mA}$$

由 KVL 定律 $I_{RC1}R_{c1} = I_{EQ2}R_{e2} + U_{EB2}$ 有

$$I_{Rc1} = \frac{I_{EQ2}R_{e2} + U_{EB2}}{R_{c1}} = \frac{3.6 \times 2 + 0.7}{3.9}\text{mA} \approx 2\text{mA}$$

$$I_{CQ1} = I_{Rc1} + I_{BQ2} = (2 + 0.18)\text{mA} \approx 2.2\text{mA}$$

$$I_{BQ1} = \frac{I_{CQ1}}{\beta_1} = \frac{2.2}{40}\text{mA} = 0.055\text{mA}$$

$$U_{CQ1} = V_{CC} - I_{Rc1}R_{c1} = (12 - 2 \times 3.9)\text{V} = 4.2\text{V}$$

② $r_{be1} = r_{bb'} + (1 + \beta_1) \times \frac{26}{I_{EQ1}} = r_{bb'} + \frac{26}{I_{BQ1}}$

$$= \left(300 + \frac{26}{0.055}\right)\Omega = 773\Omega \approx 0.77\text{k}\Omega$$

$$r_{be2} = r_{bb'} + \frac{26}{I_{BQ2}} = \left(300 + \frac{26}{0.18}\right)\Omega = 444\Omega \approx 0.44\text{k}\Omega$$

第一级放大电路的放大倍数为

$$\dot{A}_{u1} = \frac{\Delta U_{o1}}{\Delta U_1} = -\frac{\beta(R_{c1} \mathbin{/\!/} R_{iL})}{r_{be1}}$$

其中 $R_{iL} = (1 + \beta)R_{e2} + r_{be2}$

$$\dot{A}_{u1} = -\frac{\beta_1\{R_{c1} \mathbin{/\!/} [(1 + \beta)R_{e2} + r_{be2}]\}}{r_{be1}}$$

将数据代入求得

$$\dot{A}_u = -186$$

$$\dot{A}_{u2}=\frac{\Delta U_o}{\Delta U_1}=\frac{\beta_2 R_{c2}}{-r_{be2}+(1+\beta_2)R_{e2}}$$

$$=-\frac{20\times 3.3}{0.44+(1+20)\times 2}=-1.56$$

$$\dot{A}_u=\dot{A}_{u1}\dot{A}_{u2}=(-186)\times(-1.5)=279$$

$$R_i=r_{be1}\approx 0.77\text{k}\Omega$$

$$R_o=R_{c2}=3.3\text{k}\Omega$$

习题 2-25 知识点窍 多级放大电路的电压放大倍数、输入电阻、输出电阻的计算。

逻辑推理 根据微变等效电路法对各级放大电路进行分析，并根据 $\dot{A}_u$、R_i、R_o 的定义对各参数进行求解，根据 R_s 与 R_i 之间的分压关系求解 $\dot{A}_{us}$。

解题过程 ① 根据第一级电路的微变等效电路可得

$$R_i=R_{b1}\ /\!/\ R_1',R_i'=r_{be1}+(1+\beta_1)R_{e1}'$$

$$R_{e1}'=R_{e1}\ /\!/\ R_{b22}\ /\!/\ r_{be2}$$

所以 $R_i=R_{b1}\ /\!/\ [r_{be1}+(1+\beta_1)(R_{e1}\ /\!/\ R_{b22}\ /\!/\ r_{be2})]$

代入数据解得

$$R_i\approx 252.5\text{k}\Omega,R_o=R_{c2}=12\text{k}\Omega$$

$$②\dot{A}_{u1}=\frac{(1+\beta_1)R_{e1}'}{r_{be1}+(1+\beta_1)R_{e1}'}$$

代入数据解得

$$\dot{A}_{u1}\approx 0.98$$

$$\dot{A}_{u2}=-\frac{\beta_2 R_L'}{r_{be2}}=-\frac{\beta_2(R_L\ /\!/\ R_{c2})}{r_{be2}}$$

$$\approx-\frac{\beta_2 R_{c2}}{r_{be2}}=-\frac{100\times 12}{6}=-193.5$$

当 $R_s=0$ 时：$\dot{A}_{us}=\dot{A}_u=\dot{A}_{u1}\dot{A}_{u2}=0.98\times(-193.5)=-189.6$

当 $R_s=20\text{k}\Omega$ 时：$\dot{A}_{us}=\dfrac{R_i}{R_i+R_s}\dot{A}_u=\dfrac{249}{20+249}\times(-196)\approx-181$

由以上结果可知，采用射级输出器作为输入级可以避免 $|\dot{A}_{us}|$ 受到严重损失。

习题 2-26 **知识点窍** 多极放大电路的电压放大倍数、输入电阻与输出电阻的计算。

逻辑推理 根据微变等效电路法对各级放大电路进行分析，并根据 $\dot{A}_u$、R_i 和 R_o 的定义对各参数进行求解。根据 $R_s = 0$ 时$\dot{A}_{us} = \dot{A}_u$ 对 $\dot{A}_{us}$ 进行求解。

解题过程 ① 根据输入电阻的定义有

$R_i = R_{b1} // R_{b2} // r_{be1} = 30k\Omega // 91k\Omega // 6.2k\Omega \approx 4.7k\Omega$

$R_o = R_{e21} // R_{e22} // R'_o$

$$R'_o = \frac{(R_{c1} // R_{c2}) + r_{be2}}{1+\beta} = \frac{(12k\Omega // 180k\Omega) + 1.6k\Omega}{1+100} \approx 126\Omega$$

$R_o = 3.6k\Omega // 3.6k\Omega // 126\Omega \approx 120\Omega$

② 当 $R_L = \infty$ 时

$$\dot{A}_{u1} = -\frac{\beta_1 R'_L}{r_{be1}}$$

$R'_L = R_{c1} // R_{c2} // [r_{eb2} + (1+\beta)(R_{e21} // R_{e22})]$

代入数据解得

$$\dot{A}_{u1} = -\frac{100\{12 // 180 // [1.5 + 101 \times (3.6 // 3.6)]\}}{6} \approx -182$$

$$\dot{A}_{u2} = \frac{(1+\beta_2)R'_e}{r_{be2} + (1+\beta_2)R'_e}$$

$R'_e = R_{e21} // R_{e22} = 3.6\Omega // 3.6\Omega = 1.8\Omega$

$$\dot{A}_{u2} = \frac{(1+100) \times 1.8}{1.5 + (1+100) \times 1.8} \approx 0.996$$

由于 $R_s = 0$，$\dot{A}_{us} = \dot{A}_u = \dot{A}_{u1}\dot{A}_{u2} = -182 \times 0.996 = -181$

当 $R_L = 3.6\Omega$ 时与 $R_L = 0$ 时分析方法相同。

$$\dot{A}_{u1} = -\frac{\beta_1 R'_1}{r_{be1}}$$

$R'_L = R_{c1} // R_{c2} // [r_{be2} + (1+\beta)(R_{e21} // R_{e22} // R_L)]$

代入数据解得

$\dot{A}_{u1} \approx -177$

$$\dot{A}_{u2} = \frac{(1+\beta_2)(R'_e // R_L)}{r_{be2} + (1+\beta_2)(R'_e // R_L)} \approx 0.992$$

$\dot{A}_{us} = \dot{A}_{u1}\dot{A}_{u2} = -177 \times 0.992 = -176$

③$\dot{A}_u = -\dfrac{\beta(R_{c1} /\!/ R_{c2} /\!/ R_L)}{r_{be1}} = \dfrac{-100\times(12 /\!/ 80 /\!/ 3.6)}{6}$

$= -44.61$

通过上面的结果可进一步分析，采用射极输出器作为输出级可避免 $|\dot{A}_u|$ 衰减过多。

习题 2-27 知识点窍 根据各项性能与指标是表征放大电路的静态特性还是动态特性，以及各项指标的含义来正确选择电子仪器。

逻辑推理 根据静态工作点 Q 表明的是静态特性，而 A_u、U_{om}、R_i、R_o 表征的是动态特性，以及它们各自的含义，由实现不同功能的电子仪器分别进行测量。

解题过程 ① 直流稳压电源、万用表（直流电压挡）。

②③④⑤ 直流稳压电源、正弦波信号发生器、示波器和交流毫伏表。

习题 2-28 知识点窍 电子仪器的正确接法；测量仪器内阻与测量误差的关系。

逻辑推理 根据电子仪器的正确接法与需要测量的量进行正确连接，然后根据仪器内阻与测量误差之间的关系分析各测量值。

解题过程 ① 放大电路与各测量仪器的正确接法如图解 P2-28 所示。

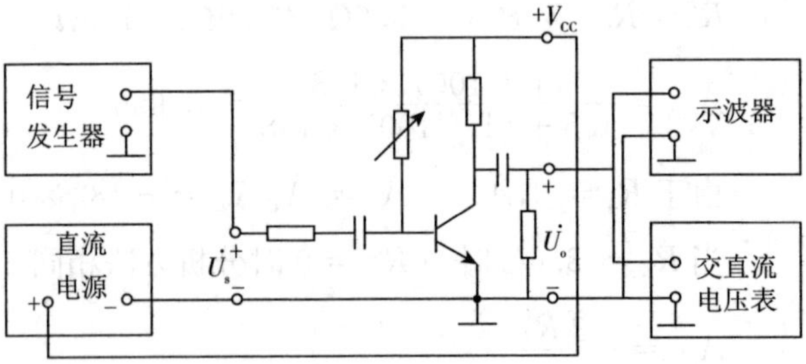

图解 P2-28

② 用内阻 $R_m = 1\text{M}\Omega$ 的直流电压表测 U_{CEQ} 时，可测得

$U_{CEQ} = V_{CC} - I_{CEQ}R_c$

$I_{CEQ} = \beta I_{BEQ} = \beta\dfrac{V_{CC} - U_{BE}}{R_b}$

$$U_{CEQ}=V_{CC}-\beta\frac{V_{CC}-U_{BE}}{R_b}R_c$$

$$=12V-30\times\frac{12V-0.7V}{1000k\Omega}\times10k\Omega=8.61V$$

由于电压表 1MΩ 的内阻对 10kΩ 的 R_c 有一个分流作用(10Ω∶1MΩ = 1∶100),因此引起的误差为 1%。

③ 用内阻 $R_m=1M\Omega$ 的交流电压表测输出电压时有

$$r_{be}=r_{bb'}+(1+\beta)\times\frac{26}{I_{CEQ}}=r_{bb'}+\frac{26}{I_{BEQ}},I_{BEQ}=\frac{V_{CC}-U_{BE}}{R_b}$$

则 $r_{be}=r_{bb'}+\dfrac{26}{\dfrac{V_{CC}-U_{BE}}{R_b}}$

代入数据解得

$r_{be}=2.5k\Omega$

$$\dot{A}_u=-\frac{\beta R_1'}{r_{be}}=-\frac{\beta(R_1 // R_c // R)}{r_{be}}$$

$$=-\frac{30\times(10\Omega // 10\Omega // 1M\Omega)}{2.5k\Omega}\approx-60$$

其中 R 为电压表的内阻。

由于 $U_s=10mV,\dfrac{\dot{U}_i}{U_s}\approx\dfrac{r_{be}}{r_{be}+R_s}$

则 $\dot{U}_i=\dfrac{r_{be}}{r_{be}+R_s}U_s=\dfrac{2.5}{2.5+5}\times10mV=\dfrac{10}{3}mV$

输出的交流电压为

$$\dot{U}_o=|\dot{A}_u|U_i=\frac{60\times10}{3}mV=200mV$$

此时由交流电压表的内阻引起的误差为 0.5%。

④ 当用内阻为 5kΩ 的电压表测输出电压时,有

$$\dot{A}_u=-\frac{\beta R_L'}{r_{be}}=\frac{\beta(R_1 // R_c // R)}{r_{be}}$$

$$=-\frac{30\times(10k\Omega // 10k\Omega // 5k\Omega)}{2.5k\Omega}=-30$$

$$\dot{U}_o=|\dot{A}_u|U_i=30\times\frac{10}{3}mV=100mV$$

此时由交流电压表的内阻引起的误差为 50%。

⑤ 由输出波形可知，放大电路产生的失真为截止失真，为防止出现截止失真应减小 R_b 的值。

典型提高题

题 2-1 放大电路如图 D2-1(a) 所示，图 D2-1(b) 所示是晶体管的输出特性曲线，放大电路的交流、直流负载线已画于图中。试求：

①R_b、R_c、R_L 各为多少？

② 不失真输出电压峰值。

③ 放大电路的电压放大倍数。

④ 不失真输入电压的峰值。

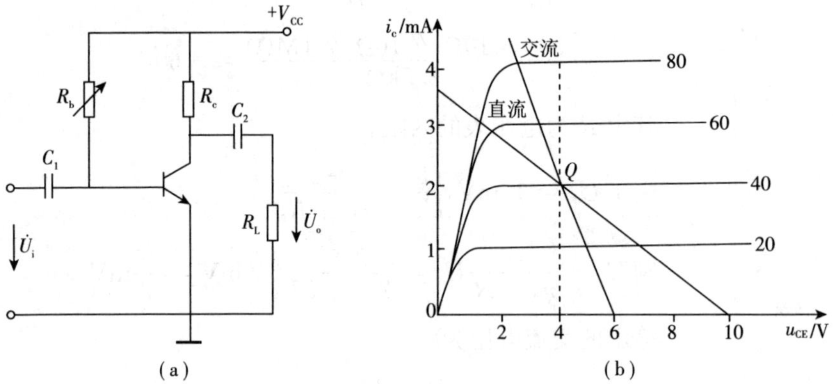

(a) (b)

图 D2-1

【知识点窍】 根据已知的交直流负载线求电路元件参数。

【逻辑推理】 首先从输出特性曲线中求出 V_{CC}、I_B、I_C 和 β，然后根据电路的结构特点求出电路元件的参数值。求出最大不失真的输出电压峰值和电路的电压放大倍数 $\dot{A}_u$，即可求出最大不失真的输入电压峰值。

解：① 由输出特性曲线图求各电路参数。

由输出特性曲线图可知 $I_B = 40\mu A = 0.04mA$

集电极电源 $V_{CC}=10V$(直流负载线交横轴于 V_{CC},交纵轴于 V_{CC}/R_c)

$$R_b=\frac{V_{CC}-U_{BE}}{I_B}=\frac{(10-0.7)V}{0.04mA}=232.5k\Omega$$

由 $I_C=2mA$ 可求出 $\beta=\frac{I_C}{I_B}=\frac{2mA}{0.04mA}=50$

由输出特性曲线图还可看出 $U_{CE}=4V$,由于 $V_{CC}=U_{CE}+I_CR_c$,则

$$R_c=\frac{V_{CC}-U_{CE}}{I_C}=\frac{(10-4)V}{2mA}=3k\Omega$$

求负载电阻 R_L 由交流负载线方程

$$i_C=\left(-\frac{1}{R_L'}\right)U_{CE}+b$$

其中 b 是交流负载线在纵轴上的截距,$-\frac{1}{R_L'}$ 是其斜率,由于交流负载线经过静态工作点 Q,又与横轴交于(6,0),于是有

$$-\frac{1}{R_L'}\times 4+b=2 \quad ①$$

$$-\frac{1}{R_L'}\times 6+b=0 \quad ②$$

联立式 ① 和式 ②,解得 $b=\frac{6}{R_L'}$

将此式代入 $-\frac{1}{R_L'}\times 4+b=2$,解得 $R_L'=1k\Omega$

由于 $R_L'=\frac{R_LR_c}{R_L+R_c}$,其中 $R_c=3k\Omega$

因此 $R_L=1.5k\Omega$

② 最大不失真输出电压峰值 U_{om}。

由输出特性曲线可知 $U_{om}=6V-4V=2V$

③ 求放大电路的电压放大倍数。

$$r_{be}=300\Omega+(1+\beta)\frac{26mV}{I_E}$$

$$=300\Omega+(1+50)\times\frac{26mV}{2mA}=1k\Omega$$

$$\dot{A}_u=-\beta\frac{R_L'}{r_{be}}=-50\times\frac{1k\Omega}{1k\Omega}=-50$$

④ 求最大不失真输入电压的峰值 U_{im}。

$$\dot{A}_u=\frac{U_\mathrm{o}}{U_\mathrm{i}}=\frac{U_{\mathrm{om}}}{U_{\mathrm{im}}}$$

$$U_{\mathrm{im}}=\frac{U_{\mathrm{om}}}{\dot{A}_u}=\frac{2\mathrm{V}}{50}=40\mathrm{mV}$$

即最大不失真输入电压峰值为 40mV。

题 2-2 在图 D2-2(a) 所示的分压式偏置放大电路中，已知 $V_{\mathrm{CC}}=24\mathrm{V}$，$R_\mathrm{c}=3.3\mathrm{k\Omega}$，$R_\mathrm{e}=1.5\mathrm{k\Omega}$，$R_{\mathrm{b1}}=33\mathrm{k\Omega}$，$R_{\mathrm{b2}}=10\mathrm{k\Omega}$，$R_\mathrm{L}=5.1\mathrm{k\Omega}$，晶体管 $\beta=66$。

① 试求静态值 I_B、I_C、U_{CE}。

② 画放大电路的中频微变等效电路。

③ 计算放大电路的 $\dot{A}_u$、r_i 和 r_o。

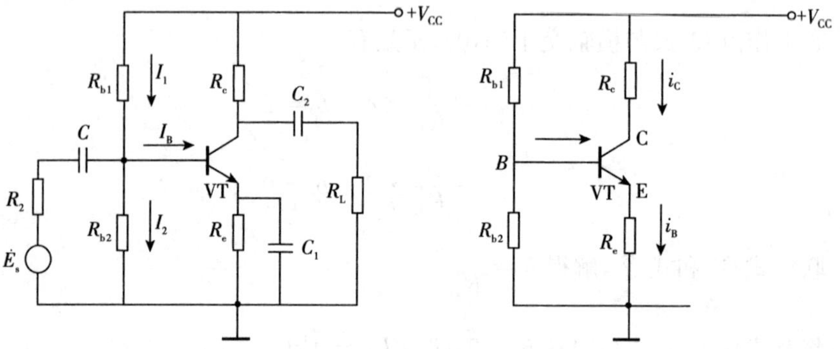

(a)　　　　　　　　(b)

图 D2-2

【知识点窍】 中频微变等效电路的画法、静态工作点的分析，$\dot{A}_u$、r_i、r_o 的含义。

【逻辑推理】 首先进行静态分析：先求出 V_B，然后依次求出 I_C、I_B 和 V_{CE}。由电容、电源视为短路，晶体管用线性模型代替画出中频微变等效电路图，根据此图计算 $\dot{A}_u$、r_i 和 r_o 的值。

解：① 先求 V_B。

$$V_\mathrm{B}=\frac{R_{\mathrm{b2}}}{R_{\mathrm{b1}}+R_{\mathrm{b2}}}\cdot V_{\mathrm{CC}}=\frac{10\mathrm{k\Omega}}{(33+10)\mathrm{k\Omega}}\times 24\mathrm{V}=5.58\mathrm{V}$$

根据射极回路中

$$I_\mathrm{E}=\frac{V_\mathrm{B}-V_{\mathrm{BE}}}{R_\mathrm{e}}=\frac{(5.58-0.7)\mathrm{V}}{1.5\mathrm{k\Omega}}\approx 3.25\mathrm{mA}$$

由 $I_C \approx I_E = 3.25\text{mA}$，则基极电流为

$$I_B = \frac{I_C}{\beta} = \frac{3.25\text{mA}}{66} \approx 0.05\text{mA}$$

$$V_{CE} = V_{CC} - I_C(R_c + R_e)$$

$$= 24\text{V} - 3.25\text{mA} \times (3.3 + 1.5)\text{k}\Omega = 8.4\text{V}$$

② 中频微变等效电路如图解 D2-2 所示。

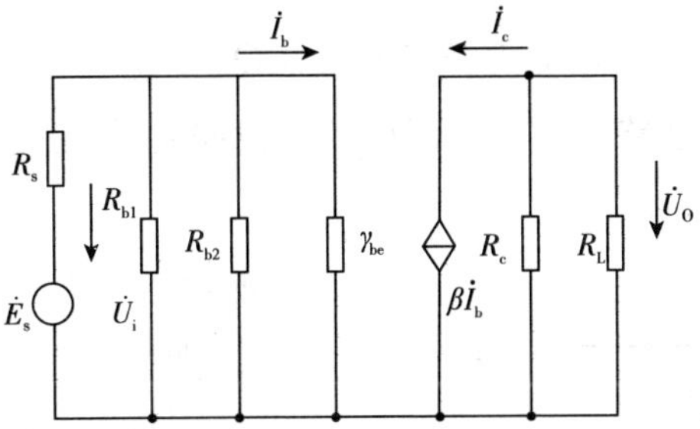

图解 D2-2

③ 计算放大电路的电压放大倍数 $\dot{A}_u$、输入电阻 r_i 和输出电阻 r_o。

$$r_{be} = 300\Omega + (1+\beta) \times \frac{26\text{mV}}{I_E}$$

$$= 300\Omega + (1+66) \times \frac{26\text{mV}}{3.3\text{mA}}$$

$$= 827.8\Omega$$

$$\dot{A}_u = -\frac{\beta R'_L}{r_{be}} = -66 \times \frac{2000\Omega}{827.8\Omega} \approx -160$$

其中，$R'_L = R_c \,//\, R_L = 3.3\text{k}\Omega \,//\, 5.1\text{k}\Omega = 2\text{k}\Omega$

由图可知

$$r_i = R_{b1} \,//\, R_{b2} \,//\, r_{be}$$

$$= 33\text{k}\Omega \,//\, 10\text{k}\Omega \,//\, 0.828\text{k}\Omega \approx 0.747\text{k}\Omega$$

$$r_o \approx R_c = 3.3\text{k}\Omega$$

题 2-3 射极偏置电路(又称分压式偏置电路)及参数如图 D2-3(a) 所示，管子的输出特性曲线如图 D2-3(b) 所示。要求：

① 作出放大器的直流负载线，求静态工作点 Q。

② 作出放大器的交流负载线，求输出电压不失真时的最大幅值 V_{om}。

③ 通常都是通过调节 R_{b1} 来调整放大器的静态工作点，现欲使放大器的静态电流 $I_C = 1.5\text{mA}$，那么 R_{b1} 应该调至何值？这时放大器输出电压不失真时的最大幅值 V'_{om} 是多少？

【知识点窍】 放大器的图解分析法，放大器的静态工作点对放大器工作性能的影响。

【逻辑推理】 根据放大器的直流通路作出直流负载线方程，再求出静态集电极电流 I_C，直流负载线与 I_C 的交点即为静态工作点 Q。

画出放大器的交流通路，作出交流负载线，根据 Q 点在交流负载线上的位置即可求出 V_{om}。

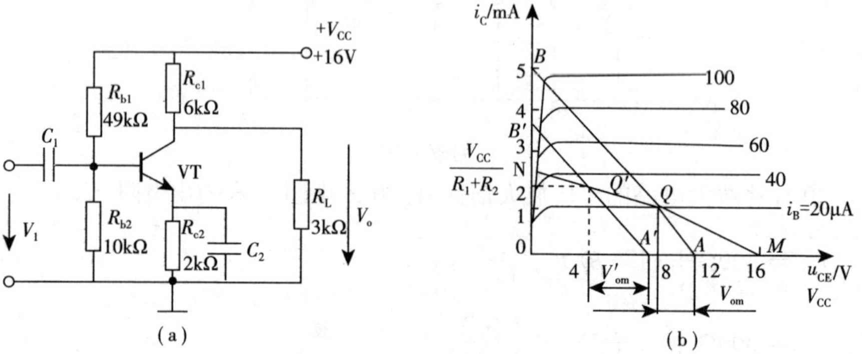

图 D2-3

解：① 画放大器的直流通路，如图解 D2-3(a) 所示。

由图可知，直流负载线方程为

$$V_{CE} = V_{CC} - \dot{i}_L(R_c + R_e)$$

令 $i_C = 0$，则 $V_{CE} = V_{CC} = 16\text{V}$

$$令\ V_{CE} = 0，则\ i_C = \frac{V_{CC}}{R_c + R_e} = \frac{16\text{V}}{6\text{k}\Omega + 2\text{k}\Omega} = 2\text{mA}$$

据此在三级管的输出特性曲线上作出直流负载线 MN。

另外，由图可近似估算静态集电极电流为

$$I_C \approx \left(\frac{V_{CC}}{R_{b1} + R_{b2}} \cdot R_{b2} - V_{BE}\right)\frac{1}{R_c}$$

$$= \left(\frac{16\text{V}}{49\text{k}\Omega + 10\text{k}\Omega} \times 10\text{k}\Omega - 0.7\text{V}\right) \times \frac{1}{2\text{k}\Omega} = 1\text{mA}$$

则直流负载线与 $I_C = 1\text{mA}$ 这条与横轴平行的直线的交点即为所求的 Q。由图可见此时的静态工作点 Q 为 $I_B = 20\mu\text{A}, I_C = 1\text{mA}, V_{CE} = 8\text{V}$。

② 画出放大电路的交流通路，如图解 D2-3(b) 所示。可知，放大器的交流负载电阻为 $R'_L = R_c \mathbin{/\!/} R_L = 6\text{k}\Omega \mathbin{/\!/} 3\text{k}\Omega = 2\text{k}\Omega$。

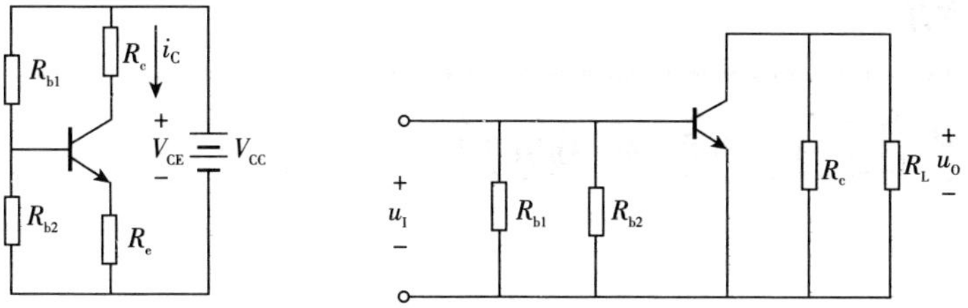

(a)　　　(b)

图解 D2-3

根据交流负载线的特点，在横轴上取 $u_{CE} = V_{CE} + I_C R'_L = 8\text{V} + 1\text{mA} \times 2\text{k}\Omega = 10\text{V}$，得 A 点。连接 AQ 延长至点 B，即得交流负载线 AB。

根据 Q 点在交流负载线上的位置，可以求得输出电压不失真的最大幅值为 $V_{om} = I_C R'_L = 2\text{V}$，同时，当不考虑三极管饱和区和截止区对输出幅度的影响时，由图解 D2-3 所示结果不难看出，输出电压不失真的最大幅值将是

$V_{CE} > I_C R'_L$ 时，$V_{om} = I_C R'_L$

$V_{CE} > I_C R'_L$ 时，$V_{om} = V_{CE}$

③ 当 $I_C = 1.5\text{mA}$ 时，有

$$V_B \approx I_E R_e + V_{BE} \approx 1.5\text{mA} \times 2\text{k}\Omega + 0.7\text{V} = 3.7\text{V}$$

$$R_{b1} \approx \frac{V_{CC} - V_B}{V_B / R_{b2}} = \frac{16\text{V} - 3.7\text{V}}{3.7\text{V}/10\text{k}\Omega} \approx 33\text{k}\Omega$$

当改变 R_{b1} 把 I_C 调到 1.5mA 时，由于电路的其他参数未变，因此 Q 点将沿直流负载线移至 Q'，交流负载线将平移至 $A'B'$。

由此可见，这时输出电压不失真时的最大幅值为 $V'_{om} = 3\text{V}$。

显然，从提高放大器不失真输出电压幅值的角度看，这时静态工作点的位置是比较合适的。

第三章

放大电路的频率响应

知识要点概述

1. 掌握频率响应的基本概念。
2. 掌握含有一个时间常数的单管共射放大电路中 f_L 和 f_H 的估算方法。
3. 理解波特图的意义和画法。
4. 了解频率失真的含义。
5. 了解三极管频率参数的含义。
6. 了解多级放大电路的通频带与其各级放大电路的通频带之间的定性关系。

内容概要

放大电路的频率响应是描述放大电路对不同频率输入信号放大能力的一项技术指标。本章首先介绍了频率响应的基本概念及三极管的频率参数，在此基础上进一步分析了单管共射放大电路的频率响应及多级放大电路的频率响应。

■ 一、频率响应的一般概念

(1) 若将不同频率的正弦波信号输入到放大电路，得到的放大倍数不同，即放大倍数是频率的函数，这种函数关系就是放大电路的频率响应，又称为频率特性。

当一个正弦波电压输入到放大电路时，不仅其幅值得到了放大，而且输出电压和输入电压之间还将产生一个相角 φ，因此电压放大倍数可以用一个复数 $\dot{A}_u$ 来表示：

$$\dot{A}_u = |\dot{A}_u|(f) \angle \varphi(f)$$

式中放大倍数的幅值 $|\dot{A}_u|$ 和相角 φ 都是频率 f 的函数，其中 $|\dot{A}_u|(f)$ 称为幅频特性，$\varphi(f)$ 称为相频特性。

(2) 下限频率 f_L、上限频率 f_H 和通频带 BW。

结合图 3-1 所示的单管共射放大电路的幅频特性和相频特性，可以看出，在一定的中频范围内，电压放大倍数的幅值基本不变，而相位移基本上等于 180°。中频段的电压放大倍数称为中频电压放大倍数 A_{um}。当电压放大倍数下降到 $0.707A_{um}$ 时所对应的低频频率和高频频率分别称为下限频率 f_L 和上限频率 f_H，二者之间的频率范围称为通频带 BW，即 $BW = f_H - f_L$。

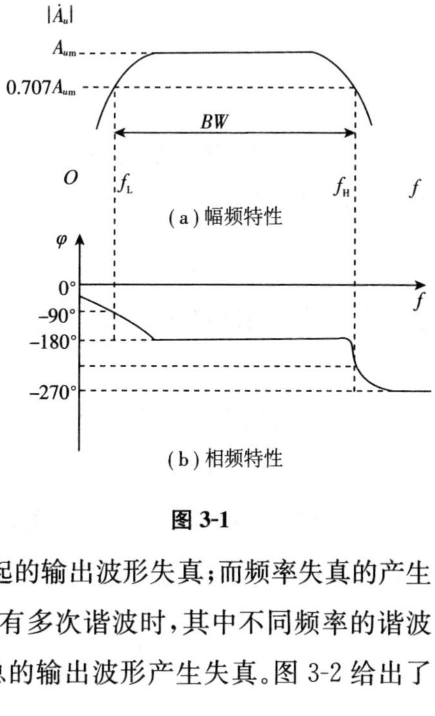

图 3-1

(3) 频率失真。频率失真的性质完全不同于第二章介绍的非线性失真。非线性失真是由于放大器件(BJT 或 FET) 特性曲线的非线性引起的输出波形失真；而频率失真的产生是由于放大电路的通频带不够宽，当输入信号含有多次谐波时，其中不同频率的谐波的放大倍数的幅值不同，或相位移不同，因而使总的输出波形产生失真。图 3-2 给出了由于频率失真而引起的幅频失真和相频失真。

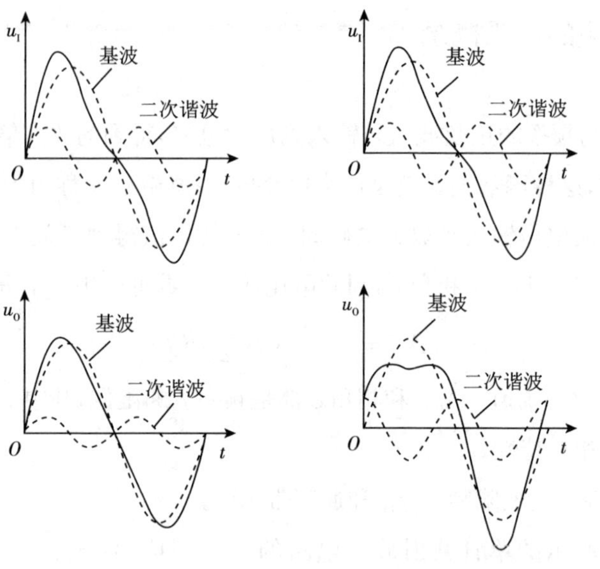

(a) 幅频失真　　(b) 相频失真

图 3-2

(4) 采用对数坐标绘制频率特性称为对数频率特性或波特图。为了作图方便起见，画波特图时常常将对数频率特性的曲线加以折线化，得到折线化的对数频率特性。

二、三极管的频率参数

由于三极管存在极间电容，当频率升高时，三极管的放大作用降低，表现为共射电流放大系数β成为频率的函数，此时共射电流放大系数可以表示为

$$\dot{\beta}=\frac{\beta_0}{1+\mathrm{j}\dfrac{f}{f_\beta}}$$

将上式分别用$\dot{\beta}$的模和相角表示，即可画出$\dot{\beta}$的幅频特性和相频特性，如图 3-3 所示。

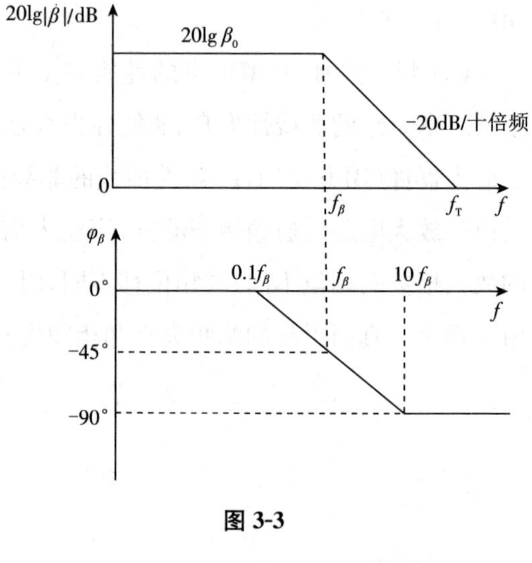

图 3-3

三极管的主要频率参数如下：

(1) 共射截止频率 f_β。

(2) 特征频率 f_T。

(3) 共基截止频率 f_α。

以上三参数间的关系为

$$f_\beta < f_T < f_\alpha$$

$$f_T \approx \beta_0 f_\beta$$

$$f_\alpha \approx (1+\beta_0) f_\beta$$

三、单管共射放大电路的频率响应

分别从物理特性上对低频段、中频段和高频段进行分析，对频率特性进行定量分析的工具是混合 π 形等效电路。混合 π 形等效电路如图 3-4 所示，单向化的混合 π 形等效电路如图 3-5 所示。

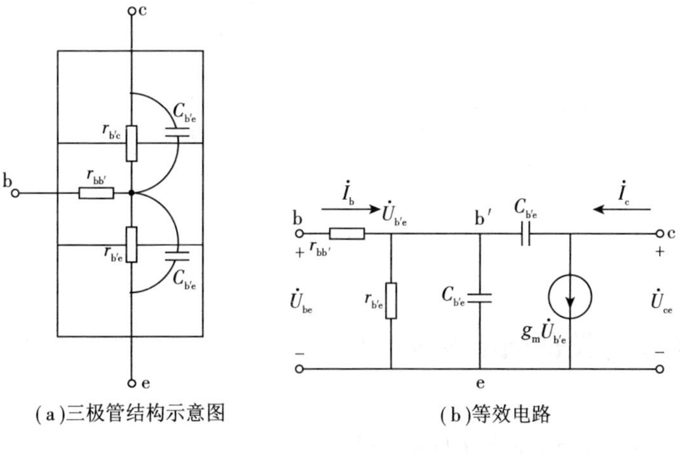

(a)三极管结构示意图 (b)等效电路

图 3-4

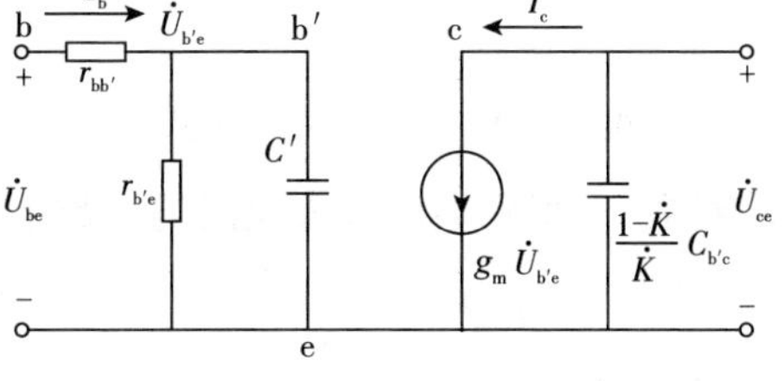

图 3-5

从物理意义上理解在不同频段分别有哪些电容起主要作用,进而分析不同频段的微变等效电路由哪些元件构成。

通过对各个频段的分析可知,单管共射放大电路在全部频率范围内电压放大倍数的近似表达式为

$$\dot{A}_{us} \approx \frac{\dot{A}_{usm}}{\left(1-\mathrm{j}\,\dfrac{f_{\mathrm{L}}}{f}\right)\left(1+\mathrm{j}\,\dfrac{f}{f_{\mathrm{H}}}\right)}$$

根据此表达式可以画出单管共射放大电路完整的波特图,即折线化的,用对数坐标表示的频率特性,如图 3-6 所示。

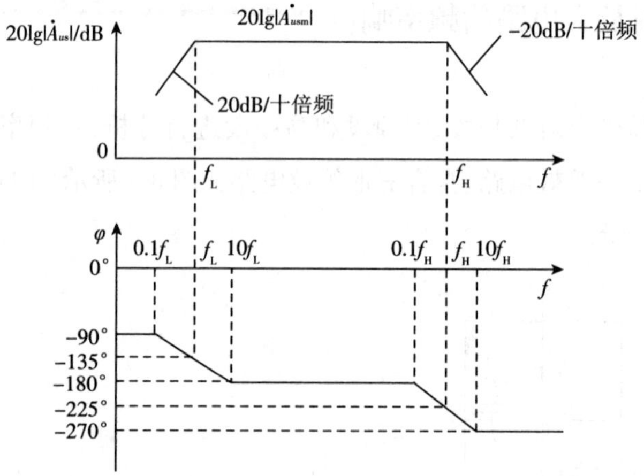

图 3-6

四、多级放大电路的频率响应

1. 多级放大电路的幅频特性和相频特性

由前面的学习可知多级放大电路总的电压放大倍数等于各级电压放大倍数的乘积,即

$$\dot{A}_u = \dot{A}_{u1} \cdot \dot{A}_{u2} \cdot \cdots \cdot \dot{A}_{un}$$

将上式取绝对值后求对数,可得到多级放大电路的对数幅频特性,即

$$20\lg|\dot{A}_u| = 20\lg|\dot{A}_{u1}| + 20\lg|\dot{A}_{u2}| + \cdots + 20\lg|\dot{A}_{un}|$$

多级放大电路总的相位移为

$$\varphi = \varphi_1 + \varphi_2 + \cdots + \varphi_n$$

2. 上限频率与下限频率的估算

假设多级放大电路内部共有 n 个放大级，如欲定量估算多级放大电路的上限频率 f_H 和下限频率 f_L，可以利用以下近似公式：

$$\frac{1}{f_H} \approx 1.1\sqrt{\frac{1}{f_{H1}^2} + \frac{1}{f_{H2}^2} + \cdots + \frac{1}{f_{Hn}^2}}$$

$$f_L \approx 1.1\sqrt{f_{L1}^2 + f_{L2}^2 + \cdots + f_{Ln}^2}$$

习题与思考题

习题 3-1 **知识点窍** 频率特性的基本概念、$|\dot{A}_{um}|$、f_L 和 f_H 与放大电路的参数之间的定性关系。

逻辑推理 首先画出高频、中频和低频时的等效电路，然后根据中频电路写出中频电压放大倍数：

$|\dot{A}_{um}| = \frac{\beta R_c}{r_{be}}$（其中 $\beta = g_m r_{b'e}$）

根据高频等效电路写出高频段的上限频率表达式：

$f_H = 12\pi R'C'$

其中 $R' = r_{b'e} \mathbin{/\!/} (r_{bb'} + R_s \mathbin{/\!/} R_b)$，$C' = C_{b'e} + (1 + g_m R_c) C_{b'c}$。

再根据低频等效电路写出 $f_L = \frac{1}{2\pi R_i C_1}$，其中 $R_i = R_b \mathbin{/\!/} r_{be}$。

根据以上的推导，当其中的一个参数变化时，代入上面的定性关系，即可推导出 $|\dot{A}_{um}|$、f_H 与 f_L。

解题过程 将各变化参量（并同时假定其他参数不变的情况下）代入 $|\dot{A}_{um}|$ 与 f_L、f_H 定性表达式，可得

① 当增大 C_1 时，$|\dot{A}_{um}|$ 基本不变，f_L 将降低，f_H 基本不变。

② 当增大 R_b 时，$|\dot{A}_{um}|$ 将减小，f_L 将降低，f_H 将降低。

③ 当增大 R_c 时，在波形基本不失真的情况下，$|\dot{A}_{um}|$ 将增大，f_L 基本不变，f_H 将降低。

④ 当增大 β 时，在 r_{be} 不变且波形基本不失真的前提下，$|\dot{A}_{um}|$ 将增大，f_L 基本不变，f_H 将降低。

⑤ 当增大 $C_{b'e}$、$C_{b'c}$ 时，$|\dot{A}_{um}|$ 基本不变，f_L 基本不变，f_H 将降低。

习题 3-2 **知识点窍** 电压放大倍数与对数电压增益之间的对应关系。

逻辑推理 若电压放大倍数为 $|\dot{A}_u|$，则对数电压增益为 $20\lg|\dot{A}_u|$ (dB)。

解题过程 当电压放大倍数 $|\dot{A}_u| = 100$ 时，对数电压增益为 $20\lg|\dot{A}_u| = 20\lg 100 = 40\text{dB}$；当对数电压增益 $20\lg|\dot{A}_u| = 80\text{dB}$ 时，电压放大倍数 $\dot{A}_u = 10^4$。

习题 3-3 **知识点窍** 三极管电流放大系数 $\dot{\beta} = \dfrac{\beta_0}{1 + \mathrm{j}\dfrac{f}{f_\beta}}$（$\beta_0$ 为低频时共射电流放大系数）；

$f_T \approx \beta_0 f_\beta$；$g_m \approx \dfrac{I_{EQ}}{26}$；$C_{b'e} \approx \dfrac{g_m}{2\pi f_T}$。

逻辑推理 根据 $|\dot{\beta}|$ 与 β_0 的关系以及 f_T 与 f_β 的关系确定 f，再根据 g_m 与 I_{EQ} 的关系确定 g_m，最后根据 $C_{b'c}$ 的估算式计算出 $C_{b'e}$。

解题过程 ① 由 $f_T \approx f_\beta \beta_0$ 可得

$$f_\beta = \frac{f_T}{\beta_0} = \frac{80\text{MHz}}{100} = 0.8\text{MHz}$$

由 $\dot{\beta} = \dfrac{\beta_0}{\left(1 + \mathrm{j}\dfrac{f}{f_\beta}\right)}$ 可得

$$|\dot{\beta}| = \frac{\beta_0}{\left[1 + \left(\dfrac{f}{f_\beta}\right)^2\right]^{\frac{1}{2}}}$$

而 $\quad |\dot{\beta}| \approx 70 \approx \dfrac{1}{\sqrt{2}} \times 100 = \dfrac{1}{\sqrt{2}}\beta_0$

则可推出 $f = f_\beta = 0.8\text{MHz}$，即当频率 $f = 0.8\text{MHz}$ 时，三极管的

$|\dot{\beta}| = 70$。

②$g_m \approx \frac{I_{EQ}}{26} = \frac{2}{26}\text{S} \approx 76.9\text{mS}$

③$C_{b'e} \approx \frac{g_m}{2\pi f_T} = \frac{76.9\text{mS}}{2\pi \times 80\text{MHz}} \approx 153\text{pF}$

习题 3-4 知识点窍 电压放大倍数的定义、幅频特性与相频特性的含义、波特图的画法。

逻辑推理 画波特图的步骤如下：

① 确定 $\dot{A}_{um}$、f_L 与 f_H 的大小。

② 画幅频特性：在中频区，从 f_L 到 f_H 画一条高度等于 $20\lg|\dot{A}_{um}|$ 的水平线；在低频区，从 $f = f_L$ 开始，向左下方画一条 20dB/10 倍频的直线；在高频区，从 f_H 开始，向右下方画一条 −20dB/10 倍频的直线。

③ 画相频特性：在中频区，由于单管共射放大电路的倒相作用，在 $10f_L$ 到 $0.1f_H$ 之间画一条 $\varphi = -180°$ 的水平直线；在低频区，当 $f < 0.1f_L$ 时，$\varphi = -180° + 90° = -90°$，然后连接两点，即在 $0.1f_L$ 与 $10f_L$ 之间画一条 45°/10 倍频的直线；在高频区，当 $f > 10f_H$ 时，$\varphi = -180° - 90° = -270°$，然后在 $0.1f_H$ 与 $10f_H$ 之间画一条 −45°/10 倍频的直线。

解题过程 ① 波特图如图解 P3-4 所示。

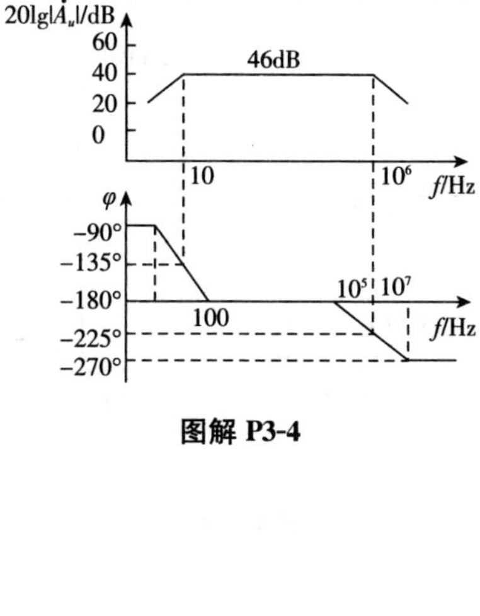

图解 P3-4

② 由电压放大倍数 $\dot{A}_u \approx \dfrac{\dot{A}_{um}}{\left(1-\mathrm{j}\,\dfrac{f_{\mathrm{L}}}{f}\right)\left(1+\mathrm{j}\,\dfrac{f}{f_{\mathrm{H}}}\right)}$ 得

当 $f=f_{\mathrm{L}}$ 时，$|\dot{A}_u|=\dfrac{1}{\sqrt{2}}|\dot{A}_{um}|=0.707\times200=141$

$\varphi=-180^\circ-(-45^\circ)=-135^\circ$

当 $f=f_{\mathrm{H}}$ 时，$|\dot{A}_u|=\dfrac{1}{\sqrt{2}}|\dot{A}_{um}|=0.707\times200=141$

$\varphi=-180^\circ-45^\circ=-225^\circ$

习题 3-5 知识点窍 放大电路的幅频特性、幅频特性与相频特性之间的关系。

逻辑推理 根据幅频特性的画法与此题中给定的幅频特性图即可确定 $|\dot{A}_u|$、f_{H} 与 f_{L}。

根据相频特性的画法画出相频特性。

解题过程 ① 根据幅频特性图（教材图 P2-5）可以看出

$20\lg|\dot{A}_{um1}|=40\mathrm{dB}$，则 $|\dot{A}_{um1}|=10^2=100$

$f_{\mathrm{L1}}=20\mathrm{Hz}$，$f_{\mathrm{H1}}=5\times10^5\,\mathrm{Hz}=500\mathrm{kHz}$

$20\lg|\dot{A}_{um2}|=30\mathrm{dB}$，则 $|\dot{A}_{um2}|=31.6$

$f_{\mathrm{L2}}=0\mathrm{Hz}$，$f_{\mathrm{H2}}=1.5\mathrm{MHz}$

② 教材图 P3-5(a) 为阻容耦合结构；教材图 P3-5(b) 为直接耦合结构。

③ 两个放大电路相应的相频特性如图解 P3-5 所示。

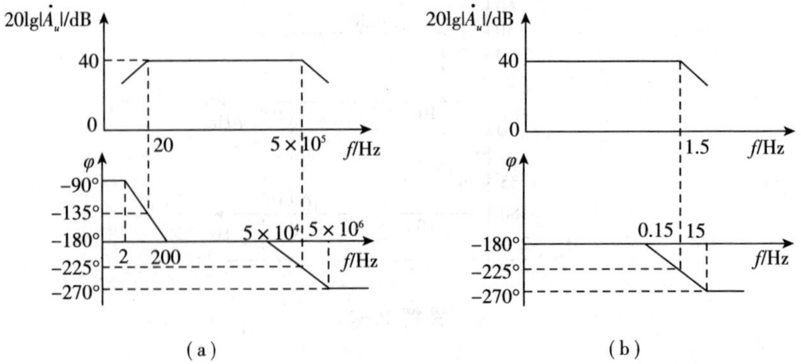

图解 P3-5

习题 3-6　解题过程 ① $|\dot{A}_{um}| = 80 \rightarrow 38.06\text{dB}, f_L = 320\text{Hz}, f_H = 4.3 \times 10^5\text{Hz}$

② 波特图如图解 P3-6 所示。

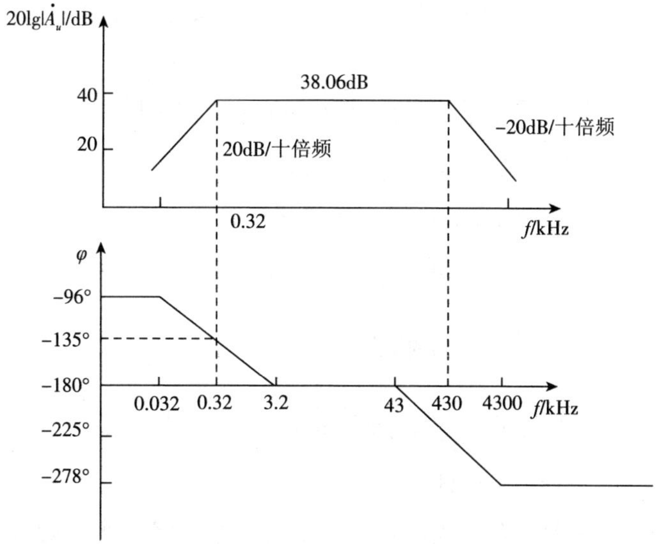

图解 P3-6

习题 3-7　知识点窍 用混合 π 形等效电路估算单管共射放大电路的频率响应：

$$f_L = \frac{1}{2\pi R_i C_i}, f_H = \frac{1}{2\pi R' C'}$$

逻辑推理 首先画出电路的混合 π 形等效电路，再根据 f_L、f_H 的计算公式进行计算。

解题过程 由放大电路的混合 π 形等效电路可得

$R_i = R_b \,//\, r_{be} = 560\text{k}\Omega \,//\, 1.6\text{k}\Omega \approx 1.6\text{k}\Omega$

则 $f_L = \dfrac{1}{2\pi R_i C_1} = \dfrac{1}{2\pi \times 1.6 \times 10}\text{kHz} \approx 9.9\text{Hz}$

计算上限频率：

由 $R' = r_{b'e} \,//\, [r_{bb'} + (R_s \,//\, R_b)]$，此电路中假定 $R_s = 0$，则

$R' = r_{b'e} \,//\, r_{bb'} = (r_{be} - r_{bb'}) \,//\, r_{bb'}$

$\quad = 1.3\text{k}\Omega \,//\, 0.3\text{k}\Omega \approx 243.75\Omega$

由放大电路的直流通路可得

$$I_{BQ}=\frac{V_{CC}-V_{BE}}{R_b}=\frac{12-0.7}{560}\text{mA}\approx 0.02\text{mA}$$

$$g_m\approx\frac{I_{EQ}}{26}\approx\frac{\beta I_{BQ}}{26}=\frac{50\times 0.02}{26}\text{S}\approx 38.5\text{mS}$$

$$C_{b'e}\approx\frac{g_m}{2\pi f_T}=\frac{38.5\text{mS}}{2\pi\times 100\text{MHz}}\approx 61.3\text{pF}$$

$$\begin{aligned}C'&=C_{b'e}+(1+g_mR_c)C_{b'c}\\&=[61.3+(1+38.5\times 5.1)\times 4]\text{pF}\\&=850.7\text{pF}\end{aligned}$$

代入 $f_H=\frac{1}{2\pi R'C'}$ 得

$$\begin{aligned}f_H&=\frac{1}{2\pi\times 243.75\times 850.7\times 10^{-12}}\text{Hz}\\&\approx 768\text{kHz}\end{aligned}$$

习题 3-8 知识点窍 单管共射放大电路 f_H、f_L 的估算，混合 π 形等效电路的画法，对数幅频特性和相频特性。

逻辑推理 首先画出此单管共射放大电路的混合 π 形等效电路，在此基础上对 $|\dot{A}_{um}|$、f_L 与 f_H 进行估算，然后画出幅频特性与相频特性曲线图。

解题过程 ① 放大电路的混合 π 形等效电路如图解 P3-8(a) 所示。

② 由 $\dot{A}_{um}=-\frac{\beta R_c}{r_{be}}$ 和 $g_m\approx\frac{\beta}{r_{b'e}}$ 得

$$|\dot{A}_{um}|=-\frac{g_m r_{b'e}R_c}{r_{be}}=-\frac{40\times 1.2\times 2}{1.4}=-68.6$$

$$R_i=R_b\,//\,r_{be}=R_b\,//\,(r_{bb'}+r_{b'e})$$

$$|\dot{A}_{usm}|=\frac{R_i}{R_i+R_s}\dot{A}_{um}\approx\frac{1.4}{1+1.4}\times(-68.6)=-40$$

$$\begin{aligned}R'&=r_{b'e}\,//\,[r_{bb'}+(R_s\,//\,R_b)]\approx r_{b'e}\,//\,(r_{bb'}+R_s)\\&=\frac{1.2\times(0.2+1)}{1.2+(0.2+1)}\text{k}\Omega=600\Omega\end{aligned}$$

$$f_H=\frac{1}{2\pi R'C'}=\frac{1}{2\pi\times 600\times 1000\times 10^{-12}}\text{Hz}$$

$$= 5.31 \times 10^5\,\text{Hz} = 531\text{kHz}$$

$$f_{\text{L}} = \frac{1}{2\pi(R_{\text{s}} + R_{\text{i}})C_1} \approx \frac{1}{2\pi(R_{\text{s}} + r_{\text{be}})C_1}$$

$$= \frac{1}{2\pi(1 + 1.4) \times 10^3 \times 10^{-6}}\,\text{Hz} \approx 66\,\text{Hz}$$

③ 由 ② 中已知 $\dot{A}_{usm} = -40$，$20\lg|\dot{A}_{usm}| = 20\lg 40 = 32\text{dB}$。根据幅频特性与相频特性的作图步骤，可画出对数幅频特性和相频特性，如图解 P3-8(b) 所示。

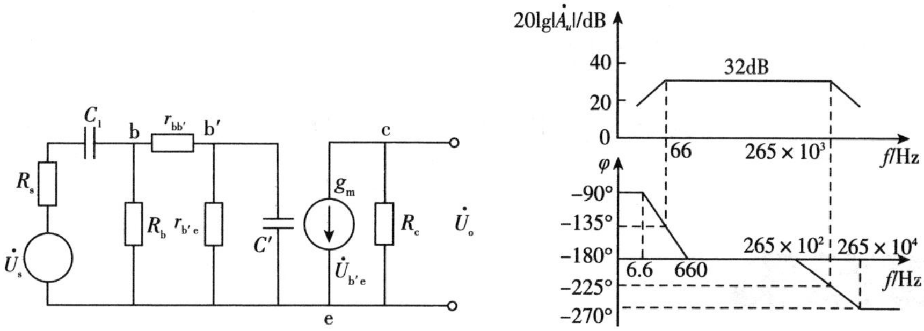

(a)　　　　　　　　(b)

图解 P3-8

习题 3-9 知识点窍 多级放大电路总的电压放大倍数是各级电压放大倍数的乘积，即

$$\dot{A}_u = \dot{A}_{u1} \cdot \dot{A}_{u2} \cdot \cdots \cdot \dot{A}_{un}$$

则 $20\lg|\dot{A}_u| = 20\lg|\dot{A}_{u1}| + 20\lg|\dot{A}_{u2}| + \cdots + 20\lg|\dot{A}_{un}|$

$$\frac{1}{f_{\text{H}}} \approx 1.1\sqrt{\frac{1}{f_{\text{H1}}^2} + \frac{1}{f_{\text{H2}}^2} + \cdots + \frac{1}{f_{\text{H}n}^2}}$$

$$f_{\text{L}} \approx 1.1\sqrt{f_{\text{L1}}^2 + f_{\text{L2}}^2 + \cdots + f_{\text{L}n}^2}$$

解题过程 两级放大电路总的对数电压增益为

$$20\lg|\dot{A}_u| = 20\lg|\dot{A}_{um1}| + 20\lg|\dot{A}_{um2}|$$

$$= 20\lg|-100| + 20\lg|-20| = 66\text{dB}$$

总的上限频率为

$$f_{\text{H}} \approx \frac{1}{1.1 \times \sqrt{\frac{1}{20^2} + \frac{1}{150^2}}}\,\text{kHz} \approx 18\text{kHz}$$

总的下限频率为

$$f_L \approx 1.1 \times \sqrt{10^2 + 100^2}\,\text{Hz} \approx 111\text{Hz}$$

习题 3-10 分析 本题考查多级放大电路的静态、动态频响的分析，时间常数 $\tau = RCf_L$ 的计算。

解题过程 ① 如上分析得

$R_1 = R_i = R_{b1} // \{r_{be1} + H\beta_1(R_{e1} // R_{e2} // r_{b3}) // [r_{be2} + (1 + \beta_2)]R_{e2}\}$ $\tau_1 = R_1C_1, \tau_2 = \left(R_{e1} // \frac{r_{be}}{1+\beta}\right)C_2, \tau_3 = (R_{c2} + R_c)C_3$

② τ_2 是最小的。

③ $f_L \approx \frac{1}{2\pi\tau_2}$，代入得 $f_L = 159\text{Hz}$。

典型提高题

题 3-1 已知某放大器的频率特性表达式为

$$A(j\omega) = \frac{200 \times 10^6}{j\omega + 10^6}$$

求该放大器的中频增益、上限频率及增益频带积。

【知识点窍】 上限频率：增益比中频增益下降3dB的频率。增益频带积：$G \cdot BW = |A(0)f_H|$。

【逻辑推理】 首先求出 $\omega = 0$ 时，中频增益为 $A(0)$；然后求出 $|A(j\omega_H)| = \sqrt{\frac{1}{2}}|A(0)|$，利用 $f_H = \frac{2\pi}{\omega_H}$ 求出上限频率。

解：将给出的频率特性变换为标准形式：

$$A(j\omega) = \frac{200 \times 10^6}{j\omega + 10^6} = \frac{200}{1 + j\frac{\omega}{10^6}}$$

$$|A(j\omega)| = \frac{200}{\sqrt{1 + \left(\frac{w}{100}\right)^2}}$$

当 $\omega=0$ 时，$A(0)=200$，即为放大器的直流增益(或低频增益)。

当 $\omega=\omega_H$ 时，

$$A(\omega_H)=\frac{200}{1+(\omega_H\times10^6)^2}=\frac{A(0)}{\sqrt{2}}$$，其中 $\omega_H=10^6\text{rad/s}$

相应的上限频率为

$$f_H=\frac{\omega_H}{2\pi}=\frac{10^6}{2\pi}=159.2\text{kHz}$$

由增益频带积的定义，可求得

$$G\cdot BW=|A(0)f_H|=31.85\text{MHz}$$

题 3-2 共射电路如图 D3-2 所示。已知三极管的 $r_{bb'}=100\Omega$，$r_{b'e}=900\Omega$，$g_m=0.04\text{S}$，$G_i^b=500\text{pF}$。

① 试计算中频电压放大倍数 A_{us}。

② 试计算上、下限截止频率 f_H、f_L。

③ 画出幅频特性和相频特性曲线。

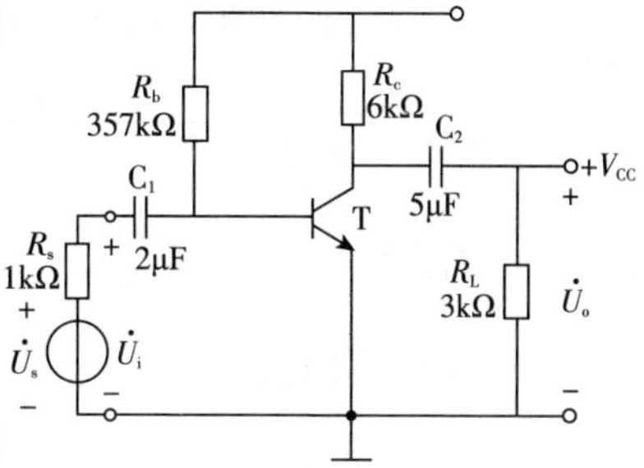

图 D3-2

【知识点窍】 上限截止频率和下限截止频率的定义。

【逻辑推理】 (1) 求中频电压放大倍数时，将 C_1、C_2 看作短路。

(2) 上限频率由 $C_{b'e}$ 和 $C_{b'c}$ 确定；下限频率由 C_1 或 C_2 确定。

解：① 中频电压放大倍数 A_{us} 的表达式为

$$A_{us}=\frac{R_i}{R_i+R_s}A_u=\frac{R_i}{R_i+R_s}\left(-\beta\frac{R_c/\!/R_L}{r_{be}}\right)$$

其中 $r_{be}=r_{bb'}+r_{b'e}=1\text{k}\Omega$

$$R_i=R_b/\!/r_{be}=377\text{k}\Omega/\!/1\text{k}\Omega\approx1\text{k}\Omega$$

$$\beta=g_m r_{b'e}=0.04\times900=36$$

$$A_{us}=\frac{1}{1+1}\times\left(-36\times\frac{6/\!/3}{1}\right)=-36$$

② 耦合电容 C_1、C_2 单独作用时的下限截止频率 f_{L1}、f_{L2} 的表达式为

$$f_{L1}=\frac{1}{2\pi(R_s+R_i)C_1}，f_{L2}=\frac{1}{2\pi(R_c+R_L)C_2}$$

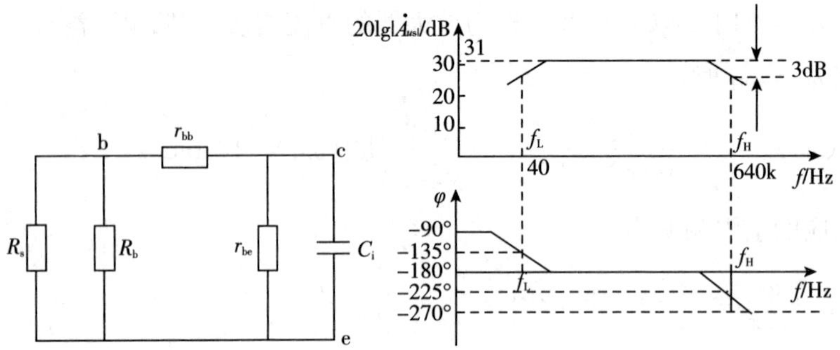

(a)　　　　　　　　　　　　(b)

图解 D3-2

将给定的参数值代入以上两式，可求得

$$f_{L1} = \frac{1}{6.28 \times (1+1) \times 10^3 \times 2 \times 10^{-6}} \text{Hz} = 40\text{Hz}$$

$$f_{L2} = \frac{1}{6.28 \times (6+3) \times 10^3 \times 5 \times 10^{-6}} \text{Hz} = 3.5\text{Hz}$$

所以下限截止频率 f_L 应取 $f_L = 40\text{Hz}$，电路上限截止频率 f_H 由三极管 T 的结电容决定。

图解 D3-2(a) 所示为图 D3-2 的高频等效电路的输入回路部分。

根据图解 D3-2(a) 所示电路可得 f_H 的表达式为

$$f_H = \frac{1}{2\pi C_i^b [r_{b'e} // (r_{bb'} + R_b // R_s)]}$$

将给定参数值代入上式，可得

$$f_H = \frac{1}{6.28 \times 500 \times 10^{-12} \times [0.9 // (0.1 + 357 // 1)] \times 10^3}$$

$$= 0.64\text{MHz}$$

③ 将电压放大倍数 A_{us} 写成分贝的形式，即 $20\lg(A_{us})$，代入数值得

$20\lg|A_{us}| = 20\lg|-36| = 31\text{dB}$

电路的幅频特性和相频特性曲线如图解 D3-2(b) 所示。

第四章

功率放大电路

知识要点概述

1. 掌握功率放大的基本概念。

2. 掌握功率放大的主要特点。

3. 掌握 OTL 和 OCL 甲乙类互补对称电路的组成和工作原理，以及最大输出功率和效率的估算方法。

4. 理解功率放大电路的主要技术指标。

5. 理解交越失真的概念。

6. 了解功率放大电路中甲类、甲乙类和乙类的含义。

7. 了解集成功率放大电路的特点。

内容概要

本章首先阐明了功率放大电路的主要特点，然后介绍了实际工作中常用的 OTL 和 OCL 互补对称式功率放大电路，并介绍了两个实际的功率放大典型电路，最后介绍了目前已广泛应用的集成功率放大器。

一、功率放大电路的主要特点和分类

1.“功率放大”的含义

在功率放大电路中，放大的本质是实现能量的控制。由于输入信号的能量比较小，不能驱动负载，于是在功率放大电路中需要设置另外的电源（通常是直流电源）来提供能源，由小能量的输入信号来控制这个能源，然后向负载输出较大的能量。

2. 对功率放大电路的基本要求

(1) 功率放大电路应向负载提供足够的输出功率。

(2) 要求功率放大电路具有较高的效率。

(3) 要求尽量减小输出波形的非线性失真。

3. 功率放大电路的主要技术指标

(1) 最大输出功率 P_{om}：

$$P_{om}=U_oI_o=\frac{U_{cem}}{\sqrt{2}}\cdot\frac{I_{CM}}{\sqrt{2}}=\frac{1}{2}U_{cem}I_{CM}$$

(2) 效率 $\eta=\frac{P_o}{P_V}$。

为了提高功率放大电路的效率，常常在输出功率一定的前提下，设法尽量降低直流电源消耗的功率。

4. 功率放大电路的分类

(1) 按耦合方式分类：直接耦合、变压器耦合、电容耦合。

(2) 按电路的结构分类：OTL 互补对称式功率放大电路、OCL 互补对称式功率放大电路。

(3) 按功率三极管的导通角分类：甲类功率放大电路、乙类功率放大电路、甲乙类功率放大电路、丙类功率放大电路。

二、互补对称式功率放大电路

由于功率放大电路工作在大信号状态，因此可利用图解法对其工作情况进行分析。

在表4-1中，对OTL互补对称电路和OCL互补对称电路的特点以及最大输出功率 P_{om} 和效率 η 的估算公式进行了整理归纳，供读者参考。

表 4-1　OTL 和 OCL 互补对称电路的比较

电路种类	OTL 乙类、甲乙类互补对称电路	OCL 乙类、甲乙类互补对称电路
电路特点	省去了输出变压器，但输出端需用一个大电容；只需一路直流电源 $+V_{CC}$	省去了输出变压器，也不需要大电容；但需要两路直流电源 $+V_{CC}$ 和 $-V_{CC}$
P_{om}	$\frac{(V_{CC}/2-U_{CES})^2}{2R_L}$	$\frac{(V_{CC}-U_{CES})^2}{2R_L}$
η	78.5%	78.5%

三、采用复合管的互补对称式放大电路

(1) 当负载要求功率放大电路的输出功率很大时，不仅功率三极管本身的电流和电压都很大，而且要求前置放大级提供较大的驱动电流。对于一般的三级管来说，很难提供如此大的输出电流。为此，在互补对称电路中采用由两个或两个以上的三极管组成的复合管作为放大管。

(2) 功率晶体管的选择。

功率晶体管的选择原则可归纳为：

最大集电极耗散功率 $P_{CM} > 0.2P_{om}$。

最大集射间耐压值 $U_{(BR)CEO} > V_{CC}$。

最大集电极电流 $I_{CM} > \frac{V_{CC}}{2R_L}$。

习题与思考题

习题 4-1　逻辑推理　OCL 互补电路的 $P_{om} = \frac{(V_{CC}-U_{CES})^2}{2R_L}$

$$P_V = V_{CC} \times \frac{1}{\pi}\int_0^{\pi} I_{CM}\sin\omega t\,d(\omega t) = \frac{2}{\pi}V_{CC}I_{CM} \approx \frac{2V_{CC}^2}{\pi R_L}$$

解题过程 ① 最大输出功率 $P_{om}=\frac{1}{2}\times\frac{25}{8}\mathrm{W}=\frac{25}{16}\mathrm{W}\approx1.56\mathrm{W}$

② 直流电源消耗的功率

$$P_V=V_{CC}\times\frac{1}{\pi}\int_0^{\pi}I_{CM}\sin\omega t\,\mathrm{d}(\omega t)=\frac{2\times6\times5}{\pi\times8}\mathrm{W}=2.39\mathrm{W}$$

效率 $\eta=\frac{P_{om}}{P_V}=65.3\%$

习题 4-2 逻辑推理 OCL 互补电路 R_L 两端电压最大值为 $V_{CC}-V_{CES}$，有效值为 $\frac{V_{CC}}{\sqrt{2}}$，电流最大有效值为 $\frac{V_{CC}-U_{CES}}{\sqrt{2}R_L}$，所以功率最大值为 $P_{om}=\frac{(V_{CC}-U_{CES})^2}{2R_L}$，三极管功耗 $P_{CM}=0.2P_{om}$。

解题过程 ① 由三极管功耗 $P_{CM}=0.2P_{om}$ 可得

$P_{CM}=0.2\times1.56\mathrm{W}=0.312\mathrm{W}$

② 最大电流由欧姆定律可得 $I_{CM}>\frac{V_{CC}}{R_L}=0.75\ \mathrm{A}$

③ 集电极最大电压 $U_{cem}=V_{CC}-U_{CES}=(6-1)\mathrm{V}=5\mathrm{V}$

④ 由于放大器为射随器，而射随器的放大倍数约为 1，则 $A_u\approx1$，$A_u=\frac{U_o}{U_i}\Rightarrow\dot{U}_o\approx\dot{U}_i$，$\dot{U}_o\approx\dot{U}_i\approx\dot{U}_{cem}$，因此有效值 $\dot{U}_i=\frac{U_{cem}}{\sqrt{2}}=3.53$。

习题 4-3 逻辑推理 此电路为 OTL 电路，与 OCL 电路不同，OTL 电路中 R_L 两端电压为 $\frac{V_{CC}}{2}-U_{CES}$，P_{om}、P_V 和 η 的求法与 OCL 电路类似，只是电压有所变化。

解题过程 ①$P_{om}=\frac{1}{2}\times\frac{\left(\frac{V_{CC}}{2}-U_{CES}\right)^2}{R_L}=\frac{1}{2}\times\frac{4}{8}\mathrm{W}=\frac{1}{4}\mathrm{W}=0.25\mathrm{W}$

②$P_V=\frac{2\times\frac{V_{CC}}{2}\left(\frac{V_{CC}}{2}-U_{CES}\right)}{\pi R_L}$

$$P_V=\frac{V_{CC}}{2}\times\frac{1}{\pi}\int_0^{1}I_{cm}\sin\omega t\,\mathrm{d}(\omega t)=\frac{V_{CC}I_{CM}}{\pi}\approx\frac{V_{CC}^2}{2\pi R_L}=0.72\mathrm{W}$$

$$\eta = \frac{P_{om}}{P_V} = 34.72\%$$

习题 4-4 解题过程 ① 由习题 4-3 结果可知，$P_{om} = 0.25W$，所以

$$P_{CM} = 0.2P_{om} = 0.05W$$

$$②I_{CM} = \frac{\frac{V_{CC}}{2} - U_{CES}}{R_L} = \frac{3-1}{8}A = 0.25A$$

$$③U_{cem} = \frac{V_{CC}}{2} - U_{CES} = \left(\frac{6}{2} - 1\right)V = 2V$$

④ 由于 $\dot{U}_i \approx \dot{U}_o \approx \dot{U}_{cem}$，因此有效值 $U_i = \frac{U_{cem}}{\sqrt{2}} = 0.71V$

习题 4-5 逻辑推理 在教材图 P4-1 中，由 $P_{om} = \frac{1}{2} \times \frac{(V_{CC} - U_{CES})^2}{R_L}$ 可解出 V_{CC} 的大小。

在教材图 P4-3 中，由 $P_{om} = \frac{1}{2} \times \frac{(V_{CC}/2 - U_{CES})^2}{R_L}$ 也可解出 V_{CC} 的大小。

解题过程 在教材图 P4-1 中，由于 $P_{om} = \frac{1}{2} \times \frac{(V_{CC} - U_{CES})^2}{R_L}$，可求得

$$V_{CC} = \sqrt{2P_{om}R_L} + U_{CES} \approx 8V$$

在教材图 P4-3 中，$V_{CC} = (\sqrt{2P_{om}R_L} + U_{CES}) \times 2 \approx 16V$

习题 4-6 知识点窍 OTL 电路的工作原理与工作状态。

逻辑推理 根据 OTL 电路的工作状态，对 C_2 两端的电压进行分析，通过计算三极管的实际功率是否大于 P_{CM} 来判断三极管是否会被损坏。

解题过程 ① 静态时，根据 OTL 电路的工作状态可知电容 C_2 两端的电压为

$$\frac{V_{CC}}{2} = \frac{10V}{2} = 5V$$

应调节电阻 R_1 两端的电压以达到上述要求。

② 若 R_2 或某一个二极管开路，则

$$I_{B1} = I_{B2} = \frac{V_{CC} - 2U_{BE}}{R_1 + R_3} = \frac{10 - 2 \times 0.7}{1.2 + 1.2}mA = 3.58mA$$

$$I_{C1} = I_{C2} \approx \beta I_{B1} = (50 \times 3.58)mA = 179mA$$

$$P_{T1}=P_{T2}=I_{C1}U_{CE1}=(179\times 5)\text{mW}$$
$$=895\text{mW}>P_{CM}=200\text{mW}$$

因此三极管将被烧毁。

习题 4-7 知识点窍 OCL 电路的工作原理，交越失真的概念。

逻辑推理 根据 OCL 电路的工作原理及交越失真产生的原因对电路进行分析。

解题过程 ① 在静态时，负载 R_L 中的电流为 0，应调整电阻 R_1。

② 为减小或消除交越失真，应调整电阻 R_2，增大 R_2 的阻值。

③ 若 VD_1 或 VD_2 的极性接反，将使功率三极管电流急剧增大，可能烧毁三极管。

④ 若 VD_1、VD_2、R_2 三个元件中任一个发生开路，同样将使功率三极管电流急剧增大，可能烧毁三极管。

习题 4-8 解题过程 (a) 不正确。T_1 和 T_2 两个 PN 结反向连接。

(b) 不正确。T_2 的基极电流与 T_1 的集电极电流不同向，无法形成复合管。

(c) 正确。$\beta_1=\beta_1\beta_2$，$r_{be}=r_{be1}$。

(d) 不正确。T_1 的集电极电流与 T_2 的基极电流不同向。

习题 4-9 解题过程 本题由复合管组成的互补对称电路的特点可得

① 电路的最大输出功率 $P_{om}=\dfrac{(V_{CC}-U_{CES})^2}{2R_L}=12.25\text{W}$

若忽略 U_{CES} 可得 $P_{om}\approx\dfrac{V_{CC}^2}{2R_L}=16\text{W}$

② 管子的最大集电极电流 $I_{CM}>\dfrac{V_{CC}}{R_L}=2\text{A}$

最大集射间耐压值 $U_{(BR)CEO}>2V_{CC}=32\text{V}$

最大集电极耗散功率 $P_{CM}>0.2P_{om}=3.2\text{W}$

③ 电流最大值 $I_{Bm}=\dfrac{I_{CM}}{\beta}=3.33\text{mA}$

④ $I_{Bm}=\dfrac{I_{CM}}{\beta}=100\text{mA}$

习题 4-10 知识点窍 多级功率放大电路的分析，P_{om}、$\dot{A}_{uf}$ 的估算。

逻辑推理 首先对放大电路的各级电路进行分析，在此基础上计算 P_{om}；通过对负反馈组态的分析计算电压放大倍数 $\dot{A}_{uf}$，进而计算满足要求的输入电压。

解题过程 ① 该放大电路共有三个放大级：输入级、中间级和输出级。

输入级包括三级管 VT_1 和 VT_2，组成单端输入单端输出差分放大电路。

中间级包括 PNP 管 VT_3，组成单管放大电路。

输出级包括 VT_4、VT_5、VT_6 和 VT_7 四个三极管，其 VT_4 和 VT_6 组成 NPN 型的复合管，VT_5 和 VT_7 组成 PNP 型的复合管，这两个复合管组成准互补对称电路。

②R_1、VD_1 和 VD_2 的作用是在输出级的两个三级管 VT_4 和 VT_5 的基极之间产生一个偏压，使静态时输出级的功率管中已有一个较小的集电极电流，即互补对称输出级工作在甲乙类状态，目的是减小输出波形的交越失真。

R_3 和 C 起补偿作用。因为扬声器为感性负载，接入 R_3 和 C 后，通过补偿希望总的负载接近于纯阻性。

R_F 为反馈电阻，其作用是在电路中引入一个电压串联反馈，以达到稳定输出电压，提高带负载能力，减小非线性失真的目的。

③ 电路的最大输出功率为

$$P_{om}=\frac{(V_{CC}-U_{CES}-U_{Re6})^2}{2R_L}=\frac{(15-1.2-0.6)^2}{2\times 8}\text{W}\approx 10.9\text{W}$$

典型提高题

题 4-1 在图 D4-1 所示电路中，已知 $V_{CC}=16\text{ V}$，$R_L=4\Omega$，VT_1 和 VT_2 管饱和压降 $|U_{CES}|=2\text{V}$，输入电压足够大。试求：

(1) 最大输出功率 P_{om} 和效率 η 各为多少？

(2) 晶体管的最大功耗 P_{Tm} 为多少？

(3) 为了使输出功率达到 P_{om}，输入电压的有效值为多少？

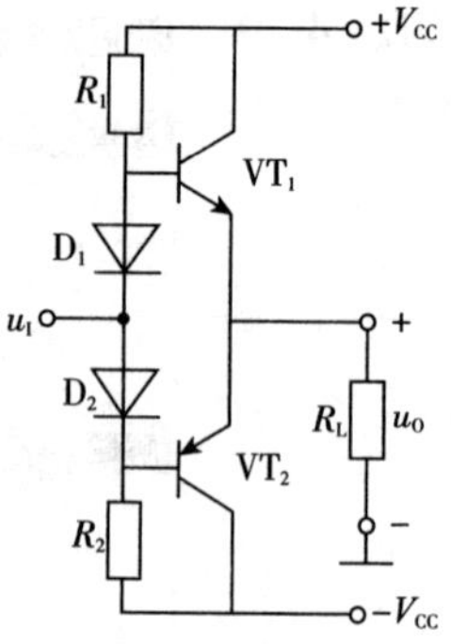

图 D4-1

【知识点窍】 OCL 电路最大输出功率：

$$P_{om} = \frac{(V_{CC} - U_{CES})^2}{2R_L}$$

$$P_{Tm} = \frac{V_{CC}^2}{\pi^2 R_L}$$

$$P_V = \frac{2}{\pi} \times \frac{V_{CC}(V_{CC} - U_{CES})}{R_L}$$

【逻辑推理】 由于 $|U_{CES}| = 2V$ 不可忽略，于是 $\eta < \frac{\pi}{4} = 78.5\%$，又由于 OCL 电路在正、负半周时，是共集组态，电压增益 $\dot{A}_u \approx 1$，则可求出输入电压 u_i 的峰值均为 $V_{CC} - U_{CES} = (16-2)V = 14V$。

解：(1) 由 OCL 电路最大输出功率得

$$P_{om} = \frac{(V_{CC} - U_{CES})^2}{2R_L} = \frac{(16-2)^2}{2\times 4}W = 24.5W$$

$$P_V = \frac{2}{\pi} \times \frac{V_{CC}(V_{CC} - U_{CES})}{R_L} = \frac{2}{\pi} \times \frac{16\times(16-2)}{4}W \approx 35.7W$$

$$\eta = \frac{P_{om}}{P_V} = \frac{24.5}{35.7} \approx 68.6\%$$

(2) 当 $U_{om} \approx 0.6V_{CC}$ 时，每只晶体管上的最大功耗为

$$P_{Tm} = \frac{V_{CC}^2}{\pi^2 R_L} = \frac{16^2}{\pi^2 \times 4}W \approx 6.48W$$

(3) 由于 $\dot{A}_u \approx 1$，故当输出 P_{om} 时，$u_{imax} = V_{CC} - U_{CES} = 14V$

$$u_i = \frac{14}{\sqrt{2}}V = 7\sqrt{2}V \approx 9.9V$$

题 4-2 一准互补甲乙类推挽功率放大电路如图 D4-2 所示。已知：

①$R_1 = 21k\Omega, R_2 = 22k\Omega, R_3 = R_4 = 270k\Omega, R_5 = R_6 = 0.2\Omega, R_L = 4\Omega$，$V_{CC} = |-V_{CC}| = 12V$。

② 当 U_o 达到最大时，VT_3、VT_4 的 $U_{CES} = 1V$。

③ 静态时 R_5 和 R_6 上的电压降可忽略，通过调整 R_W 已使静态时的 $U_o = 0$。

试求：

① VT_3、VT_4 承受的最大电压 $U_{CE(max)}$。

② 最大输出功率 $P_{o(max)}$ 及相应的 P_V 和 η。

③ 在什么情况下，VT_3 和 VT_4 消耗率最大，其值为多少?

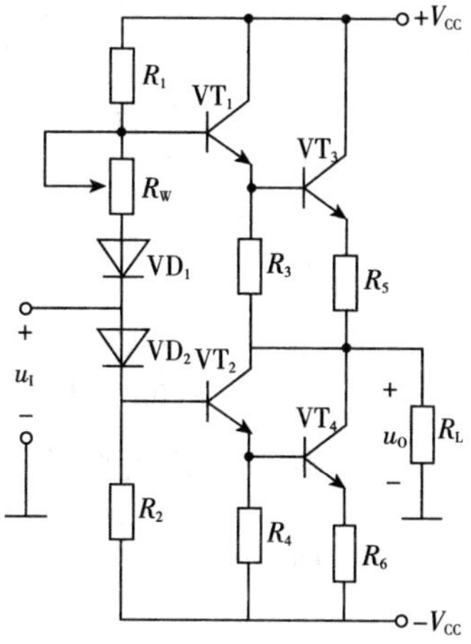

图 D4-2

【知识点窍】 最大电压 $U_{CE(max)} = U_{om(max)} - (-V_{CC})$

效率 $\eta = \dfrac{P_o}{P_V}$

【逻辑推理】 首先计算 $U_{CE(max)}$，然后计算 $P_{o(max)}$ 和 P_V，进而可计算效率 $\eta = \dfrac{P_o}{P_V}$。计算 T_3、T_4 两管消耗的总功率的表达式，利用数学关系求极值即可计算出 P_{CM}。

解：① VT_3、VT_4 承受的最大电压 $U_{CE(max)}$ 为

$$U_{CE(max)} = U_{om(max)} - (-V_{CC})$$

$$= \frac{R_L}{R_L + R_5}(V_{CC} - U_{CES}) + V_{CC}$$

$$= \frac{4}{4 + 0.2} \times (12 - 1)\text{V} + 12\text{V} = 22.5\text{V}$$

$$②P_{o(max)} = \frac{U^2_{om(max)}}{2R_L} = \frac{\left[\dfrac{4 \times (12 - 1)}{4 + 0.2}\right]^2}{2 \times 4}\text{W} = 13.8\text{W}$$

$$P_V = \frac{2(V_{CC} - U_{CES})V_{CC}}{\pi(R_L + R_5)} = \frac{2 \times (12 - 1) \times 12}{\pi \times (4 + 0.2)}\text{W} = 20\text{W}$$

$$\eta = \frac{P_o}{P_V} = \frac{13.7}{20} = 68.5\%$$

③ 当输出电压幅度为 U_{om} 时，VT_3 的发射极输出电压 U'_{om} 为

$$U'_{om} = \frac{R_L + R_5}{R_L}U_{om}$$

包括 R_5、R_6 功耗在内的总的输出功率 P'_o 为

$$P'_o = \frac{(U'_{om})^2}{2(R_L + R_5)} = \frac{(R_L + R_5)^2U^2_{om}}{2(R_L + R_5)R^2_L} = \frac{(R_L + R_5)U^2_{om}}{2R^2_L}$$

$$P'_V=\frac{2U'_{om}V_{CC}}{\pi(R_L+R_5)}=\frac{2(R_L+R_5)U_{om}V_{CC}}{\pi R_L+R_5R_L}=\frac{2U_{om}V_{CC}}{\pi R_L}$$

故 VT_3、VT_4 两管消耗的总功率为

$$P'_C=P'_V-P'_o=\frac{2U_{om}V_{CC}}{\pi R_L}-\frac{(R_L+R_5)U_{om}^2}{2R_L^2}$$

$$\frac{dP'_C}{dU_{om}}=\frac{2V_{CC}}{\pi R_L}-\frac{(R_L+R_5)U_{om}}{R_L^2}$$

令 $\frac{dP'_C}{dU_{om}}=0$，即可求得 P'_C 最大时的输出电压幅值为

$$U_{om}=\frac{2R_LV_{CC}}{\pi(R_2+R_5)}=\frac{2\times4\times12}{\pi\times(4+0.2)}\approx7.28\text{V}$$

则 T_3、T_4 每只管子的最大功耗为

$$P_{CM}=\frac{1}{2}\left[\frac{2U_{om}V_{CC}}{\pi R_L}-\frac{(R_L+R_5)U_{om}^2}{2R_L^2}\right]$$

$$=\frac{1}{2}\times\left[\frac{2\times7.28\times12}{\pi\times4}-\frac{(4+0.2)\times7.28^2}{2\times4^2}\right]\text{W}=3.47\text{W}$$

通过上面的计算可知，当 $U_{om}=7.28\text{V}$ 时，VT_3、VT_4 消耗的功率最大，每只管子的最大消耗功率为 3.47W。

题 4-3 由两块集成功放 A_1、A_2 组成的桥式功率放大电路（即 BTL 电路）如图 D4-3 所示。已知：A_1、A_2 的最大输出电压幅值为 $\pm16\text{V}$，$R_1=R_3=20\text{k}\Omega$，$R_4=30\text{k}\Omega$，$R_L=10\Omega$。试求：

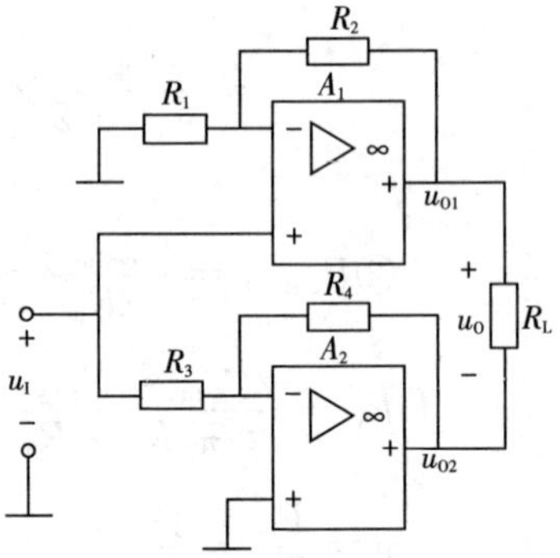

图 D4-3

① 如果要使该电路能输出最大功率，R_2 值应该多大？这时该电路的电压放大倍数 A_u 及输入电阻 R_i 是多少？

② 若 u_i 为正弦波电压，且 $U_{im}=\pm10\text{V}$，请问这时电路的输出电压会不会产生非线性失真？为什么？

③ 若 $U_{im}=\pm10\text{V}$ 不会使 u_o 产生非线性失真，那么这时电路的输出功率 P_o 多大？

【知识点窍】 电压放大倍数的定义 $A_u=\frac{U_o}{U_i}$。

理想运算放大器“虚短”“虚断”的特点。

【逻辑推理】 首先写出 A_{u1}、A_{u2} 及 A_u 的表达式，利用它们之间的关系求出 R_2 及 A_u；利用理想运算放大器“虚断”“虚短”的特点计算输入电阻。当 $U_{im}=\pm 10V$ 时，计算输出 U_{o1m}、U_{o2m} 的值，以此判断是否会产生非线性失真。

解：① 为了使电路能输出最大功率，应该使 u_{o1} 和 u_{o2} 同时达到幅值，一个为 $+16V$，另一个为 $-16V$。从电路可见

$$A_{u1}=\frac{U_{o1}}{U_i}=1+\frac{R_2}{R_1},A_{u2}=\frac{U_{o2}}{U_i}=-\frac{R_4}{R_3}$$

为了使 u_{o1} 和 u_{o2} 同时达到幅值，要求：

$$1+\frac{R_2}{R_1}=\frac{R_4}{R_3}$$

故 $R_2=R_1\left(\frac{R_4}{R_3}-1\right)=20\times\left(\frac{30}{20}-1\right)k\Omega=10k\Omega$

$$A_u=\frac{U_o}{U_i}=\frac{U_{o1}-U_{o2}}{U_i}=\frac{(A_{u1}-A_{u2})U_i}{U_i}=\left(1+\frac{R_2}{R_1}\right)-\left(-\frac{R_4}{R_3}\right)$$

$$=\left(1+\frac{10}{20}\right)+\frac{30}{20}=3$$

由于 A_1 的同相输入端为“虚断”，其输入电阻 $R_{i1}=\infty$

A_2 反相输入端为“虚地”，故整个电路的输入电阻为

$R_i=R_3=20k\Omega$

② 当 $U_{im}=\pm 10V$ 时，U_{o1m}、U_{o2m} 分别为

$$U_{o1m}=U_{im}A_{u1}=(\pm 10)\times\left(1+\frac{R_2}{R_1}\right)$$

$$=(\pm 10)\times\left(1+\frac{10}{20}\right)V=\pm 15V$$

$$U_{o2m}=U_{im}A_{u2}=(\pm 10)\times\left(-\frac{R_4}{R_3}\right)=(\pm 10)\times\left(-\frac{30}{20}\right)V=\pm 15V$$

由于 U_{o1m}、U_{o2m} 均未超过 A_1、A_2 的最大输出电压幅值，因此当 $U_{im}=\pm 10V$ 时，电路的输出电压 u_o 不会产生非线性失真。

③ $U_{om}=U_{o1m}-U_{o2m}=\pm 3V$

$$P_o=\frac{U_{o2m}^2}{R_L}=\frac{30^2}{2\times 10}W=45W$$

题 4-4 OCL 准互补功率放大电路如图 D4-4 所示。

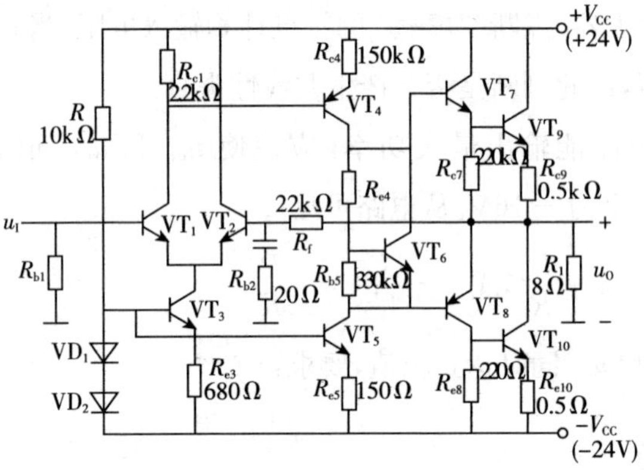

图 D4-4

① 分析电路，说明电路由哪几部分组成。

② 设 VT$_9$、VT$_{10}$ 管的饱和压降为 2V，估算负载 R_L 上最大的输出电流 I_{Lmax}。

③ 设三极管的 U_{be} 均为 0.7V，二极管导通压降 U_D 也为 0.7V，估算 I_{CQ1} 和 I_{CQ4} 的值。

④ 在 I_L 最大且 $\beta_7 = 60$，$\beta_9 = 25$ 时，求 I_{B7} 之值。

⑤ 为使负载 R_L 具有最大的不失真输出电压，输入信号的幅度 U_{im} 应为多大？

⑥ 估算电路的最大输出功率和功率管总的功耗。

【知识点窍】 多级放大电路分析；最大不失真输出功率 $P_{om} = \dfrac{U_{om}^2}{2R_L}$；功率管总的功耗 $P_T = \dfrac{2V_{CC}^2}{\pi^2 R_L}$。

【逻辑推理】 解题的思路步骤：① 了解用途；② 化整为零；③ 分析功能；④ 纵观整体；⑤ 性能估算。

解：① 电路的组成：

(a) 前置差动放大级，即由 VT$_1$ ～ VT$_3$ 管构成的恒流源式差动放大电路，除了对输入信号进行放大外，有温度补偿、抑制零点漂移的作用。

(b) VT$_4$、VT$_5$ 管构成中间放大级，其中 T$_4$ 管构成共射电路，T$_5$ 恒流源作为 T$_4$ 的负载，使 T$_4$ 管的输出幅度得到提升。

(c) VT$_7$ ～ VT$_{10}$ 构成准互补的 OCL 电路作为输出级，可向负载提供较大的输出功率和电流。其中 VT$_7$、VT$_9$ 复合为 NPN 型，VT$_8$、VT$_{10}$ 复合为 PNP 型。因 VT$_9$、VT$_{10}$ 为同类 NPN 型管，故电路称为准互补 OCL 结构。

(d) VT$_6$ 管和 R_{c4}、R_{c5} 构成 U_{be} 扩大电路，调节 R_{c4} 即可调节加在 VT$_7$、VT$_8$ 管

基极间的电压以消除交越失真。

② 负载R_L上最大输出电流出现在 VT_9 或 VT_{10} 管接近饱和的情况下，I_{Lmax} 的表达式为

$$I_{Lmax}=\frac{V_{CC}-U_{CES9}}{R_L+R_{e9}}=\frac{24-2}{8+0.5}A=2.59A$$

③ 根据恒流源差动电路静态工作点的计算思路，先算出 VT_3 管的电流 I_{CQ3}，再根据差动电路 VT_1、VT_2 管的对称性可知，$I_{CQ1}=I_{CQ2}$ 且都等于$\frac{1}{2}I_{CQ3}$。本题中的 I_{CQ3} 应为

$$I_{CQ3}\approx I_{EQ3}=\frac{2U_D-U_{be3}}{R_{e3}}=\frac{2\times0.7-0.7}{0.68}mA=1.03mA$$

VT_1 管的工作电流 I_{CQ1} 为

$$I_{CQ1}=\frac{1}{2}I_{CQ3}=0.52mA$$

VT_4 管的工作电流 I_{CQ4} 的计算公式可近似为

$$I_{CQ4}\approx\frac{R_{c1}I_{CQ1}-|U_{BE4}|}{R_{e4}}=\frac{2.2\times0.52-0.7}{0.15}mA=2.96mA$$

④ 为确保输出信号不失真，在负载中电流为 I_{Lmax} 时，T_7 管基极偏置电流 I_{B7} 应满足

$$I_{B7}\geqslant\frac{I_{lmax}}{\beta_7\beta_9}=\frac{2.59\times10^3}{60\times25}mA=1.73mA$$

⑤$$U_{Re9}=\frac{V_{CC}-U_{CES9}}{R_L+R_{e9}}R_{e9}=\left(\frac{24-2}{8.5}\times0.5\right)V=1.29V$$

则 U_{om} 的大小为

$$U_{om}=V_{CC}-U_{BES9}-U_{Re9}=(24-2-1.29)V=20.71V$$

由图 D4-5 电路的电压串联负反馈的组态可得电路的闭环增益为

$$A_u=1+\frac{R_f}{R_{b2}}=1+\frac{22}{0.62}=36.5$$

因此输入信号的幅值为 $U_{im}\leqslant\frac{U_{om}}{|A_u|}=\frac{20.71}{36.5}V=0.57V$

⑥$$P_{om}=\frac{U_{om}^2}{2R_L}=\frac{20.71^2}{2\times8}W=26.8W$$

在 $V_{CC}=24V$，$R_L=8\Omega$ 的条件下，P_T 为

$$P_T=\frac{2V_{CC}^2}{\pi^2R_L}=\frac{2\times24^2}{3.14^2\times8}W=14.6W$$

第五章

集成运算放大电路

知识要点概述

1. 掌握差分放大电路的工作原理。

2. 掌握差分放大电路在四种不同输入、输出方式时的性能特点。

3. 掌握差分放大电路的静态工作点，差模电压放大倍数、差模输入电阻和差模输出电阻的估算方法。

4. 掌握理想运放的概念、“虚短”和“虚断”的概念。

5. 理解各种电流源的工作原理和特点。

6. 理解零点漂移和共模抑制比的概念。

7. 理解集成运放主要技术指标的含义。

8. 了解集成运算放大电路内部结构的特点、集成运放各个基本组成部分的作用。

9. 了解各种不同类型的集成运放的性能特点。

10. 了解集成运放使用过程中的具体问题。

内容概要

一、集成运放的基本组成部分

集成运放的基本组成部分如图 5-1 所示。

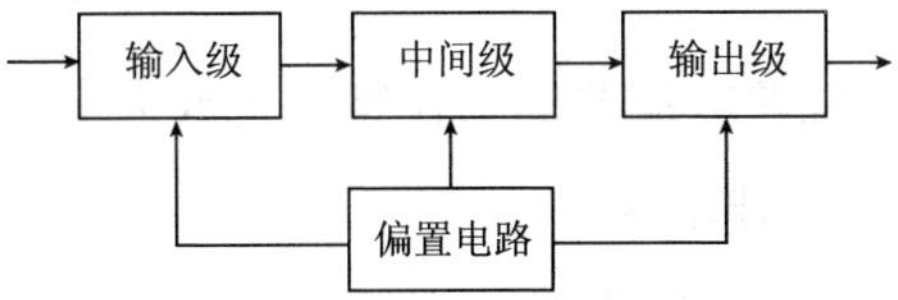

图 5-1

二、起偏置作用的电流源

偏置电路的分类见表 5-1。

表 5-1　偏置电路的分类

名称	I_{C2}	r_o(动态输出电阻)
镜像电流源	$\dfrac{I_{REF}}{1+\dfrac{2}{\beta}} \approx I_{REF}$	$r_o = r_{ce2} = \dfrac{V_A}{I_{C2}}$
比例电流源	$\dfrac{R_1}{R_2} I_{REF}$	$\left(1+\dfrac{\beta_2 R_2}{R_1+r_{be}+r\pi_2+R_2}\right)\dfrac{V_A}{I_{C2}}$
微电流源	$\dfrac{U_T}{R_e}\ln\dfrac{I_{C1}}{I_{C2}}$	$\left(1+\dfrac{\beta_2 R_2}{r_{be2}+R^2}\right) r_{ce2}$

三、作为输入级的差分放大电路

(1) 差模电压放大倍数：$A_d = -\dfrac{\beta\left(R_c \mathbin{/\!/} \dfrac{R_L}{2}\right)}{R + r_{be}}$。

说明：此处 A_d 指双端输出，单端输出时约为$\frac{A_d}{2}$。

(2) 输出电阻：$R_o = 2R_c$（双端输出）。

(3) 差模输入电阻：$R_{id} = 2(R + r_{be})$。

习题与思考题

习题 5-1 逻辑推理 根据镜像电流源的工作特点与放大电路直流通路的分析，运用KVL定律求解。

解题过程 由 KVL 定律得

$$V_{CC} + V_{EE} = I_{REF}R + U_{BEA}$$

则

$$I_{REF} = \frac{V_{CC} + V_{EE} - U_{BEA}}{R} = \frac{15 + 15 - 0.7}{1 \times 10^6}\text{A} = 29.3\mu\text{A}$$

由于 VT_4 与 VT_3 构成镜像电流源，则

$$I_{C3} = I_{C4} \approx I_{REF}$$

同时 VT_1 与 VT_2 构成镜像电流源，则

$$I_{C1} = I_{C2} \approx \frac{I_{C3}}{2} \approx \frac{I_{REF}}{2} = \frac{29.3}{2}\mu\text{A} = 14.65\mu\text{A}$$

习题 5-2 知识点窍 比例电流源工作原理分析与估算、KCL定律、KVL定律；比例电流 $I_{CQ5} = \frac{R_6}{R_5}I_{CQ6}$。

逻辑推理 首先根据放大电路的直流通路计算出 I_{CQ6}，再根据比例电流源的计算公式 $I_{CQ5} = \frac{R_6}{R_5}I_{CQ6}$ 计算出 I_{CQ5}，由于VT_1、VT_2 构成镜像电流

源，则 $I_{C1}=I_{C2}\approx\frac{I_{CQ5}}{2}$。

解题过程 由放大电路的直流通路和 KVL 定律有

$$V_{EE}-V_{BE6}-V_{BE7}=I_{CQ6}R_7+I_{EQ6}R_6\approx I_{CQ6}(R_7+R_6)$$

则 $I_{CQ6}=\frac{V_{EE}-V_{BE6}-V_{BE7}}{R_7+R_6}=\frac{6-0.7-0.7}{1.7+0.068}\text{mA}\approx2.6\text{mA}$

$$I_{CQ5}=\frac{R_6}{R_5}I_{CQ6}=\frac{68}{85}\times2.6\text{mA}\approx20.8\text{mA}$$

$$I_{C1}=I_{C2}\approx\frac{I_{CQ5}}{2}=\frac{2.08}{2}\text{mA}=1.04\text{mA}$$

习题 5-3 逻辑推理 多路比例电流源的分析与估算，即 $I_{C2}\approx\frac{R_1}{R_2}I_{REF}$，并注意 R_1、R_2 的对应关系。

逻辑推理 首先应根据放大电路的直流通路和 KVL 定律估算基准电流 I_{REF}，再根据比例关系估算各路偏置电流。

解题过程 由放大电路的直流通路和 KVL 定律有

$$V_{CC}+V_{EE}-V_{BE}\approx I_{REF}(R+R_2)$$

则 $I_{REF}=\frac{V_{CC}+V_{EE}+V_{BE}}{R+R_2}=\frac{15+15-0.7}{100+1}\text{mA}=0.29\text{mA}$

$=290\mu\text{A}$

下面对各路偏置电流进行估算：由于 $R_1=R_2=R_3$，则

$$I_{C13}=I_{C15}\approx I_{REF}=290\mu\text{A}$$

$$I_{C16}\approx\frac{R_2}{R_4}I_{REF}\times\left(290\times\frac{1}{2}\right)\mu\text{A}=145\mu\text{A}$$

习题 5-4 知识点窍 微电流源的工作原理和估算方法：$U_{BE1}-U_{BE2}\approx U_T\frac{I_{C1}}{I_{C2}}\approx I_{C2}R_e$。

逻辑推理 根据 I_{C11} 与 I_{C1}、I_{C2} 的关系，利用 KCL 定律首先计算出 I_{C11}，再利用 $R_{11}I_{C11}=U_{BE10}-U_{BE11}$ 和微电流源的估算公式，代入数据计算。

解题过程 根据题目所给定的放大电路可知

$$I_{C11}\approx I_{C1}+I_{C2}=2\times18.5\mu\text{A}=37\mu\text{A}$$

$$I_{C10}=1.16\text{mA},U_{BE10}-U_{BE11}=I_{C11}R_{11}=U_T\ln\frac{I_{C10}}{I_{C11}}$$

$$R_{11}=\frac{U_T}{I_{C11}}\ln\frac{I_{C10}}{I_{C11}}=\left(\frac{26\times10^{-3}}{37\times10^{-6}}\times\ln\frac{1.16\times10^{-3}}{37\times10^{-6}}\right)\Omega$$

$$\approx2.4\times10^{3}\Omega=2.4\text{k}\Omega$$

习题 5-5 知识点窍 威尔逊电流源的分析，KCL 定律。

逻辑推理 根据威尔逊电流源的电路组成，计算出 I_{REF} 与 I_{C3}、I_{C1} 及 I_C 的关系，以及 I_{E3} 与 I_C 和 β 的关系式，再代入已知条件证明。

解题过程 由教材图 P5-5 可知

$$I_{C1}=I_{REF}-I_{B3}=I_{REF}-\frac{I_{C3}}{\beta_3}=I_{REF}-\frac{I_{C3}}{\beta}=I_C$$

$$I_{E3}=I_{C2}+I_{B1}+I_{B2}=I_{C2}+\frac{I_{C1}}{\beta_1}+\frac{I_{C2}}{\beta_2}$$

$$=I_C+\frac{I_C}{\beta}+\frac{I_C}{\beta}=I_C\left(1+\frac{2}{\beta}\right)$$

$$I_{E3}=I_{C3}+I_{B3}=I_{C3}+\frac{I_{C3}}{\beta_3}=I_{C3}+\frac{I_{C3}}{\beta}=I_{C3}\left(1+\frac{1}{\beta}\right)$$

由以上几式联立解得 $I_{C3}=I_{REF}\left(1-\dfrac{2}{\beta^2+2\beta+2}\right)$

习题 5-6 逻辑推理 长尾式差分放大电路的静态分析和动态分析。

逻辑推理 首先根据三极管的基极回路利用 KVL 定律求解 I_{BQ}，进而求得 I_{CQ}，然后求 U_{CQ} 与 U_{BQ}；R_e 只是引入了共模负反馈，对差模电压倍数没有影响，据此画出电路的交流通路，根据 A_d、R_{id} 的定义求出该参数。

解题过程 ① 由三极管的基极回路可知

$$V_{EE}-V_{BEQ}=I_{BQ}R+(1+\beta)I_{BQ}2R_e$$

则 $I_{BQ}=\dfrac{V_{EE}-V_{BEQ}}{R+2(1+\beta)R_e}=\dfrac{15-0.7}{1.8+2\times41\times56}\text{mA}$

$$\approx3\mu\text{A}$$

$$I_{CQ}=\beta I_{BQ}=40\times3\mu\text{A}=120\mu\text{A}=0.12\text{mA}$$

$$U_{CQ}=V_{CC}-I_{CQ}\left(\frac{R_W}{2}+R_c\right)$$

$$=\left[15-0.12\times\left(\frac{1}{2}+75\right)\right]\text{V}=5.94\text{V(对地)}$$

$U_{BQ} = -I_{BQ}R = -(3 \times 1.8)\text{mV} = -5.4\text{mV}$(对地)

② 由该放大电路的交流通路可得差模电压放大倍数为

$$A_d = -\frac{\beta R'_L}{R + r_{be}}$$

则 $R'_L = \left(R_c + \frac{R_W}{2}\right) // \frac{R_L}{2} = \left[\left(75 + \frac{1}{2}\right) // \frac{30}{2}\right]\text{k}\Omega \approx 12.5\text{k}\Omega$

$$A_d = -\frac{40 \times 12.5}{1.8 + 8.2} = -50$$

③$R_{id} = 2(R + r_{be}) = 2 \times (1.8 + 8.2)\text{k}\Omega = 20\text{k}\Omega$

习题 5-7 **知识点窍** 发射极回路接有调零电位器的长尾式差分放大电路的静态分析与动态分析。

逻辑推理 首先从静态电路的基极回路出发计算静态工作点 Q，其具体步骤是 $I_{BQ} \to I_{CQ} \to U_{CEQ}$，然后根据放大电路的交流通路对 A_d 及 R_{id} 进行计算。

解题过程 ① 由放大电路的静态基极回路及 KVL 定律可得

$$V_{EE} - V_{BEQ} = I_{BQ}R + I_{BQ}(1 + \beta)(0.5R_W + 2R_e)$$

则 $$I_{BQ} = \frac{V_{EE} - U_{BEQ}}{R + (1 + \beta)(0.5R_W + 2R_e)}$$

$$= \frac{15 - 0.7}{2.7 + 101 \times (0.05 + 2 \times 27)}\text{mA}$$

$$= 0.0026\text{mA} = 2.6\mu\text{A}$$

$$I_{CQ} = \beta I_{BQ} = 100 \times 0.0026\text{mA} = 0.26\text{mA}$$

$$U_{CQ} = V_{CC} - I_{CQ}R_c = (15 - 0.26 \times 36)\text{V} = 5.64\text{V}$$

$$U_{BQ} = -I_{BQ}R = -(2.6 \times 2.7)\text{mV} = -7.02\text{mV}$$

②$R'_L = R_c // 0.5R_L = \left(\frac{36 \times 9}{39 + 9}\right)\text{k}\Omega = 6.75\text{k}\Omega$

$$A_d = -\frac{\beta R'_L}{R + r_{be} + (1 + \beta)\left(R_W + \frac{1}{2}\right)}$$

$$= -\frac{100 \times 6.75}{2.7 + 10.3 + 101 \times 0.05} \approx -40$$

$$③R_{id}=2\left[R+r_{be}+(1+\beta)\times\frac{1}{2}R_W\right]$$
$$=2\times(2.7+10.3+101\times0.05)\mathrm{k\Omega}=36.1\mathrm{k\Omega}$$

习题 5-8 知识点窍 差分放大电路两种常用的调零方法。

逻辑推理 对静态调零和动态调零进行分析，同时考虑电位器的阻值对电压放大倍数的影响。

解题过程 ① 集电极回路加电位器调零比较简单，但是当静态调零以后，动态仍有可能不平衡；此时电位器的阻值较大，通常为几千欧至几十千欧。

② 发射极加电位器调零，则在发射极引入了负反馈，因此对静态和动态均有调零作用；所用电位器阻值较小，一般为几十欧至几百欧；但是引入负反馈后使电压放大倍数有所下降。

习题 5-9 知识点窍 对恒流源式差分放大电路进行静态分析与动态分析，估算静态工作点时通常从确定恒流管的电流开始。

逻辑推理 对于恒流源式差分放大电路，估算静态工作点 Q 通常是从确定恒流管的电流开始，对于此电路，估算 Q 时首先确定电阻 R_{b1} 两端的电压 U_{Rb1}，然后再依次估算 I_{CQ3}、$I_{CQ1}(I_{CQ2})$、$U_{CQ1}(U_{CQ2})$、$I_{BQ1}(I_{BQ2})$ 的值；最后根据放大电路的交流通路对差模电压放大倍数进行估算。

解题过程 $$①U_{Rb1}=\frac{R_{b1}}{R_{b1}+R_{b2}}(V_{CC}+V_{EE})=\frac{3.6}{3.6+16}\times(9+9)\mathrm{V}=3.3\mathrm{V}$$

$$I_{CQ3}\approx I_{EQ3}=\frac{U_{Rb1}-U_{BEQ3}}{R_e}=\frac{3.3-0.7}{13}\mathrm{mA}=0.2\mathrm{mA}$$

$$I_{CQ1}=I_{CQ2}=\frac{1}{2}I_{CQ3}=12\times0.2\mathrm{mA}=0.1\mathrm{mA}$$

$$U_{CQ1}=U_{CQ2}=V_{CC}-I_{CQ1}R_c=(9-0.1\times47)\mathrm{V}=4.3\mathrm{V}$$

$$I_{BQ}=I_{BQ2}\approx\frac{I_{CQ1}}{\beta_1}=\frac{0.1}{30}\mathrm{mA}=0.0033\mathrm{mA}$$

$$②r_{be}=r'_{bb}+\frac{26\mathrm{mV}}{I_{BQ}}=\left(300+\frac{26}{0.0033}\right)\Omega\approx8179\Omega\approx8.2\mathrm{k\Omega}$$

$$A_d=-\frac{\beta R_L'}{R+r_{be}}$$，其中 $R_L'=R_c\ //\ \frac{1}{2}R_L=\frac{47\times10}{47+10}\text{k}\Omega=8.25\text{k}\Omega$

则 $A_d=-\frac{30\times8.25}{10+8.2}=-13.6$

习题 5-10 知识点窍 比例电流源提供恒流的差分放大电路的分析。

逻辑推理 首先根据直流通路计算 I_{EQ4}，进而根据比例电流源的性质计算 $I_{EQ3}(I_{EQ3}\approx I_{CQ3})$，然后计算 I_{CQ}、U_{CQ}，再根据放大电路的交流通路和差分放大电路的特点进行动态分析，求出 A_d、R_{id} 及 R_o。

解题过程 ① 由放大电路的直流通路及 KVL 定律，恒流源部分由比例电流源提供，VT_3 为恒流管，忽略 VT_3 的基极电流时可得如下关系式：

$$V_{CC}+V_{EE}=I_{CQ4}(R+R_{e4})+V_{BEA}$$

则 $$I_{CQ4}=\frac{V_{CC}+V_{EE}-V_{BEA}}{R+R_{e4}}=\frac{15+15-0.6}{27\times10^3+750}\text{mA}\approx1.06\mu\text{A}$$

$$I_{EQ4}\approx I_{CQ4}=1.06\mu\text{A}$$

由比例电流源各电流之间的关系可得

$$I_{CQ3}\approx I_{EQ3}=\frac{R_{e4}}{R_{e3}}I_{EQ4}=\frac{750}{7.5}\times1.06\mu\text{A}=106\mu\text{A}$$

$$I_{CQ1}=I_{CQ2}=\frac{1}{2}I_{CQ3}=\frac{1}{2}\times106\mu\text{A}=53\mu\text{A}$$

$$U_{CQ1}=U_{CQ2}=V_{CC}-I_{CQ1}R_C=(15-53\times20\times10^{-3})\text{V}=13.94\text{V}$$

②VT_1、VT_2 的极间电阻 r_{be} 为

$$r_{be}=r_{bb}'+(1+\beta)\cdot\frac{26}{I_{EQ1}}\approx r_{bb}'+(1+\beta)\cdot\frac{26}{I_{CQ1}}$$

$$=\left[300+(1+80)\times\frac{26}{53\times10^{-3}}\right]\Omega\approx40\text{k}\Omega$$

差模电压放大倍数为

$$A_d=-\frac{\beta R_c}{r_{be}}=-\frac{80\times20}{40}=-40$$

$$R_{id}=2r_{be}=2\times40\text{k}\Omega=80\text{k}\Omega$$

$$R_o=2R_c=2\times20\text{k}\Omega=40\text{k}\Omega$$

③ 当 $U_{CQ}=12V$ 时，由 $U_{CQ}=V_{CC}-I_{CQ}R_c$ 得

$$I_{CQ1}=\frac{V_{CC}-U_{CQ}}{R_c}=\frac{15-12}{20}mA=0.15mA$$

$$I_{EQ3}\approx I_{CQ3}=2I_{CQ1}=2\times0.15mA=0.3mA$$

由 $I_{CQ4}\approx I_{EQ4}=I_{CQ3}\cdot\frac{R_{e3}}{R_{e4}}=0.3mA\times\frac{7.5}{750}=3\mu A$

对偏置电路运用 KVL 定律得 $V_{CC}+V_{EE}=I_{CQ4}(R+R_{e4})+V_{BE4}$

则 $R=\frac{V_{CC}+V_{EE}-V_{BE4}}{I_{CQ4}}-R_{e4}$

$$=\left(\frac{15+15-0.6}{3\times10^{-3}}-750\right)k\Omega=9.05M\Omega$$

习题 5-11 知识点窍 单端输入、双端输出长尾式差分放大电路的静态分析和动态分析。

逻辑推理 首先，估算电路的静态工作点时应该从放大电路的直流通路入手，根据本电路的特点，计算静态工作点，应从基极回路入手首先计算 I_{BQ}，再计算 I_{CQ} 和 U_{CQ}；根据放大电路的交流通路进行动态分析，注意此时 R_e 只是引入了共模负反馈，对差模信号没有影响，即在交流通路中 R_e 相当于短路。

解题过程 ① 当 $u_I=0$ 时，通过对放大电路的基极回路进行分析可知

$$V_{EE}-V_{BE}=I_{BQ}R+2(1+\beta)I_{BQ}R_e$$

则 $I_{BQ}=\frac{V_{EE}-V_{BE}}{R+2(1+\beta)R_e}=\frac{6-0.7}{10+2(1+50)\times5.1}mA$

$$\approx0.01mA=10\mu A$$

$$I_{CQ}=\beta I_{BQ}=50\times0.01mA=0.5mA$$

② $r_{be}=r'_{bb}+(1+\beta)\cdot\frac{26}{I_{EQ}}\approx r'_{bb}+(1+\beta)\cdot\frac{26}{I_{CQ}}$

$$=300+(1+50)\times\frac{26}{0.5}\Omega=2.952k\Omega\approx3k\Omega$$

则接入电流表时的差模电压放大倍数为

$$A_u=-\frac{\beta R'_L}{R+r_{be}}$$

其中 $R'_L = R_c \parallel \frac{R_M}{2} = 5.1\Omega \parallel \frac{2}{2}\text{k}\Omega \approx 0.836\text{k}\Omega$

则 $A_u = -\frac{50 \times 0.836}{10+3} = -3.2$

当电流表满偏时放大电路的输出电压为

$|u_O| = R_m I = 2 \times 100 \times 10^{-3}\text{mV} = 0.2\text{mV}$

$|u_I| = \frac{|u_O|}{|A_u|} = \frac{0.2\text{mV}}{3.2} = 0.0625\text{V} = 62.5\text{mV}$

③ 不接电流表的开路电压放大倍数为

$A_u = -\frac{\beta R_c}{R + r_{be}} = -\frac{50 \times 5.1}{10+3} \approx -19.6$

④ 当 $|u_I| = 2\text{V}$ 时，设 $u_I = -2\text{V}$，此时 VT_1 管将截止，而 VT_2 管导通，则

$I_{BQ} = \frac{V_{EE} - V_{QE}}{R + (1+\beta)R_e}$

由 $I_{CQ} = \beta I_{BQ}$，此时静态直流电流通过 R_M 的大小为

$I'_m = \frac{I_{CQ}}{R_c + R_M + R_c} \cdot R_c$

再加上 u_I 产生的交流电流 i_M 即为流过电流表的总电流。

由以上几式代入数据解得

$\dot{I}_M \approx 0.418\text{mA}$

⑤ 当 $R_e = 100\text{k}\Omega$ 时

$I_{BQ} = \frac{V_{EE} - V_{BE}}{R + 2(1+\beta)R_e} = \frac{6-0.7}{10 + 2 \times (1+50) \times 100}\text{mA} \approx 0.52\mu\text{A}$

$I_{CQ} = \beta I_{BQ} = 50 \times 0.52\mu\text{A} = 26\mu\text{A}$

可见将 R_e 增大到 $100\text{k}\Omega$ 时将无法达到电流表满偏时 $100\mu\text{A}$ 的要求。

习题 5-12 知识点窍 恒流源式差分放大电路的组成。

逻辑推理 恒流源式差分电路用一个恒流三极管代替长尾电阻 R_e，恒流三极管基极回路的接法很多，一般可将电源电压通过两个电阻分压后接到恒流管的基极，也可利用稳压管或二极管来建立恒流

管的基极电压。

解题过程 本题有多种解决方法,其中之一如图解 P5-12 所示。

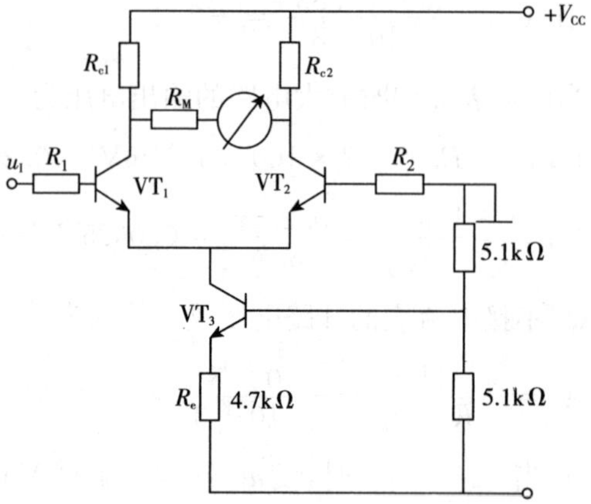

图解 P5-12

习题 5-13 知识点窍 差分输入、单端输出恒流源式差分放大电路的动态分析与静态分析。

逻辑推理 首先从 VT_3 的射极回路入手对静态工作点 Q 进行分析,先计算 I_{CQ3},然后估算 I_{CQ1} 与 I_{CQ2},再通过交流通路估算 A_d。

解题过程 ① 由图可见:

$$I_{CQ3} \approx I_{EQ3} = \frac{U_E - U_{BEQ3}}{R_e} = \frac{4-0.7}{11}\text{mA} = 0.3\text{mA}$$

$$I_{CQ1} = I_{CQ2} = \frac{1}{2}I_{CQ3} = \frac{1}{2} \times 0.3\text{mA} = 0.15\text{mA}$$

②$A_d = -\frac{1}{2} \cdot \frac{\beta R'_L}{R + r_{be}}$

其中 $R'_L = R_L \mathbin{/\mkern-6mu/} R_{c2} = 20\text{k}\Omega \mathbin{/\mkern-6mu/} 20\text{k}\Omega = 10\text{k}\Omega$

则 $A_d = \frac{1}{2} \times \frac{70 \times 10}{2+12} = 25$

③ 若电源电压由 ±12V 变为 ±18V,此时 I_{CQ3} 基本保持不变,故 $I_{CQ1} = I_{CQ2} = \frac{1}{2}I_{CQ3}$ 也基本不变,即电源电压的变化对 I_{CQ1}、I_{CQ2} 几乎没有影响。

习题 5-14 知识点窍 前置级由差分放大电路组成的两级直接耦合放大电路的静态与动态分析。

逻辑推理 从电路的接法判断输入、输出的类型，根据放大电路的直流通路确定 I_{CQ3}，再根据 KVL 定律求出 R_{c3}，最后根据放大电路的交流通路对放大倍数进行估算。

解题过程 ① 此电路差分输入级属于单端输入、单端输出接法。

② $I_{CQ1}=I_{CQ2}\approx\frac{1}{2}I=\frac{1}{2}\times0.2\text{mA}=0.1\text{mA}$

$$I_{Rc1}=\frac{U_{BEQ3}}{R_{c1}}=\frac{0.7}{10}\text{mA}=0.07\text{mA}$$

$$I_{BQ3}=I_{CQ1}-I_{Rc1}=(0.1-0.07)\text{mA}=0.03\text{mA}$$

$$I_{CQ3}=\beta I_{BQ3}=50\times0.03\text{mA}=1.5\text{mA}$$

要使 $U_i=0$ 时 $U_o=0$，则在 R_{c3} 上的压降应等于 V_{EE}，即

$$I_{C3}R_{c3}=V_{EE}$$

则 $R_{c3}=\frac{V_{EE}}{I_{C3}}=\frac{15}{1.5}\text{k}\Omega=10\text{k}\Omega$

③ $A_{u1}=-\frac{1}{2}\cdot\frac{\beta R'_{L1}}{(R+r_{be1})}$

其中 $R_{L1}'=R_{c1}\ /\!/\ r_{be3}=\left(\frac{10\times1.2}{10+1.2}\right)\text{k}\Omega\approx1.1\text{k}\Omega$

则 $A_{u1}=-\frac{1}{2}\times\frac{50\times1.1}{1+13.5}\approx-1.9$

$$A_{u2}=-\frac{\beta R_{c3}}{r_{be3}}=\frac{50\times10}{1.2}\approx-417$$

$$A_u=A_{u1}A_{u2}=(-1.9)\times(-417)\approx792$$

习题 5-15 知识点窍 由两个相同类型的三级管构成的复合管 r_{be} 与 β 的估算，$r_{be}=r_{be1}+(1+\beta)r_{be2}$，$\beta\approx\beta_1\beta_2$，由于 R_L 的阻值与 r_{ce2}、r_{ce3} 处于同一数量级，因此在计算放大倍数时不能忽略，则

$$\dot{A}_u=-\frac{\beta(r_{ce2}\ /\!/\ r_{ce3}\ /\!/\ R_L)}{r_{be}}$$

逻辑推理 首先根据 I_{C3} 的值估算 r_{be2} 的值，进而再估算 r_{be1} 的值，根据复合

管的 r_{be}、β 的计算公式求解 r_{be} 与 β，最后根据放大电路的交流通路计算 A_u。

解题过程 ①T_1 和 T_2 所组成复合管为共射放大，T_3 和 T_4 组成镜像电流源，提供偏置电流。

②$$r_{be2} = r'_{bb} + (1+\beta_2)\cdot\frac{26}{I_{EQ2}}$$

$$= \left(300 + \frac{151\times 26}{0.365}\right)\Omega \approx 11\text{k}\Omega$$

$$I_{EQ1} = I_{BQ2} \approx \frac{I_{EQ2}}{\beta} = \frac{0.365}{150}\text{mA} \approx 0.0024\text{mA}$$

$$r_{be1} = \left(300 + \frac{101\times 26}{0.0024}\right)\Omega \approx 1094\text{k}\Omega$$

③ 复合管是由两个同类型的三极管构成的，根据 β 计算公式有

$$\beta \approx \beta_1\beta_2 = 100\times 150 = 15000$$

$$r_{be} = r_{be1} + (1+\beta_1)r_{be2} = (1090 + 101\times 11)\text{k}\Omega = 2201\text{k}\Omega$$

④$$A_u = \frac{-\beta R'_L}{r_{be}}$$

其中 $R'_L = r_{ce2} \mathbin{/\!/} r_{ce3} \mathbin{/\!/} R_L = 274\text{k}\Omega \mathbin{/\!/} 274\text{k}\Omega \mathbin{/\!/} 300\text{k}\Omega = 94\text{k}\Omega$

则 $A_u = -\dfrac{150\times 94}{2201} \approx -6.4$

习题 5-16 **解题过程** ① 共有四个放大级。

输入级由 VT_1、VT_2 和 VT_3 组成，为双端输入、双端输出差分放大电路。

第二级由 VT_4、VT_5 和 VT_{10} 组成共集电路的差分放大电路，起跟随和隔离作用。

VT_6 管组成第三级前一级差分输出加在 VT_6 和 b、e 间，放大后的集电极电压，输出到下一级，该级实现了电平移动和单双端的转换。

VT_7、VT_8 和 VT_9 组成射极输出器，VT_7、VT_8 组成复合管作为功率放大管，VT_9 是有源负载。

②VT_1 为反相输入端，VT_2 的基极为同相输入端。

典型提高题

题 5-1 具有恒流源的差动放大电路如图 D5-1 所示，管子的电流放大系数 β 均为 50。

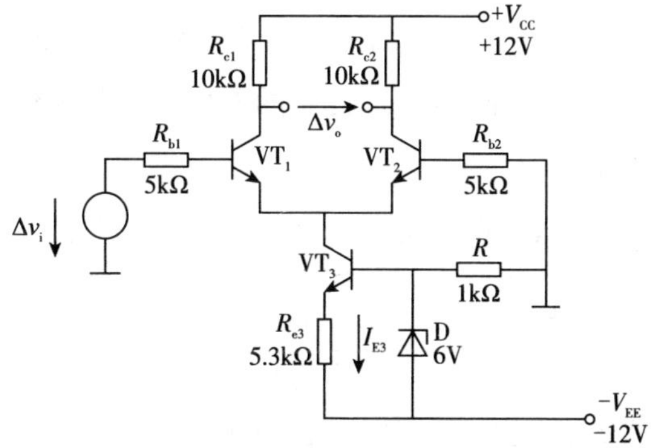

图 D5-1

试求：

① 计算差动管的静态电流 I_B、I_C 和静态电压 V_C。

② 计算电压放大倍数 A_u。

③ 如果在输出端接上一只内阻为 2kΩ，满量程为 100μA 的电流表，试计算使其指针满偏时的输入电压 Δv_i。

【知识点窍】 具有恒流源的差动放大电路的计算。

【逻辑推理】 根据电路结构的对称性考虑电流与电压之间的关系，对静态电压与电流进行计算，考虑恒流源的作用，分析可知电路的差模电压放大倍数与单管放大器的电压放大倍数相同。

解：① 由于电路的结构对称，且两差动对管的发射极接有由 T_3、R_{e3}、R 和 D_Z 等元件组成的恒流源，故每个管子的集电极静态电流 I_C 约等于恒流源电流 I_{E3} 的一半，即

$$I_C = I_{C1} = I_{C2} \approx \frac{1}{2} I_{E3} = \frac{1}{2} \times 1\text{mA} = 0.5\text{mA}$$

其中 I_{E3} 的大小根据恒流管 T_3 射极电阻 R_{e3} 上的压降计算而得

$$I_{E3}=\frac{V_D-V_{BE3}}{R_{e3}}=\frac{6-0.7}{5.3}=1\text{mA}$$

$$V_C=V_{C1}=V_{C2}=V_{CC}-I_CR_c=(12-0.5\times10)\text{V}=7\text{V}$$

$$I_B=I_{B1}=I_{B2}=\frac{I_C}{\beta}=\frac{0.5\text{mA}}{50}=10\mu\text{A}$$

② 由于恒流源的恒流作用，当输入信号 Δv_i 使 VT_1 的集电极电流 i_{C1} 增加时，VT_2 的集电极电流 i_{C2} 必等量地减少，可见恒流源对差模电压放大倍数无影响；又由于该电路为双端输出，因此它的差模电压放大倍数与单管放大器的电压放大倍数相同。

$$r_{be}=200\Omega+(1+\beta)\frac{26}{I_E}=200\Omega+(1+50)\times\frac{26}{0.5}\Omega\approx2.85\text{k}\Omega$$

$$A_u=A_{u1}=-\frac{\beta R_{c1}}{R_{b1}+r_{be1}}=-\frac{50\times10}{5+2.85}\approx-64$$

③ 当在输出端接上负载内阻 $R_L=2\text{k}\Omega$ 的电流表时，由于电路的对称性，并由于恒流源的作用，VT_1 的集电极电位 V_{C1} 的减少量必等于 VT_2 的集电极电位 V_{C2} 的增加量，即负载 R_L 的中点电位为零电位（即相当于此点接地）。因此对每一个管子而言，它的外接负载就相当于$\frac{1}{2}R_L=1\text{k}\Omega$。

$$A_u=A_{u1}=-\frac{\beta R'_L}{R_{b1}+r_{be1}}$$

其中 $R'_L=R_c\ //\ \frac{R_L}{2}=10\text{k}\Omega\ //\ 1\text{k}\Omega=0.9\text{k}\Omega$

则 $A_u=-\frac{\beta R'_L}{R_{b1}+r_{be1}}=-\frac{50\times0.91}{5+2.85}=-5.8$

当电流表满偏时，输出电压为

$$V_{om}=I_{om}R_L=100\mu\text{A}\times2\text{k}\Omega=200\text{mV}$$

此时，相应的输入电压为

$$\Delta v_i=\frac{V_{om}}{|A_u|}=\frac{200}{5.8}\text{mV}=34.5\text{mV}$$

题 5-2 在图 D5-2 所示的放大电路中，已知 $V_{CC}=V_{EE}=12\text{V}$，三极管的 $\beta=50$，$R_c=30\text{k}\Omega$，$R_e=27\text{k}\Omega$，$R=10\text{k}\Omega$，$R_W=500\Omega$。设 R_W 的活动端调在中间位置，负载电阻 $R_L=20\text{k}\Omega$，试估算

① 放大电路的静态工作点 Q。

② 放大电路的差模电压放大倍数 A_d。

③ 差模输入电阻 R_{id}。

④ 输出电阻 R_o。

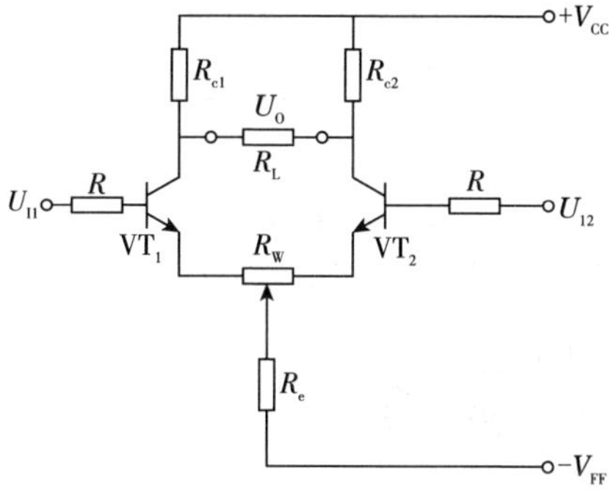

图 D5-2

【知识点窍】 接有调零电位器的长尾式差分放大电路的静态分析与动态分析。

【逻辑推理】 首先根据三极管的基极回路计算 I_{BQ}，再根据电压与电流关系计算 I_{CQ}、U_{CQ} 与 U_{BQ} 的大小，根据放大电路的交流通路估算电压放大倍数，输入与输出电阻的大小。

解：① 由三极管的基本回路可知

$$I_{BQ}=\frac{V_{EE}-U_{BEQ}}{R+(1+\beta)(2R_e+0.5R_W)}=\left[\frac{12-0.7}{10+51\times(2\times27+0.5\times0.5)}\right]\text{mA}$$

$$\approx0.004\text{mA}=4\mu\text{A}$$

则根据 I_{CQ} 和 I_{BQ} 的关系可得

$$I_{CQ}\approx\beta I_{BQ}=(50\times0.004)\text{mA}=0.2\text{mA}$$

$$U_{CQ}=V_{CC}-I_{CQ}R_c=(12-0.2\times30)\text{V}=6\text{V}$$

$$U_{BQ}=-I_{BQ}R=-(0.004\times10)\text{V}=-0.04\text{V}=-40\text{mV}$$

② 经分析可知，放大电路中的 R_e 引入了一个共模负反馈，故对差模电压放大倍数没有影响，但调零电位器 R_W 中只流过一个管子的电流，因此将使差模电压放大倍数降低。

放大电路的交流通路如图解 D5-2 所示。

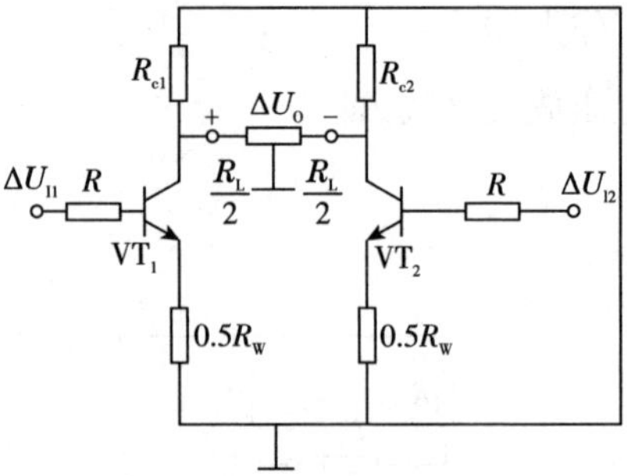

图解 D5-2

由图解 D5-2 可得,差模电压放大倍数

$$A_d = -\frac{\beta R'_L}{R + r_{be} + (1+\beta)\cdot\frac{R_W}{2}}$$

$$r_{be} = r_{bb} + (1+\beta)\cdot\frac{26}{I_{EQ}} = \left[300 + (1+50)\times\frac{26}{0.2}\right]\Omega = 6.93\text{k}\Omega$$

$$R'_L = R_c \mathbin{/\!/} \frac{R_L}{2} = \left(\frac{30\times\frac{20}{2}}{30+\frac{20}{2}}\right)\text{k}\Omega = 7.5\text{k}\Omega$$

$$A_d = \frac{50\times 7.5}{10+6.93+51\times 0.5\times 0.5} = -12.6$$

③ 放大电路的输入电阻为

$$R_{id} = 2\left[R + r_{be} + (1+\beta)\frac{R_W}{2}\right] = 2\times\left(10+6.93+51\times\frac{0.5}{2}\right)\text{k}\Omega \approx 30\text{k}\Omega$$

④ 放大电路的输出电阻为

$$R_o = 2R_c = 2\times 30\text{k}\Omega = 60\text{k}\Omega$$

题 5-3 图 D5-3 所示电路中,已知 $VT_1 \sim VT_3$ 管的特性完全相同,$\beta \gg 2$;反相输入端的输入电流为 i_{I1},同相输入端的输入电流为 i_{I2}。

试求:

①i_{C2} 的值。

②i_{B3} 的值。

③A_{ui} 的值$\left(A_{ui} = \frac{\Delta u_o}{(\Delta i_{I1} - \Delta i_{I2})}\right)$。

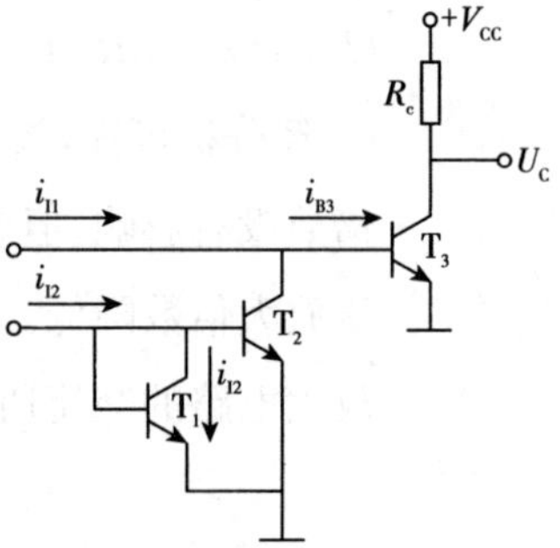

图 D5-3

【知识点窍】 跨阻 $R_{ui}=\dfrac{\Delta u_o}{\Delta i_{I1}-\Delta i_{I2}}$,KCL 定律。

【逻辑推理】 先画出交流小信号模型,再进行求解。

解:① 首先画出小信号模型,如图解 D5-3 所示。

由 KCL 定律得 $i_{I2}=(1+\beta)i_{B1}+i_{B2}$

由 KVL 定律得 $i_{B1}r_{be1}=i_{B2}r_{be2}$

$$i_{B2}\left[1+(1+\beta)\frac{r_{be2}}{r_{be1}}\right]=i_{B2}(2+\beta)=i_{I2}$$

则 $i_{B2}=\dfrac{i_{I2}}{2+\beta}$

于是 $i_{C2}=\beta i_{B2}=\dfrac{\beta}{2+\beta}=i_{I2}$

因为 $\beta\gg 2$,所以 $i_{C2}=\dfrac{\beta}{2+\beta}i_{I2}\approx i_{I2}$

② 由 KCL 定律得 $i_{B3}=i_{I1}-i_{C2}$

由于 $\beta\gg 2$,因此 $i_{B3}=i_{I1}-\dfrac{\beta}{2+\beta}i_{I2}\approx i_{I1}-i_{I2}$

③ 已知 $u_o=-\beta i_{B3}=-\beta(i_{I1}-i_{I2})$

则 $A_{ui}=\dfrac{\Delta u_o}{\Delta i_{I1}-\Delta i_{I2}}=\dfrac{u_o}{i_{I1}-i_{I2}}=-\dfrac{\beta(i_{I1}-i_{I2})}{i_{I1}-i_{I2}}=-\beta$

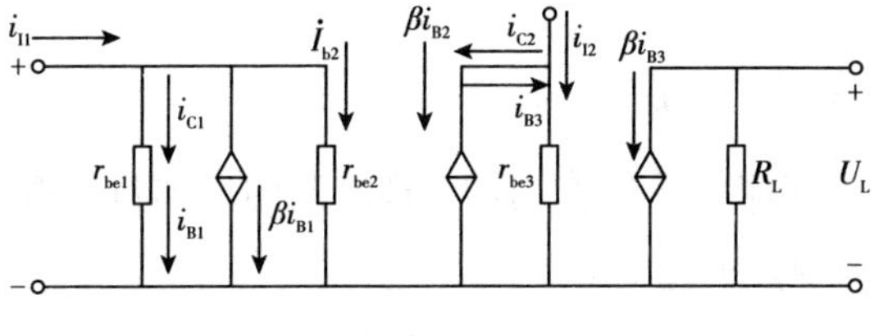

图解 D5-3

题 5-4 电路如图 D5-4 所示,设场效应管的 g_m 和三极管的 β、γ_{be}、γ_{ce} 均已知。试求:

① 列出静态电流 I_{D1}、I_{D2},电压 V_{D1}、V_{D2} 的表达式。

② 列出差模电压放大倍数 A_{uD}、输入电阻 R_{id} 和输出电阻 R_o 的表达式。

③ 列出由 T_1 漏极输出时(电路的连接方式不变)的差模电压放大倍数 A_{uD1}、共模电压放大倍数 A_{uC1} 的表达式。

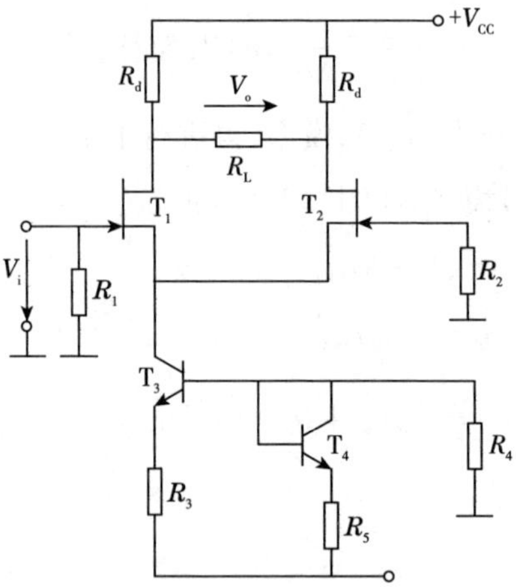

图 D5-4

【知识点窍】 由场效应管组成的差动电路的静态与动态参数的估算。

【逻辑推理】 首先根据 T_3 组成的恒流源电路求解 I_{C3}，再根据电压、电流关系求解 I_{D1}、I_{D2} 与 V_{D1}、V_{D2}，画出电路的微变等效电路图，再对各项动态参数进行分析。

解：① 由 T_3 组成的恒流源电路可知

$$I_{C3}=I_{E3}=\left[\left(\frac{V_{EE}-V_{BEA}}{R_4+R_5}R_5+V_{BEA}\right)-V_{BE3}\right]\cdot\frac{1}{R_3}$$

由电路的对称关系可知

$$I_{D1}=I_{D2}=\frac{1}{2}I_{C3}=I_D$$

$$V_{D1}=V_{D2}=V_{CC}-I_DR_d=V_D$$

② 由于恒流源交流电阻的作用，T_1 管电流的增加量必等于 T_2 管电流的减小量，因此 R_L 的中点电位为 0。

画出与计算该电路差模电压放大倍数等效的单管放大电路，如图解 D5-4(a) 所示。

图 D5-4 所示电路的差模电压放大倍数等于图解 D5-4(a) 所示的单管放大电路的电压放大倍数，则

$$A_{uD}=\frac{V_o}{V_i}=A_u=\frac{V_{o1}}{V_{i1}}=-g_mR'_L$$

其中 $R'_L=R_d\ //\ \frac{1}{2}R_L$

该差动电路的输入电阻、输出电阻分别为

$R_{id} = R_1$

$R_o = 2R_d$

③ 由 T_1 的漏极输出，即为单端输出，则差模电压放大倍数为单管放大器的一半，即

$$A_{uD1} = \frac{V_{o1}}{V_i} = \frac{1}{2} g_m R'_L$$

由电路的连接方式可知上式中的 $R'_L = R_d \ // \ \frac{1}{2}R_L$

若 R_L 的另一端接地，则 $R'_L = R_d \ // \ R_L$

单端输出时共模电压放大倍数的微变等效电路如图解 D5-4(b) 所示。

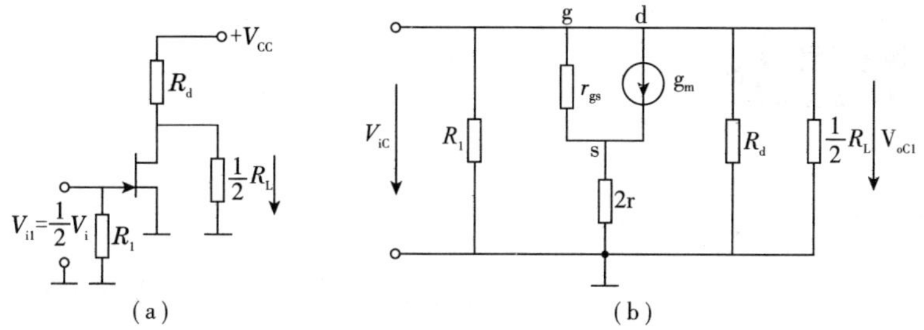

图解 D5-4

图中 r 为恒流源的交流电阻，其值为

$$r = r_{ce3}\left[1 + \frac{\beta_3 R_3}{r_{be3} + R_4 \ // \ (r_{be4} + R_5) + R_3}\right]$$

由图解 D5-4(b) 可得 $\quad A_{uC1} = \dfrac{V_{oC1}}{V_{iC}} = -\dfrac{g_m\left(R_d \ // \ \frac{1}{2}R_L\right)}{1 + g_m \cdot 2r}$

第六章

放大电路中的反馈

知识要点概述

1. 掌握反馈的基本概念和分类。
2. 掌握放大电路中是否存在反馈以及反馈属于何种类型的判断方法。
3. 掌握负反馈对放大电路性能的影响。
4. 掌握深负反馈条件下闭环电压放大倍数的估算方法。
5. 理解反馈的一般表达式 $\dot{A}_{\mathrm{f}}=\dfrac{\dot{A}}{1+\dot{A}\dot{F}}$ 的含义。
6. 理解如何根据实际要求在电路中引入适当的反馈。
7. 理解负反馈放大电路产生自激振荡的条件。
8. 了解在负反馈放大电路中接入校正网络以消除自激振荡的方法。

内容概要

反馈不仅是改善放大电路性能的主要手段，而且是电子技术和自动调节原理中的一个基本概念。

本章介绍了反馈的基本概念，引入负反馈后对放大电路性能的影响；介绍了反馈放大电路的分析方法；提出了负反馈放大电路产生自激振荡的条件和校正措施。

■ 一、反馈的基本概念

1. 反馈的概念

将放大电路输出信号（电压或电流）的一部分或全部，通过一定的电路形式（反馈网络）反送到放大电路的输入回路中去。

2. 在放大电路中引入反馈的原因

改善放大电路的性能。

3. 反馈的分类与判断

(1) 反馈的分类。

1) 根据反馈极性的不同，可分为正反馈和负反馈。

2) 根据反馈信号本身的交直流性质，可分为直流反馈和交流反馈。

3) 根据反馈信号在放大电路输出端采样方式的不同，可分为电压反馈和电流反馈。

4) 根据反馈信号与输入信号在放大电路输入回路中求和形式的不同，可分为串联反馈和并联反馈。

(2) 反馈的判断。

反馈的判断过程一般分为以下四步：

1) 判断有无反馈。

2) 判断反馈极性 —— 瞬时极性法。

3) 判断反馈的交直流性质。

4) 判断反馈的类型。

a. 判别是电压反馈还是电流反馈。

方法一：将输出端负载电阻 R_L 短接，观察反馈信号是否存在，存在则为电流反馈，否则为电压反馈。

方法二：除公共地线外，若输出线与反馈线接在同一点上，则为电压反馈，若接在不同点上，则为电流反馈。

b. 判别是串联反馈还是并联反馈。

方法一：将输入信号连同内阻一起短接，若反馈信号仍能输入开环放大器，则为串联反馈，若不能再影响开环放大器的工作，则为并联反馈。

方法二：除公共地线外，若反馈信号与输入信号接在同一点，则为并联反馈，若接在不同点（一个接基极，一个接发射极）或两个不同输入端（如差动放大器和运算放大器），则为串联反馈。

二、负反馈的四种组态和反馈的一般表达式

1. 负反馈的四种组态

根据反馈信号在放大电路输出端的采样方式，以及在输入回路中求和方式的不同，负反馈放大电路可以有四种不同的组态。

(1) 电压串联负反馈电路：$\dot{A}_{uu}=\dfrac{\Delta u_{O}}{\Delta u_{I}}=\dfrac{\dot{U}_{o}}{\dot{U}'_{i}}$

(2) 电压并联负反馈电路：$\dot{A}_{ui}=\dfrac{\Delta u_{O}}{\Delta i_{I}}=\dfrac{\dot{U}_{o}}{\dot{I}'_{i}}$

(3) 电流串联负反馈电路：$\dot{A}_{iu}=\dfrac{\Delta i_{O}}{\Delta u_{I}}=\dfrac{\dot{I}_{o}}{\dot{U}'_{i}}$

(4) 电流并联负反馈电路：$\dot{A}_{ii}=\dfrac{\Delta i_{O}}{\Delta i_{I}}=\dfrac{\dot{I}_{o}}{\dot{I}'_{i}}$

不同组态的负反馈将对放大电路的性能产生不同的影响，在对各种反馈放大电路进行定性或定量分析时，首先要正确分析反馈的组态。

2. 反馈的一般表达式

反馈放大电路的形式很多，为了研究它们的共同特点，可将具体的反馈放大电路抽象地概括起来加以分析。图 6-1 所示的框图表示法就是一种概括方式。

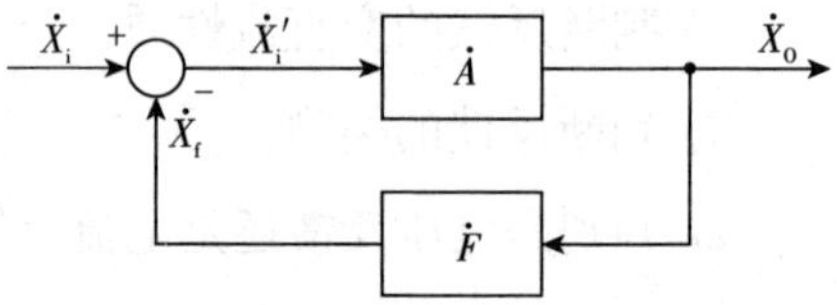

图 6-1

无论何种形式的反馈放大电路，也无论其采用何种反馈组态，电路中均包含基本放大电路和反馈网络两大部分。图6-1所示的框图

中，上面的方框表示无反馈时的放大网络，其放大倍数为 $\dot{A}$，$\dot{A}=\dfrac{\dot{X}_o}{\dot{X}_i'}$；下面的方框表示反馈网络，反馈系数为 $\dot{F}$，由图可得 $\dot{F}=\dfrac{\dot{X}_f}{\dot{X}_o}$。

采用框图表示法，可以将各种不同形式、不同组态的反馈放大电路用一个统一的结构表示，并由此导出反馈放大电路的若干一般规律。由上面的方框图可得

$$\dot{X}_o=\dot{A}\dot{X}_i{}'=\dot{A}(\dot{X}_i-\dot{X}_f)=\dot{A}(\dot{X}_i-\dot{F}\dot{X}_o)$$

则 $\dot{A}_f=\dfrac{\dot{X}_o}{\dot{X}_i}=\dfrac{\dot{A}}{1+\dot{A}\dot{F}}$

根据此表达式，可引出反馈放大电路的三个重要参数：

(1) 闭环放大倍数 $\dot{A}_f$。

(2) 回路增益 $\dot{A}\dot{F}$。

(3) 反馈深度 $1+\dot{A}\dot{F}$。

三、负反馈对放大电路性能的影响

(1) 提高放大倍数的稳定性。

(2) 减小非线性失真和抑制干扰。

(3) 展宽频带。

(4) 改变输入电阻和输出电阻。

四种负反馈类型及对放大电路性能的影响见表 6-1。

表 6-1 负反馈类型及对放大电路性能的影响

反馈类型	反馈对象及深度反馈条件	增益	稳定度	频带	输入电阻	非线性失真	内部噪声干扰	影响
电压串联负反馈	$U_f \propto U_o$ $U_i'=U_i-U_f$ 深度反馈条件 $U_i \approx U_f - F_r I_o$	电压增益 $A_u=U_o/U_i'$ $F_u=U_f/U_o$ $A_{uf}=\dfrac{A_u}{1+A_uF_u}$	电压增益 （或输出电压） 稳定度提高 $(1+A_uF_u)$倍	电压增益 频带展宽 $(1+A_uF_u)$倍	增大 $(1+A_uF_u)$倍	减小 $(1+A_uF_u)$倍	减小	抑制
电流串联负反馈	$U_f \propto I_o$ $U_i'=U_i-U_f$ 深度反馈条件 $U_i \approx U_f - F_r I_o$	互导增益 $A_g=I_o/U_i'$ $F_u=U_f/I_o$ $A_{gf}=\dfrac{A_g}{1+A_gF_r}$	互导增益 （或输出电流） 稳定度提高 $(1+A_gF_u)$倍	输出电流 频带展宽 $(1+A_gF_r)$倍	增大 $(1+A_gF_r)$倍	增大 $(1+A_gF_r)$倍	减小	抑制
电压并联负反馈	$I_i \propto U_o$ $I_i'=I_i-I_f$ 深度反馈条件 $I_i \approx I_i' \approx F_g U_o$	互导增益 $A_r=U_o/I_i'$ $F_g=I_f/U_o$ $A_{rf}=\dfrac{A_r}{1+A_rF_g}$	互阻增益 （或输出电压） 稳定度提高 $(1+A_rF_g)$倍	输出电流 频带展宽 $(1+A_IF_I)$倍	减小 $(1+A_rF_g)$倍	减小 $(1+A_gF_r)$倍	减小	抑制
电流并联负反馈	$I_f \propto I_o$ $I_i'=I_i-I_f$ 深度反馈条件 $I_i' \approx I_f = F_g I_o$	电流增益 $A_I=I_o/I_i'$ $F_I=I_f/I_o$ $A_{if}=\dfrac{A_I}{1+A_IF_I}$	输出电流 稳定度提高 $(1+A_IF_I)$倍	输出电流 频带展宽 $(1+A_IF_I)$倍	减小 $(1+A_IF_I)$倍	增大 $(1+A_IF_I)$倍	减小	抑制

四、负反馈放大电路的分析计算

(1) 在深负反馈条件下，$|1+\dot{A}\dot{F}|\gg 1$，故放大电路的闭环电压放大倍数可表示为

$$\dot{A}_{\mathrm{f}}=\frac{\dot{A}}{1+\dot{A}\dot{F}}\approx\frac{1}{\dot{F}}$$

(2) 在深负反馈条件下，以下关系成立：

$$\dot{A}_{\mathrm{f}}\approx\frac{1}{\dot{F}}$$

其中，$\dot{A}_{\mathrm{f}}=\dfrac{\dot{X}_{\mathrm{o}}}{\dot{X}_{\mathrm{i}}}$，$\dot{F}=\dfrac{\dot{X}_{\mathrm{f}}}{\dot{X}_{\mathrm{o}}}$

所以 $\dot{X}_{\mathrm{f}}\approx\dot{X}_{\mathrm{i}}$

即在深负反馈条件下，放大电路的反馈信号 $\dot{X}_{\mathrm{f}}$ 与输入信号 $\dot{X}_{\mathrm{i}}$ 近似相等。

针对不同的反馈类型，上式有两种不同的表达式：

串联负反馈 $\dot{U}_{\mathrm{f}}\approx\dot{U}_{\mathrm{i}}$

并联负反馈 $\dot{I}_{\mathrm{f}}\approx\dot{I}_{\mathrm{i}}$

五、负反馈放大电路的自激振荡

1. 产生自激振荡的条件

幅度条件：$|\dot{A}\dot{F}|=1$

相位条件：$\arg\dot{A}\dot{F}=\pm(2n+1)\pi\ (n=0,1,2,\cdots)$

判断反馈放大电路是否产生自激振荡，主要就是检查电路是否同时满足产生自激振荡的幅度条件和相位条件。在实际工作中常常利用负反馈放大电路中回路增益 $\dot{A}\dot{F}$ 的波特图进行判断。

2. 稳定裕度

(1) 幅度裕度 G_{m}：当 $\varphi_{AF}=-180°$ 时对应的 $20\lg|\dot{A}\dot{F}|$ 的值，即

$$G_{\mathrm{m}}=20\lg|\dot{A}\dot{F}|_{f=f_0}\,(\mathrm{dB})$$

(2) 相位裕度 Φ_m：

$$\Phi_m = 180^\circ - |\varphi_{AF}|_{f=f_c}$$

f_c 表示 $20\lg|\dot{A}\dot{F}|=0$ 时的频率，Φ_m 的值越大，表示负反馈放大电路越稳定。一般要求 $\Phi_m \geqslant 45^\circ$。

3. 消除自激振荡的措施

(1) 电容校正。

(2) RC 校正。

习题与思考题

习题 6-1 知识点窍 反馈的极性与类型的判断，反馈的极性分为正反馈与负反馈；正反馈为反馈信号加强原来的输入信号使放大倍数增大，负反馈恰好相反；反馈的交直流性质的判别；反馈组态的判别。

逻辑推理 首先检查放大电路的输出回路与输入回路之间是否接有相互联系的反馈元件（包括本级和级间的反馈元件）来判别是否存在反馈支路，然后根据瞬时极性法判断反馈的极性是正反馈还是负反馈，再判别反馈的交直流性质，最后根据反馈信号在放大电路输出端的采样方式以及反馈信号与输入信号在放大电路输入回路中求和方式的不同正确分析反馈的组态。

解题过程 (a)R_F 和 C_F 引回的级间反馈是交流正反馈，R_{e1} 引入交直流负反馈，其交流负反馈属于电流串联负反馈，R_{e3} 引入交直流电压串联负反馈，R_{e2}、C_e 引入直流负反馈。

(b)R_F 引回交直流电流串联负反馈，R_{e1} 引入交直流电流串联负反馈，R_{e2}、C_e 引入直流负反馈，R_{e3} 引入交直流电流串联负反馈。

(c)R_F 引回级间电流并联负反馈，R_{e1}、R_{e2}、C_e 引回的反馈同(a)。

(d)R_F 引回级间电压并联负反馈，R_{e1} 引回交直流电流串联负反馈。

(e)R_F 引回级间电压并联负反馈,R_{e3} 引入交直流电流串联负反馈。

(f) 本电路是在射极输出器的基础上,再以 VT 的发射极通过电容 C_3 引回一个交流电压并联正反馈,射极输出器本身为电压串联负反馈。

习题 6-2 知识点窍 集成运放组成的放大电路中反馈的极性与组态的判别,瞬时极性法。

逻辑推理 首先利用瞬时极性法判别是正反馈还是负反馈,再判断是电流反馈还是电压反馈,一般来说,若反馈信号是从输出电压端直接引回或通过分压关系将输出电压的一部分引回到输入回路的,通常为电压反馈,否则为电流反馈,最后根据反馈信号与外加输入信号在放大电路的输入回路中以电压、电流的形式求和而判别是串联反馈还是并联反馈。

解题过程 (a) 电压并联正反馈。

(b)R_{F1} 引入电压并联负反馈,R_{F2} 引入电压串联正反馈。

(c) 电压并联负反馈。

(d) 电流串联负反馈。

(e) 电压串联负反馈。

(f) 电流并联负反馈。

习题 6-3 知识点窍 负反馈对放大电路性能的改善:一般来说,直流负反馈能稳定静态工作点,交流负反馈对输入输出电压及输入输出电阻有改善作用。

逻辑推理 直流负反馈能稳定静态工作点 Q,一般来说,电压负反馈能稳定电压,电流负反馈能稳定输出电流,串联负反馈使输入电阻增大,并联负反馈使输入电阻减小;电压负反馈使输出电阻减小,电流负反馈使输出电阻增大,根据以上结论及习题 6-1 和习题 6-2 中判断的反馈类型进行分析。

解题过程 首先分析习题 6-1 中各图引入的反馈的作用。

(a) R_F、C_F 引回的交流正反馈不能稳定输出电压或电流,R_{e1} 引入的交流负反馈可稳定本级工作电流，提高输入电阻，直流反馈稳定本级Q点；R_{e2}、C_e引入的直流负反馈可稳定本级Q点，R_{e3}引入的电压串联负反馈可稳定输出电压，提高本级输入电阻，也可稳定本级Q点。

(b) R_F引回的电流串联负反馈可稳定输出电流，提高输入电阻，也可稳定各级Q点，R_{e1}、R_{e2}与C_e的作用与(a)中介绍的相同，R_{e3}引入的交直流电流串联负反馈的作用与R_{e1}相同。

(c) R_F引回的电流并联负反馈可稳定输出电流，稳定各级Q点，R_{e1}、R_{e2}和C_e的作用与(a)中的分析相同。

(d) R_F引回的电压并联负反馈可稳定输出电压、降低输出电阻，并稳定各级Q点，R_{e1}的作用与(a)中的分析相同。

(e) R_F引回的电压串联负反馈可稳定输出电压，提高输入电阻，降低输出电阻并稳定各级Q点，R_{e3}的作用与(b)中的分析相同。

(f) 射极输出器本身为电压串联负反馈，有稳定输出电压、提高输入电阻、降低输出电阻的作用，若不接电容C_3，其输入电阻因受基极偏置电阻的影响，其值只能接近于$R_i = R_s + (R_1 // R_2)$，由C_3引回一个交流电压并联正反馈后，由于射极输出器的电压放大倍数接近于1，即V_T发射极和基极的交流电位接近相等，则电阻R_b两端的交流压降很小，故流过R_b的交流电流也很小，因而大大提高了电路的输入电阻。

习题6-2中各图引入的各反馈的作用如下：

(a) 由于引入的是正反馈，不能稳定输出电压或电流。

(b) R_{F1}引入的电压并联负反馈可稳定输出电压，降低输出电阻。

(c) 可稳定输出电压，降低输出电阻。

(d) 可稳定输出电流，提高输入电阻。

(e) 可稳定输出电压，提高输入电阻，降低输出电阻。

(f) 可稳定输出电流。

习题 6-4 知识点窍 分立元件放大电路深负反馈条件下闭环电压放大倍数的估算：串联负反馈 $\dot{U}_f \approx \dot{U}_i$，并联负反馈 $\dot{I}_f \approx \dot{I}_i$。

逻辑推理 首先判断负反馈的组态是串联负反馈还是并联负反馈，再根据放大电路的实际情况列出 $\dot{U}_f$ 和 $\dot{U}_i$（或 $\dot{I}_f$ 和 $\dot{I}_i$）的表达式，然后直接估算闭环电压放大倍数。

解题过程 教材图 P6-1(b) 中的反馈是电流串联负反馈，故 $\dot{U}_f \approx \dot{U}_i$

$$\dot{U}_f = \dot{I}_{e3} \cdot \frac{R_{e1}R_{e3}}{R_{e1}+R_{e2}+R_{e3}} \approx \dot{U}_i$$

$$\dot{U}_o = -\dot{I}_{c3}R_{c3} \approx \dot{I}_{e3}R_{c3}$$

则 $$\dot{A}_{uf} = \frac{\dot{U}_o}{\dot{U}_f} = -\frac{\dot{I}_{c3}R_{c3}}{\dot{I}_{c3}R_{e1}R_{e3}/(R_{e1}+R_F+R_{e3})}$$

$$= -\frac{R_{c3}(R_{e1}+R_F+R_{e3})}{R_{e1}R_{e3}}$$

教材图 P6-1(c) 中的反馈是电流并联负反馈，故 $\dot{I}_f \approx \dot{I}_i$

由 $\dot{I}_i = \dfrac{\dot{U}_s}{R_s}$，$\dot{I}_f R_F = (-\dot{I}_f + I_{e1})R_{e1}$，$\dot{U}_o = -i_{c1}R_{c2} \approx -i_{e1}R_{c2}$

得 $$\dot{I}_f = \frac{-R_{e1}\dot{U}_o}{(R_{e1}+R_F)R_{c2}}$$

$\dot{I} = \dot{I}_f$，则 $$\frac{\dot{U}_s}{\dot{R}_s} = -\frac{R_{e1}\dot{U}_O}{(R_{e1}+R_F)R_{c2}}$$

$$\dot{A}_{usf} = \frac{\dot{U}_o}{\dot{U}_s} = -\frac{R_{c2}(R_{e1}+R_F)}{R_{e1}R_s}$$

教材图 P6-1(d) 中的反馈是电压并联负反馈，故 $\dot{I}_f \approx \dot{I}_i$

$$\dot{I}_f = -\frac{\dot{U}_o}{R_F},\ \dot{I}_i = \frac{\dot{U}_s}{R_s}$$

根据 $\dot{I}_f \approx \dot{I}_i$ 即 $-\dfrac{\dot{U}_o}{R_F} = \dfrac{\dot{U}_s}{R_s}$，则 $\dot{A}_{usf} = -\dfrac{R_F}{R_s}$

教材图 P6-1(e) 中的反馈是电压串联负反馈，反馈系数为

$$\dot{F}_{uu} = \frac{R}{R+R_F}$$

则 $\dot{A}_{usf} \approx \frac{1}{\dot{F}_{uu}} = \frac{R+R_F}{R} = 1+\frac{R_F}{R}$

习题 6-5 知识点窍 对集成运放组成的放大电路，在深度负反馈条件下闭环电压放大倍数的估算方法：串联负反馈 $\dot{U}_f \approx \dot{U}_i$，并联负反馈 $\dot{I}_f \approx \dot{I}_i$。

逻辑推理 首先判断反馈的组态是串联负反馈还是并联负反馈，再根据放大电路的实际情况列出 $\dot{U}_f$、$\dot{U}_i$ 或 $\dot{I}_f$、$\dot{I}_i$ 的表达式，然后直接估算闭环电压放大倍数。

解题过程 教材图 P6-2(c) 所示的反馈组态为电压并联负反馈，故 $\dot{I}_i = \dot{I}_f$

$\dot{I}_i \approx \frac{\dot{U}_i}{R_2}, \dot{I}_f \approx -\frac{\dot{U}_o}{R_F}$

则 $\dot{I}_i \approx \dot{I}_f$，即$\frac{\dot{U}_i}{R_2} \approx -\frac{\dot{U}_o}{R_F}, \dot{A}_{uf} = \frac{\dot{U}_o}{\dot{U}_i} \approx -\frac{R_F}{R_2}$

教材图 P6-2(d) 所示的反馈组态为电流串联负反馈，故 $\dot{U}_f = \dot{U}_i$

$\dot{U}_f = \frac{\dot{I}_e R_e R_1}{R_1+R_f+R_e} \approx \dot{U}_i, \dot{U}_o = -I_c R_c$

则 $\dot{A}_{uf} = \frac{\dot{U}_o}{\dot{U}_i} \approx \frac{R_c(R_1+R_F+R_e)}{R_e R_1}$

教材图 P6-2(e) 所示的反馈组态为电压串联负反馈

由 $\dot{F}_{uu} = \frac{R_2}{R_2+R_F}$ 可得 $\dot{A}_{uf} \approx \frac{1}{\dot{F}_{uu}} = \frac{R_2+R_F}{R_2} = 1+\frac{R_F}{R_2}$

教材图 P6-2(f) 所示的反馈为电流并联负反馈，故 $\dot{I}_f \approx \dot{I}_i$

$\dot{I}_i \approx \frac{\dot{U}_i}{R_1}, \dot{I}_f \approx -\frac{\dot{I}_e R_e}{R_1+R_F+R_e}$

则$\frac{\dot{U}_i}{\dot{R}_1} = \dot{I}_i = \dot{I}_f = -\frac{\dot{I}_e R_e R_1 + R_F}{R_F+R_e}$

$\dot{U}_i = -\frac{\dot{I}_e R_1 R_e}{R_1+R_F+R_e}$

而 $\dot{U} = -\dot{I}_c R_c$，故

$$\dot{A}_{uf} \approx \frac{\dot{U}_o}{\dot{U}_i} \approx \frac{R_c(R_1 + R_F + R_e)}{R_e R_1}$$

习题 6-6 知识点窍 负反馈对提高放大倍数稳定性的作用：

$$\dot{A}_f = \frac{\dot{A}}{1 + \dot{A}\dot{F}}$$

闭环增益的相对变化率与开环增益相对变化率的关系：

$$\frac{dA_f}{A_f} = \frac{1}{1 + A_f} \cdot \frac{dA}{A}$$

逻辑推理 由闭环放大电路增益及其相对变化率与开环增益相对变化率之间的关系求解。

解题过程 由题意可知

$$\frac{dA}{A} = 25\%, \frac{dA_f}{A_f} = 1\%$$

则$\frac{1}{1 + A_f} = \frac{dA_f/A_f}{dA/A} = \frac{1}{25}$

即 $1 + A_f = 25$

由闭环增益 $A_f = \frac{A}{1 + A_f}$ 得 $A = (1 + A_f)A_f = 25 \times 100 = 2500$

由 $1 + A_f = 25$ 可知 $A_f = 24$

则 $F = \frac{24}{A} = \frac{24}{2500} \approx 0.01$

习题 6-7 知识点窍 引入负反馈对展宽放大电路通频带的作用：

$$\dot{A}_{uf} = \frac{\dot{A}_{um}}{1 + A_m}, f_{Lf} = \frac{f_L}{1 + A_m F}, f_{Hf} = (1 + A_m F) f_H$$

逻辑推理 根据频带展宽的程度与负反馈的深度$(1+\dot{A}\dot{F})$的关系进行合理分析。

解题过程 由 $\dot{A}_{uf} = \frac{\dot{A}_{um}}{1 + \dot{A}_{um}\dot{F}_{uu}}$ 得 $1 + \dot{A}_m F = 1 + \dot{A}_{um}\dot{F}_{uu} = 1 + (-100) \times (-10\%) = 11$

则 $\dot{A}_{uf} = \frac{-100}{11} = -9.09$

$$f_{Lf} = \frac{f_L}{1 + \dot{A}_m F} = \frac{30}{11}\text{Hz} = 2.73\text{Hz}$$

$$f_{Hf} = (1+\dot{A}_m F) f_H = 11 \times 3kHz = 33kHz$$

习题 6-8 知识点窍 反馈的极性和组态的判别，交流反馈和直流反馈引入方法的区别，深负反馈放大电路的电压放大倍数的估算。

逻辑推理 首先根据习题 6-1 和习题 6-2 逻辑推理中介绍的方法对反馈的极性和组态进行判别，再根据直流反馈与交流反馈的性质引入直流与交流反馈，最后在深负反馈条件下对电压放大倍数进行估算。

解题过程 ①R_{F1} 引入电压串联负反馈，R_{F2} 引入电流并联负反馈；R_{e1} 和 R_{e2} 分别在本级引入局部电流串联负反馈。

② 为了实现 R_{F1} 只引入交流反馈，R_{F2} 只引入直流反馈的目的，只需接入一个电容 C_{F1} 与 R_{F1} 串联，再加上一个大电容 C_{e2} 与 R_{e2} 并联。图略。

③R_{F1}、C_{F1} 引入的交流电压串联负反馈可稳定输出电压，提高输入电阻，降低输出电阻，R_{F2}、C_{e2} 引入的直流反馈可稳定各级 Q 点。

④ 由于 R_{F1}、C_{F1} 引入的是电压串联负反馈且满足深负反馈的条件，则

$$\dot{A}_{uf} = \frac{1}{\dot{F}_{uu}}$$

由教材可知 $\dot{F}_{uu} = \dfrac{R_{e1}}{R_{e1}+R_{F1}}$，则

$$\dot{A}_{uf} = \frac{R_{e1}+R_{F1}}{R_{e1}} = \frac{1.5+30}{1.5} = 21$$

习题 6-9 知识点窍 正反馈、负反馈、瞬时极性法；闭环电压放大倍数的估算。

逻辑推理 首先利用瞬时极性法进行正、负反馈的判别，然后判别反馈组态，并对闭环电压放大倍数进行估算。

解题过程 (a) 电压并联负反馈。

由于是电压并联负反馈，故 $\dot{I}_f \approx \dot{I}_i$，$\dot{I}_i = \dfrac{\dot{U}_i}{R_2}$，$\dot{I}_f = \dfrac{\dot{U}_o}{R_6}$

则电压放大倍数为 $\dot{A}_{uf} = -\dfrac{R_6}{R_2}$

(b) 电压串联负反馈。

由于是电压串联负反馈，则电压放大倍数为

$$\dot{A}_{uf} \approx \frac{1}{\dot{F}} = \frac{R_2 + R_6}{R_2} = 1 + \frac{R_6}{R_2} = 1 + \frac{10}{1} = 11$$

习题 6-10 知识点窍 反馈极性的判别，反馈组态的判别，闭环电压放大倍数的估算。

逻辑推理 利用瞬时极性法对反馈的极性进行判别，判别反馈的组态，并对放大电路的电压放大倍数进行估算。

解题过程 ① 有两路级间反馈：第一路从 e_3 直接引回到 e_1，是交直流电流串联负反馈；第二路从 C_3 通过 R_6、R_7，引到 b_1，R_6 与 R_7 之间接一个大电容 C_9 到地，因此可以认为 C_9 两端的交流压降近似为零，该路为直流负反馈。

② 第一路交直流电流串联负反馈的作用是稳定输出电流，提高输入电阻，展宽频带，改善输出波形等，也可以稳定各级 Q 点。第二路为直流负反馈，因此仅能稳定各级 Q 点。

③ 由于输出级与输入级之间构成的是电流串联负反馈，故

$\dot{U}_f \approx \dot{U}_i$

其中 $\dot{U}_f = \dot{i}_{e3} R_{12} \approx \dot{U}_i$

$\dot{U}_o = -i_{c3}(R_3 \mathbin{/\!/} R_6) \approx -\dot{i}_{e3}(R_3 \mathbin{/\!/} R_6)$

则 $\dot{A}_{uf} = \dfrac{\dot{U}_o}{\dot{U}_i} \approx -\dfrac{R_3 \mathbin{/\!/} R_6}{R_{12}} = -\dfrac{\frac{1.6 \times 10}{1.6 + 10}}{390 \times 10^{-3}} \approx -3.5$

△ **习题 6-11** 解题过程 ① 电压并联负反馈。

② 该反馈降低了电压放大倍数；由于是电压反馈，因此减小了输出电阻；由于是并联负反馈，因此减小了输入电阻。

③ 由于 $|1 + \dot{A}\dot{F}| \gg 1$，即满足深度负反馈的条件，且是电压并联负反馈，因此

$\dot{I}_f \approx \dot{I}_i$

其中 $\dot{I}_i = \dfrac{\dot{U}_i}{R}$，$\dot{I}_f = -\dfrac{\dot{U}_o}{R_F}$

则$\dfrac{\dot{U}_i}{R}=-\dfrac{\dot{U}_o}{R_F}$

$$\dot{A}_{uf}=\frac{\dot{U}_o}{\dot{U}_i}=-\frac{R_F}{R}$$

习题 6-12 知识点窍 通过对比教材图 P6-12(a) 和(b) 两个电路，理解不同组态的负反馈对电路产生的不同影响，以及闭环电压放大倍数的估算方法的不同。

解题过程 ① 教材图 P6-12(a) 所示为电压串联负反馈，教材图 P6-12(b) 所示为电压并联负反馈。

② 教材图 P6-12(a) 中的电压串联负反馈可稳定输出电压，降低输出电阻，提高输入电阻；教材图 P6-12(b) 中的电压并联负反馈可稳定输出电压，降低输出电阻，但是也降低了输入电阻。

③ 由于教材图 P6-12(a) 所示是电压串联负反馈，且满足深度负反馈的条件，则

$$\dot{A}_{uf}\approx\frac{1}{\dot{F}}=1+\frac{R_F}{R_1}=1+\frac{10}{1}=11$$

由于教材图 P6-12(b) 所示是并联负反馈，且满足深度负反馈的条件，故 $\dot{I}_f\approx\dot{I}_i$

其中 $\dot{I}_i=\dfrac{\dot{U}_i}{R},\dot{I}_f=-\dfrac{\dot{U}_o}{R_F}$

则 $\dot{I}_i=\dot{I}_f$

即$\dfrac{\dot{U}_i}{R_F}=-\dfrac{\dot{U}_o}{R_F},\dot{A}_{uf}=\dfrac{\dot{U}_o}{\dot{U}_i}=-\dfrac{R_F}{R}$

△ **习题 6-13** 知识点窍 负反馈对放大电路性能的改善。

逻辑推理 串联负反馈使输入电阻增大，即 $R_{if}=(1+\dot{A}\dot{F})R_i$，并联负反馈作用相反，即 $R_{if}=\dfrac{R_i}{1+\dot{A}\dot{F})}$，电压负反馈使输出电阻减小，即 $R_{of}=R_{o1}+\dot{A}_f$，电流负反馈使输出电阻增大，即 $R_{of}=(1+\dot{A}_f)R_o$，直流负反馈能稳定静态工作点。

解题过程 ① 从 e_3 到 e_1。

② 从 c_3 到 b_1。

③ 从 e_3 到 e_1。

④ 从 e_3 到 e_1。

⑤ 从 c_3 到 b_1。

△ **习题 6-14** 解题过程 ① 串联负反馈，从 c_3 通过 R_{F1} 到 b_2。

② 电流负反馈，从 e_3 通过 R_{F2} 到 b_1。

③ 直流负反馈，可从 c_3 通过 R_{F3} 到 b_2，同时在 VT_2 的基级电阻 R_1 上并联一个大电路；或从 e_3 通过 R_{F3} 到 b_1，同时在 R_{e3} 上并联一个大电容。

如图解 P6-14 所示。

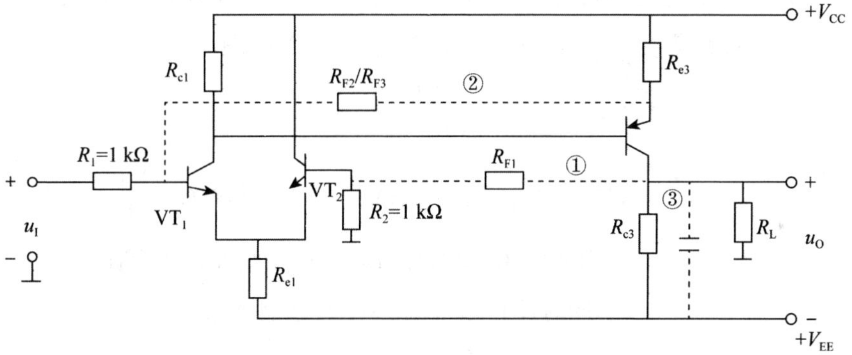

图解 P6-14

④ 在第 ① 小题的情况下，若要求 $\dot{A}_{uf}=20$，即

$$\dot{A}_{uf}=1+\frac{R_{F1}}{R_1}=20$$

由 $R_1=1\text{k}\Omega$

得 $\dot{A}_{uf}=1+\dfrac{R_{F1}}{1\text{k}\Omega}=20$

则 $R_{F1}=19\text{k}\Omega$

习题 6-15 知识点窍 深度负反馈对非线性失真的影响；电路的不同组态对输入、输出电阻的影响；电压串联负反馈 $\dot{A}_{uf}=1+\dfrac{R_F}{R}$。

逻辑推理 非线性失真的实质是由于在输出信号中包含了一些本不该有的高次谐波成分，引入负反馈的方式是：将输出信号通过一定方式引回到输入回路与外加输入信号相比较，根据以上的方式引入负反馈之后再对反馈组态进行判别，进而计算闭环电压放大倍数。

解题过程 ① 从输出端通过 R_F 引到集成运放的反相输入端。图略。

② 此反馈的组态为电压串联负反馈。

③ 由于是电压串联负反馈，则

$$\dot{A}_{uf} = 1 + \frac{R_F}{R} = 20$$

$$R_F = 19R = 19 \times 1\text{k}\Omega = 19\text{k}\Omega$$

△ **习题 6-16** 知识点窍 集成运放，OCL 互补对称功率放大电路，负反馈电路。

解题过程 ①VT_1——NPN；VT_2——PNP。图略。

②$P_{om} = \dfrac{(V_{CC} - U_{CES})^2}{2R_L} = 4\text{W}$

③$I_{CM} = \dfrac{U_{cem}}{R_L} = 1\text{A}$，$VT_1$、$VT_2$ 应为 $\beta > \dfrac{1000}{10} = 100$

④ 引入电压串联负反馈。从输出端经 R_F 引到运放的反相输入端，同时反相输入端 1kΩ 的电阻接地。图略。

⑤$A_{usf} = 1 + \dfrac{R_F}{R_1} = 50$，则 $R_F = 49R_1 = 49\text{k}\Omega$

△ **习题 6-17** 知识点窍 差分放大电路 OCL 互补对称功率放大电路，负反馈电路。

解题过程 ①$V_{CC} = \sqrt{2R_L P_{om}} + U_{CES} = 17\text{V}$

② 电压并联负反馈。

③$\dot{A}_{uf} = -\dfrac{R_F}{R_1} = -33$

△ **习题 6-18** 解题过程 ①$P_{om} = \dfrac{(V_{CC} - U_{CES})^2}{2R_L} = 12.25\text{W}$

② 从输出端通过 R_F 引回到 V_{T2} 的基级，为电压串联负反馈。

③$\dot{A}_{uf} = 1 + \dfrac{R_F}{R_{b2}} = 100$，则 $R_F = 99\text{k}\Omega$

习题 6-19 知识点窍 负反馈放大电路的自激振荡、幅度裕度、相位裕度。

逻辑推理 反馈放大电路产生自激振荡的条件为 $|\dot{A}\dot{F}|>1$，$\varphi_{AF}=180°$，在波特图上表现为在 $\varphi_{AF}=180°$ 时，$20\lg|\dot{A}\dot{F}|>0$。

幅度裕度 G_m：当 $\varphi_{AF}=-180°$ 时，对应的 $20\lg|\dot{A}\dot{F}|$ 的值和 G_m 的值越负，表明放大电路的稳定裕度越大。

相位裕度：$\varphi_m=180°-|\varphi_{AF}|_{f=f_c}$，$f_c$ 表示 $20\lg|\dot{A}\dot{F}|=0$ 时的频率，φ_m 的值愈大，说明放大电路的稳定裕度愈大。

解题过程 ①(a) 将产生自激振荡，(b) 不产生自激振荡。

② 由教材图 P6-19(a) 可见，当 $\varphi_{AF}=-180°$ 时，$20\lg|\dot{A}\dot{F}|>0$，即

$|\dot{A}\dot{F}|>1$，

说明该电路同时满足自激振荡的相位平衡和幅度平衡条件，所以将产生自激振荡。

由教材图 P6-19(b) 可见，当 $\varphi_{AF}=-180°$ 时，$20\lg|\dot{A}\dot{F}|<0$，即

$|\dot{A}\dot{F}|<1$，

说明电路不会产生自激振荡，根据幅度裕度和相位裕度的定义，并通过 $\dot{A}\dot{F}$ 的波特图可得

$G_m\approx-20\text{dB}$，$\varphi\approx45°$

△ **习题 6-20** 知识点窍 负反馈放大电路 $\dot{A}\dot{F}$ 的对数幅频特性，自激振荡产生的条件，闭环放大电路电压放大倍数的估算。

逻辑推理 首先根据负反馈放大电路的对数幅频特性及给定的 $\dot{F}$ 值求出 $|\dot{A}|$ 与 $|\dot{A}_F|$ 的值，然后通过判断反馈电路的组态，计算闭环电压放大倍数。

解题过程 ① 由教材图 P6-20 可知，当 $|\dot{F}|=0.1$ 时，$20\lg|\dot{A}\dot{F}|=80\text{dB}$，即 $|\dot{A}\dot{F}|=10^4$

则 $|\dot{A}|=\dfrac{|\dot{A}\dot{F}|}{|\dot{F}|}=\dfrac{10^4}{0.1}=10^5$

由教材图 P6-20 可见，负反馈电路的组态为电压串联负反馈，则

$$|\dot{A}_f| \approx \frac{1}{|\dot{F}|} = \frac{1}{0.1} = 10$$

② 因为只有两个极点，所以不会自激。

△ **习题 6-21** 知识点窍 自激振荡产生的条件：$\varphi_{AF} = -180°$，$|\dot{A}\dot{F}| > 1$。

逻辑推理 首先根据 $\dot{A}\dot{F}$ 的波特图和给定的 $\dot{F}$ 值列出 $\dot{A}$ 的表达式，再通过自激振荡产生的条件来判断是否会产生自激振荡，最后说明接入校正网络消除振荡的方法。

解题过程 ① 由教材图 P6-21 可知，当 $|\dot{F}| = \frac{1}{10}$ 时，$20\lg|\dot{A}\dot{F}| = 80\text{dB}$，

即 $|\dot{A}\dot{F}| = 10^4$

故 $A = \frac{|\dot{A}\dot{F}|}{|\dot{F}|} = \frac{10^4}{1/10} = 10^5$

由 $\dot{A}\dot{F}$ 波特图看出具有三个极点，其频率分别为

$f_{p1} = 10\text{Hz}, f_{p2} = 10^3\text{Hz}, f_{p3} = 10^4\text{Hz}$

则 $\dot{A}$ 的表达式为

$$\dot{A} = \frac{10^5}{\left(1 + \text{j}\frac{f}{10}\right)\left(1 + \text{j}\frac{f}{10^3}\right)\left(1 + \text{j}\frac{f}{10^4}\right)}$$

② 由教材图 P6-20(b) 可见，当 $\varphi_{AF} = -180°$ 时，$20\lg|\dot{A}\dot{F}| > 0$，即 $|\dot{A}\dot{F}| > 1$，所以能产生自激振荡。

③ 可在 c_1 与地之间接电容或 R_c 校正网络，也可将校正网络接在 c_2 与地之间或 b_2 与 c_2 之间。图略。

典型提高题

题 6-1 判断图 D6-1 电路中是否引入了反馈，是直流反馈还是交流反馈，是正反馈还是负反馈。设图中所有电容对交流信号均可视为短路。

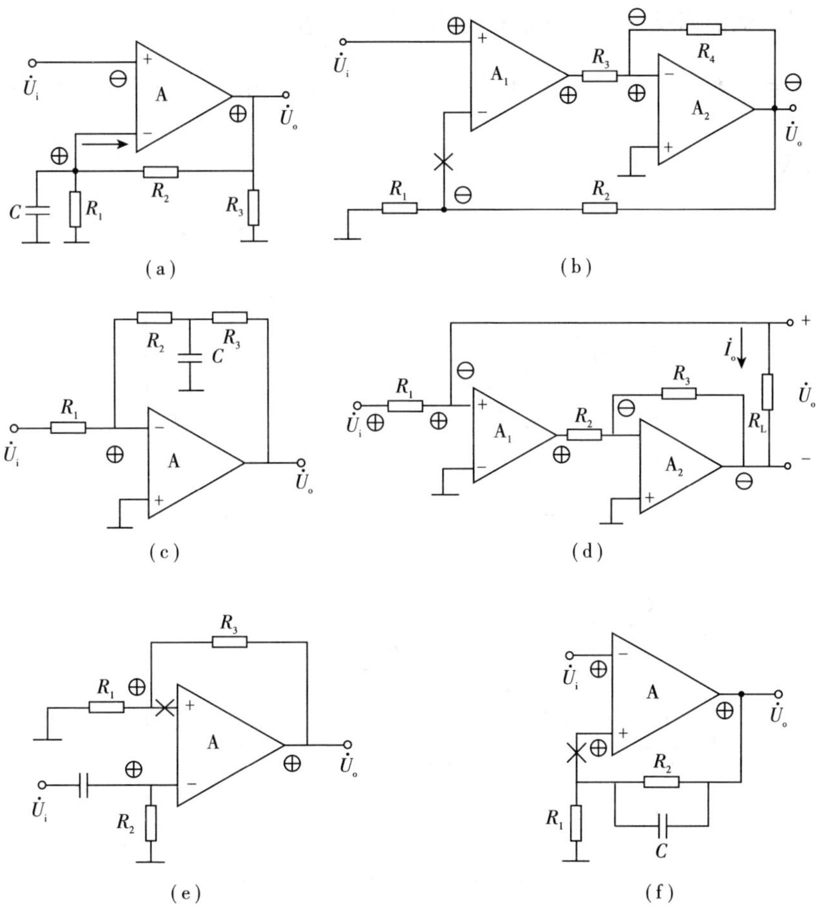

图 D6-1

【知识点窍】 反馈类型的判别,即直流反馈与交流反馈的判别;正反馈与负反馈的判别。

【逻辑推理】 根据反馈的交直流性质来判别反馈是直流反馈还是交流反馈;利用瞬时极性法来判别反馈是正反馈还是负反馈,具体过程如图 D6-1 所示,其中⊕表示增加,⊖表示减小,由输入级开始分析,直至反馈回路输入端。

解:(a) 直流负反馈;(b) 直流正反馈、交流正反馈;

(c) 直流负反馈;(d) 直流负反馈、交流负反馈;

(e) 交流负反馈、直流负反馈;(f) 直流负反馈、交流负反馈。

题 6-2 在图 D6-2 所示电路中,设集成运放 A_1、A_2 均为理想运放,电路均满足深负反馈条件。试估算反馈放大电路的闭环电压放大倍数。

【知识点窍】 闭环电压放大倍数 $\dot{A}_{uuf}=\dfrac{\dot{U}_o}{\dot{U}_i}$，反馈组态的判别；深度负反馈条件下，$\dot{X}_f\approx\dot{X}_i$。

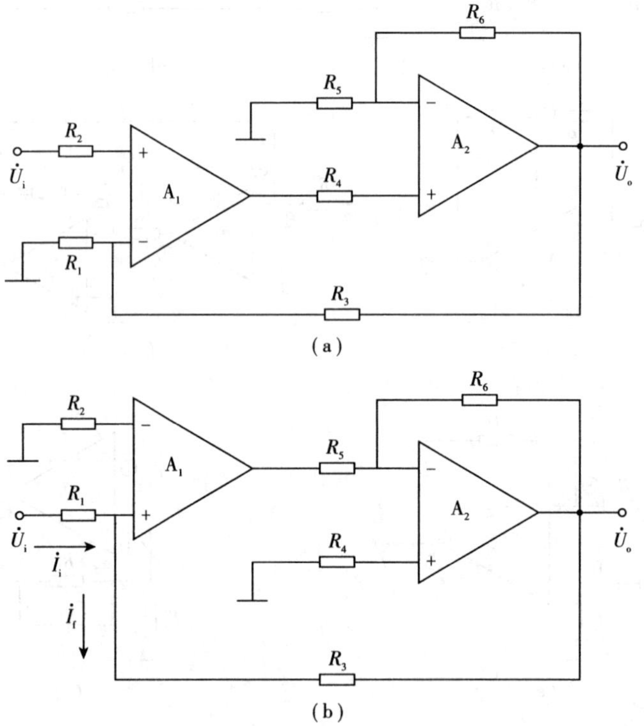

图 D6-2

【逻辑推理】 首先判断反馈的组态，若是电压串联负反馈则直接利用表达式 $\dot{A}_f\approx\dfrac{1}{\dot{F}}$ 求解，否则，利用表达式 $\dot{X}_f\approx\dot{X}_i$ 求解。

解：首先对反馈组态进行判别。图 D6-2(a) 所示电路中反馈的组态是电压串联负反馈，输出电压经过电阻 R_1 和 R_3 分压后将反馈电压引回到集成运放 A_1 的反相输入端，则其反馈系数为 $\dot{F}=\dfrac{R_1}{R_1+R_3}$，由于是电压串联负反馈，因此可直接利用表达式 $\dot{A}_f\approx\dfrac{1}{\dot{F}}$ 求解，则 $\dot{A}_f\approx\dfrac{1}{\dot{F}}=1+\dfrac{R_3}{R_1}$。图 D6-2(b) 所示电路中反馈的组态是电压并联负反馈，采用表达式 $\dot{I}_f\approx\dot{I}_i$ 求解，由于理想运放工作在线性区时存在“虚短”和“虚断”的特点，且由电路中集成运放 A_1 的反相输入端虚地，因此可认为 A_1 的反相输入端的电位为零，由“虚断”的特点可知流入该点的电流也为零。

则由图 D6-2 可得 $\dot{I}_i = \dfrac{\dot{U}_i}{R_1}$，$\dot{I}_f = -\dfrac{\dot{U}_o}{R_3}$

由 $\dot{I}_f \approx \dot{I}_i$ 可得 $-\dfrac{\dot{U}_o}{R_3} = \dfrac{\dot{U}_i}{R_1}$

则闭环电压放大倍数为 $\dot{A}_{uuf} = \dfrac{\dot{U}_o}{\dot{U}_i} \approx -\dfrac{R_3}{R_1}$

题 6-3 对图 D6-3 所示的电路进行分析，试求：

① R_f 引入的是哪种反馈？

② 该反馈对放大电路的输入电阻和输出电阻有什么影响？

③ 求该放大电路的电压放大倍数 $\dot{A}_{usf}$、输入电阻 R_{if} 和输出电阻 R_{of}（按理想深负反馈条件估算）。

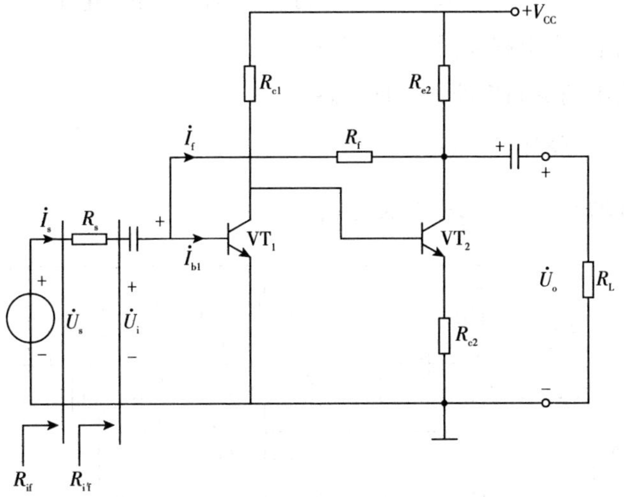

图 D6-3

【知识点窍】 反馈类型的判断
- ① 判断是电压反馈还是电流反馈。
- ② 判断是串联反馈还是并联反馈。
- ③ 判断是正反馈还是负反馈。

理想深度负反馈条件下，$\dot{X}_f \approx \dot{X}_i$。

【逻辑推理】 首先判断反馈的类型，再根据反馈的类型讨论对输入、输出电阻的影响。根据在理想深度负反馈条件下，用 $\dot{X}_f \approx \dot{X}_i$ 对电压放大倍数进行估算。

解：①R_f 引入的是电压并联负反馈。

② 由于此反馈是电压负反馈，因此使输出电阻减小，减小为原来的$\dfrac{1}{1+A_f}$倍；

又由于是并联负反馈，因此使输入电阻减小，且减小为原来的$\dfrac{1}{1+A_f}$倍。

③ 由于是电压并联负反馈，在理想深负反馈条件下有

$\dot{I}_f \approx \dot{I}_i, \dot{I}_{b1} \approx 0, \dot{U}_i \approx 0, \dot{U}_o = -\dot{I}_f R_f, \dot{U}_s = \dot{I}_i R_s$

则放大电路的电压放大倍数为

$$\dot{A}_{usf} = \frac{\dot{U}_o}{\dot{U}_s} = -\frac{\dot{I}_f R_f}{\dot{I}_i R_s} \approx \frac{R_f}{R_s}$$

输入电阻 R_{if} 为 $R_{if} = R_s + R'_{if} \approx R_s$

输出电阻 R_{of} 为 $R_{of} = R_{c2} \mathbin{/\!/} R'_{of} \approx 0$

其中，R'_{if}和 R'_{of}分别为反馈环路内的输入电阻和输出电阻。

题 6-4 反馈放大电路如图 D6-4 所示。

① 分析电路中的级间反馈为哪种组态？

② 将电路画成方块图的形式。

③ 导出闭环增益 $A_{uuf} = \dfrac{U_o}{U_i}$ 的表达式。

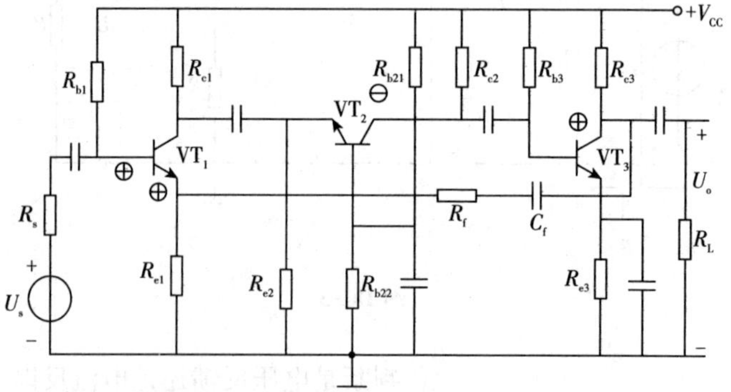

图 D6-4

【知识点窍】 瞬时极性法；反馈组态的判别。

【逻辑推理】 首先根据瞬时极性法判定反馈的极性，再对反馈的组态进行判断，

根据等效的方框图导出闭环增益的大小。

解:① 按瞬时极性法对图 D6-4 所示电路进行判定。设 U_{b1} 为 ⊕,则电路中各点电位变化如下:

U_{b1} ⊕ $\xrightarrow{CE}$ U_{c1} ⊖ $\xrightarrow{CB}$ U_{c2} ⊖ $\xrightarrow{CE}$ U_{c3} ⊕

U_{c3} ⊕ 经 R_f、C_f 及 R_{e1} 反馈送回 T_1 管发射极的反馈量 U_f 也为 ⊕,削弱了电路的净输入量,反馈为负反馈。因为反馈量取自电路的输出电压,且以串联的方式影响输入回路,所以反馈的组态为电压串联负反馈。

② 若将电路看成由基本放大电路和反馈网络两部分组成,基本放大电路的输入信号为 U_{be},输出信号为 U_o,反馈网络的输入信号为 U_o,输出信号为 U_f,则图 D6-4 电路可抽象成图解 D6-4(a) 所示的方框图,进一步抽象可得图解 D6-4(b) 所示的简化的方框图模型。图解 D6-4(b) 中,箭头表示信号的传递方向,⊗ 为相加点,A_{uu} 为电路的开环增益,F_{uu} 为反馈系数。

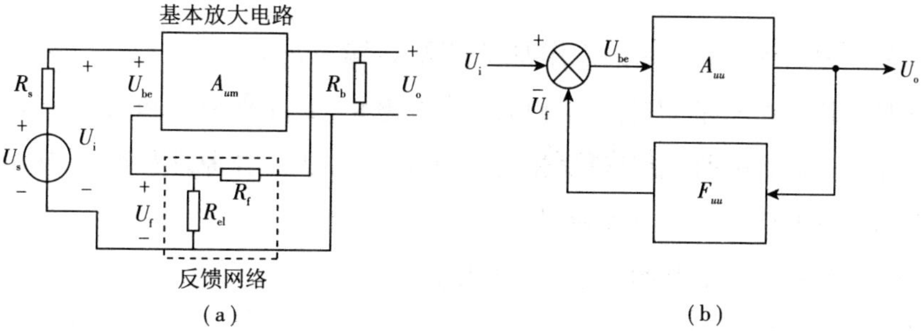

图解 D6-4

③ 由图解 D6-4(b) 可知 $A_{uu}=\dfrac{U_o}{U_{be}}$,$F_{uu}=\dfrac{U_f}{U_o}$,$U_{be}=U_i-U_f$

故电路的输出电压为 $U_o=\dfrac{A_{uu}}{1+A_{uu}F_{uu}}U_i$

电路的闭环增益为 $A_{uuf}=\dfrac{U_o}{U_i}=\dfrac{A_{uu}}{1+A_{uu}F_{uu}}$

上式中 $(1+A_{uu}\dot{F}_{uu})$ 为电路的反馈深度。

注意:此推导是在 U_o、U_i、A_{uu}、F_{uu} 等参量均为实数时导出的。一般情况下,U_o、U_i、A_{uu}、F_{uu} 为复数,则表达式可写成

$$\dot{A}_{uuf}=\frac{\dot{A}_{uu}}{1+\dot{A}_{uu}\dot{F}_{uu}}$$

第七章 模拟信号运算电路

知识要点概述

1. 掌握各种比例运算电路的工作原理和输入、输出关系。
2. 掌握求和运算电路（主要是反相输入求和电路）的工作原理和输入、输出关系。
3. 掌握积分运算电路（主要是反相输入积分电路）的工作原理和输入、输出关系。
4. 了解微分电路的工作原理和用途。
5. 了解对数和指数电路的工作原理和用途。
6. 了解模拟乘法器的工作原理和用途。

内容概要

本章主要介绍由集成运放组成的比例电路、求和电路、积分和微分电路、对数和指数电路以及乘法和除法电路，并简单地介绍了应用日益广泛的集成模拟乘法器。

一、理想运放的概念

(1) 所谓理想运放就是将集成运放的各项技术指标理想化。

(2) 理想运放工作在线性区时的特点如下：

1) 虚短：$u_+ = u_-$。

2) 虚断：$i_+ = i_- = 0$。

(3) 理想运放工作在非线性区时的特点如下：

1) 当 $u_+ > u_-$ 时，$u_O = +U_{OPP}$；当 $u_+ < u_-$ 时，$u_O = -U_{OPP}$，“虚短”不存在。

2) 理想运放的输入电流等于 0。

二、比例运算电路

比例运算电路有三种常见的电路形式：反相比例电路、同相比例电路和差分比例电路。在表 7-1 中对三种比例电路的电路组成、电压放大倍数、输入电阻和输出电阻以及性能特点进行了比较。

表 7-1　三种比例运算电路的比较

电路类型	反相比例电路	同相比例电路	差分比例电路
电路组成	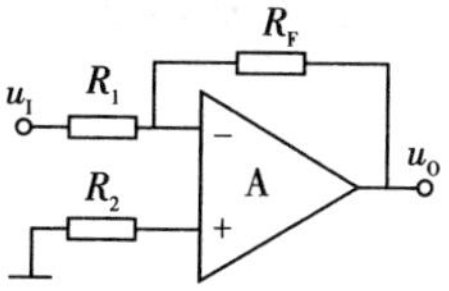 要求 $R_2 = R_1 // R_F$	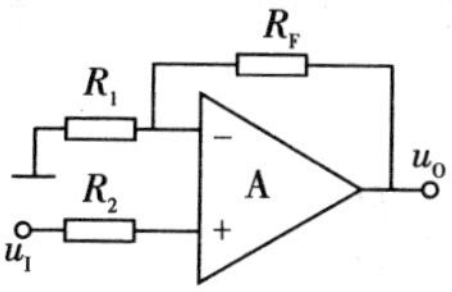 要求 $R_2 = R_1 // R_F$	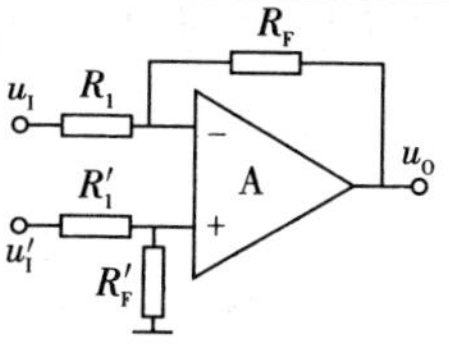 要求 $R_1 = R_1'$，$R_F = R_F'$
电压放大倍数	$A_{uf} = \frac{u_O}{u_I} = -\frac{R_F}{R_1}$ u_O 与 u_I 反相，$\lvert A_{uf} \rvert$ 可大于 1、等于 1 或小于 1	$A_{uf} = \frac{u_O}{u_I} = 1 + \frac{R_F}{R_1}$ u_O 与 u_I 同相，A_{uf} 大于 1 或等于 1	$A_{uf} = \frac{u_O}{u_I - u_I'} = -\frac{R_F}{R_1}$ (当 $R_1 = R_1'$，$R_F = R_F'$ 时)
R_i	$R_i = R_1$ 不高	$R_i \to \infty$ 高	$R_i = 2R_1$ 不高
R_o	低	低	低
性能特点	实现反相比例运算；引入电压并联负反馈；“虚地”，共模输入电压低；输入电阻不高；输出电阻低	实现同相比例运算；引入电压串联负反馈；“虚短”，但不“虚地”，共模输入电压高；输入电阻高；输出电阻低	实现差分比例运算(即减法运算)；“虚短”，但不“虚地”，共模输入电压高；输入电阻不高；输出电阻低；元件对称性要求高

三、求和电路

求和电路可以实现加法运算，它的输出电压反映了多个模拟输入电压之和。

1. 反相输入求和电路

具有三个输入端的反相输入求和电路的原理图如图 7-1 所示。

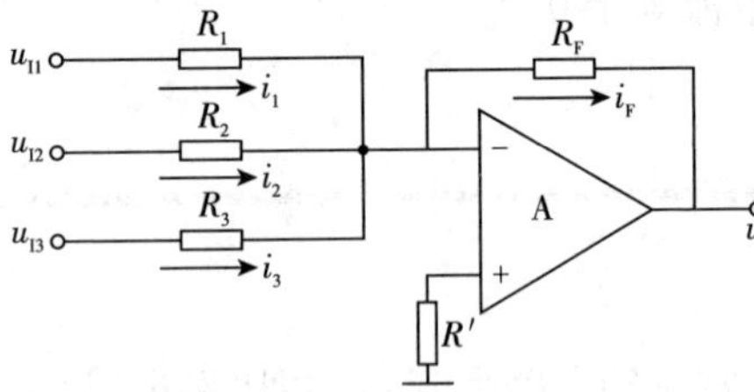

图 7-1

可见，反相输入求和电路实际上是在反相输入比例电路的基础上，将集成运放反相输入端原来的一个输入支路扩展成多个输入支路而得到的。这种反相输入求和电路的原理，实际上是利用理想运放工作在线性区时“虚断”和“虚短”（在本电路中为“虚地”）的特点，通过电流相加的方法来实现电压相加的。反相输入求和电路输入、输出电压之间的关系为

$$u_O = -\left(\frac{R_F}{R_1}u_{I1} + \frac{R_F}{R_2}u_{I2} + \frac{R_F}{R_3}u_{I3}\right)$$

2. 同相输入求和电路

同相输入求和电路的电路原理图如图 7-2 所示。

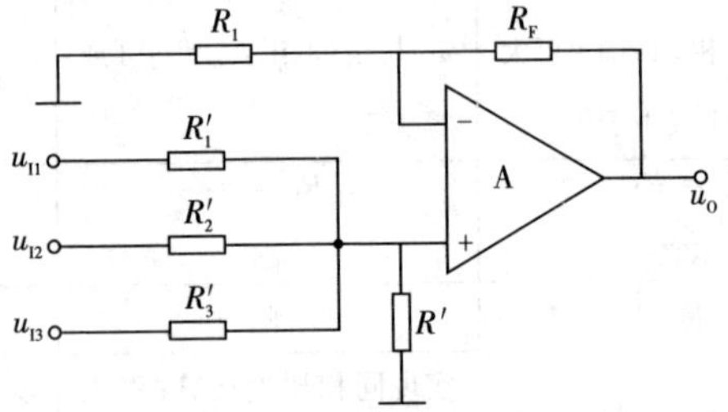

图 7-2

根据理想运放工作在线性区时“虚断”和“虚短”的特点，可以得到同相输入求和电路的输入、输出关系为

$$u_o = \left(1+\frac{R_F}{R_1}\right)\left(\frac{R_+}{R_1'}u_{I1}+\frac{R_+}{R_2'}u_{I2}+\frac{R_+}{R_3'}u_{I3}\right)$$

其中 $R_+ = R_1' /\!/ R_2' /\!/ R_3' /\!/ R'$。

四、积分运算电路

积分运算电路的输出电压 u_O 正比于输入电压 u_I 对时间的积分，其输入、输出关系的一般表达式为

$$u_O = k\int u_I \mathrm{d}t$$

将输入电压 u_I 通过一个电阻 R 接到运放的反相输入端，然后将电容 C 接在反馈回路中，即组成了一个基本积分电路，如图 7-3 所示。

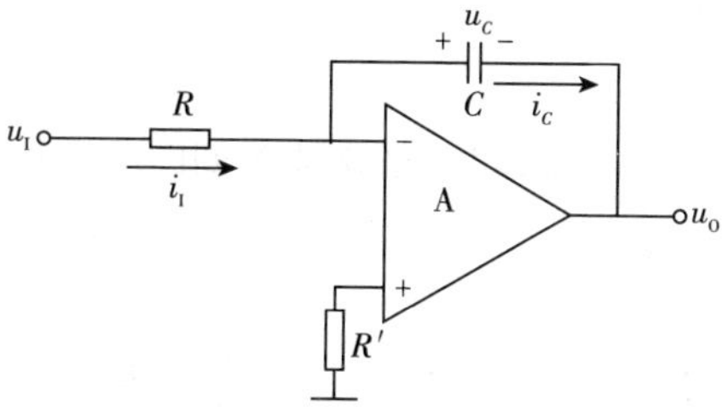

图 7-3

利用理想运放工作在线性区时“虚短”和“虚断”的特点，可得到反相输入积分电路的输入、输出关系为

$$u_O = -u_C = -\frac{1}{C}\int i_C \mathrm{d}t = -\frac{1}{RC}\int u_I \mathrm{d}t$$

五、微分运算电路

基本微分运算电路的电路原理图如图 7-4 所示。

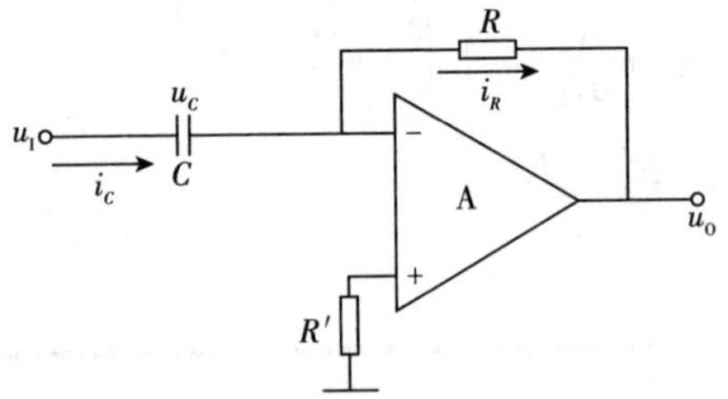

图 7-4

利用理想运放工作在线性区时“虚短”和“虚断”的特点，可得到微分电路的输入、输出关系为

$$u_O=-i_RR=-i_CR=-RC\frac{\mathrm{d}u_C}{\mathrm{d}t}=-RC\frac{\mathrm{d}u_I}{\mathrm{d}t}$$

六、对数和指数电路

基本对数电路和基本指数电路的电路原理图如图 7-5 所示。

对数电路的输入、输出关系为

$$u_O=-u_D\approx-U_T\ln\frac{i_D}{I_S}=-U_T\ln\frac{i_R}{I_S}=-U_T\ln\frac{u_I}{I_SR}$$

指数电路的输入、输出关系为

$$u_O=-i_RR=-i_IR\approx-I_SRe^{\frac{u_I}{U_T}}$$

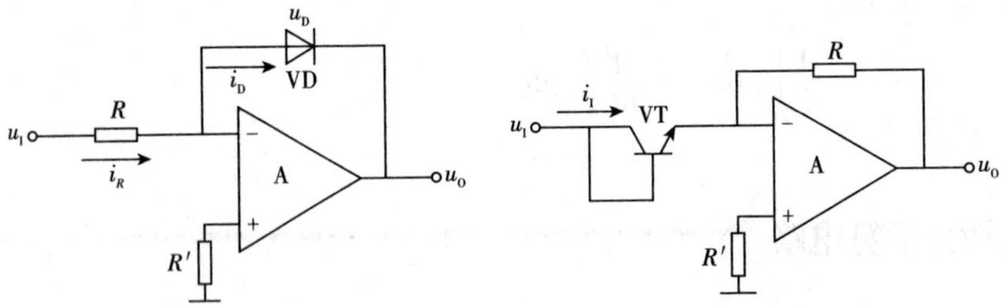

(a)基本对数电路　　(b)基本指数电路

图 7-5

■ 七、乘法和除法电路

乘法电路和除法电路各自都有两个输入电压，乘法电路的输出电压正比于两个输入电压的乘积，而除法电路的输出电压正比于两个输入电压相除所得的商。

两种实现乘法或除法运算的方法：

(1) 利用对数和指数电路组成乘法或除法电路。

(2) 采用集成模拟乘法器。

习题与思考题

习题 7-1 知识点窍 反相输入、同相输入和差分输入比例运算放大电路的工作原理；三种比例运算电路输入输出关系的估算；"虚短""虚断"。

逻辑推理 利用理想运放工作在线性区时"虚短""虚断"的特点对各种比例运算电路的电压放大倍数进行估算。

解题过程 ① 包含 R_4 的放大电路部分为同相比例运算电路，为了使集成运放反相输入端和同相输入端对地的电阻一致，则

$R_4 = R_5 // R_6 = 10\text{k}\Omega // 20\text{k}\Omega = 6.67\text{k}\Omega$

包含 R_3 的放大电路部分为反相比例运算电路。由于集成运放的反相输入端和同相输入端，实际上是运放内部输入级两个差分对管的基极，为使差动放大电路的参数保持对称，应使两个差分对管基极对地电阻尽量一致，因此

$R_3 = R_1 // R_2 = 10\text{k}\Omega // 10\text{k}\Omega = 5\text{k}\Omega$

② 由虚短和虚断的特点有 $\frac{u_{I1}}{R_1} = -\frac{u_{O1}}{R_2}$，则

$$u_{O1} = -\frac{R_2}{R_1}u_{I1} = -u_{I1}, \quad u_{I2} = \frac{R_6}{R_5 + R_6}u_{O2}$$

$$u_{O2}=\left(1+\frac{R_5}{R_6}\right)u_{I2}=1.5u_{I2},\quad (u_{O1}-u_{O2})R_7=-\frac{u_O}{R_9}$$

则 $u_O=-\frac{R_9}{R_7}(u_{O1}-u_{O2})=-\frac{20}{10}(-u_{I1}-1.5u_{I2})=2u_{I1}+3u_{I2}$

③ 由 ② 可知 $u_O=2u_{I1}+3u_{I2}=(2\times3+3\times1)\text{V}=9\text{V}$

习题 7-2 **解题过程** 由教材图 P7-2 可知，$u_O=u_{O1}-u_{O2}$

同相输入 $u_{O1}=\left(1+\frac{R_2}{R_1}\right)u$，反相输入 $u_{O2}=-\frac{R_5}{R_4}u_I$

所以 $u_O=\left(1+\frac{R_2}{R_1}+\frac{R_5}{R_4}\right)u_I$

习题 7-3 **知识点窍** 当一个比例运算电路有两路输入信号时，应利用虚短、虚断的特性，对同相端、反相端输入分别进行分析，输出电压应为二者的代数和。

逻辑推理 首先计算 A_1 的输出 u_{O1}，再将 u_{O1} 作为 A_2 的反相输入信号，对 A_2 的反相输入和同相输入分别求输出，二者的代数和即为 u_O。

解题过程 A_1 为同相输入比例运算电路，可得 $u_{O1}=\left(1+\frac{R_2}{R_1}\right)u_{I1}$

A_2 也是比例运算电路，但有两路输入信号：同相端输入为 u_{I2}，反相端输入为 u_{O1}，则

$$\begin{aligned}u_O&=\left(1+\frac{R_1}{R_2}\right)u_{I2}-\frac{R_1}{R_2}u_{O1}\\&=\left(1+\frac{R_1}{R_2}\right)u_{I2}-\frac{R_1}{R_2}\left(1+\frac{R_2}{R_1}\right)u_{I1}\\&=\left(1+\frac{R_1}{R_2}\right)(u_{I2}-u_{I1})\end{aligned}$$

习题 7-4 **逻辑推理** 第一级为反相输入，第一级的输出作为第二级的反相输入，代入反相输入电路电压输出公式即可得解。

解题过程 $u_O=\left(1+\frac{R_7}{R_1}\right)u_I$

习题 7-5 **解题过程** $u_O=-\frac{R_2R_6}{R_1R_5}u_I$

习题 7-6 **知识点窍** 同相比例电路、反相比例电路。

逻辑推理 按题目要求：u_O 与 u_I 之间实现同相输入比例关系，且 $A_{uf}=0.5$，因此可采用两级反相比例电路达到此要求，另外根据所用电阻的阻值在 20kΩ ～ 200kΩ 之间的要求来选择电阻。

解题过程 根据题目要求，设计的一种具体电路如图解 P7-6 所示。

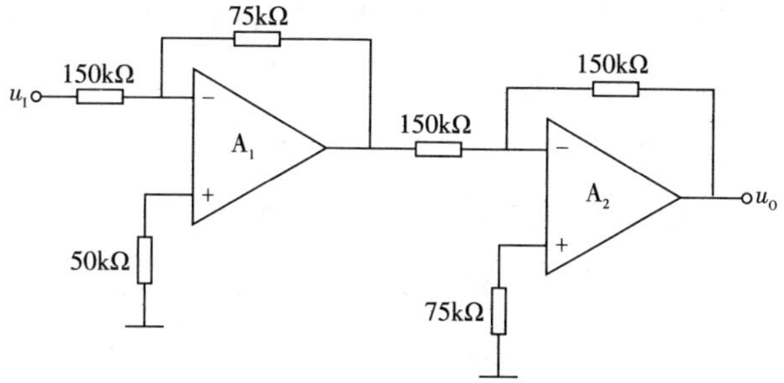

图解 P7-6

习题 7-7 逻辑推理 $A_u=A_{u1}A_{u2}$

$$A_{u1}=\frac{u_O}{u_{O1}-u_{O2}},A_{u2}=\frac{u_{O1}-u_{O2}}{u_I}$$

根据参数对称 $R_2=R_3$，交流电的零电位即 R_1 中点，因此可确定 A_1、A_2 的工作情况。

解题过程 第一级为同相输入 $u_{O1}=\left(1+\frac{2R_2}{R_1}\right)$

第二级为同相输入 $u_{O2}=\left(1+\frac{2R_2}{R_1}\right)u_{I2}$

三运放数据放大器的总前级放大倍数 $A_{u1}=\frac{u_{O1}-u_{O2}}{u_I}=1+\frac{2R_2}{R_1}$

A_3：参数对称 $R_4=R_5$，$R_6=R_7$

$$A_{u2}=-\frac{R_6}{R_4}$$

$$A_u=A_{u1}A_{u2}=-\frac{R_6}{R_4}\left(1+\frac{2R_2}{R_1}\right)$$

$R_1=1\text{k}\Omega\Rightarrow A_u\approx-124$，$R_2=10\text{k}\Omega\Rightarrow A_u\approx-15$

可调范围为 $-124\sim-15$。

习题 7-8 知识点窍 T 型反馈网络电路的特点,“虚短”“虚断”的特点。

逻辑推理 由教材图 7.2.8 可见电路的输出端通过 T 型反馈网络引回到集成运放的反相输入端,是一个电压并联负反馈,在理想情况下满足深负反馈的条件,则运放工作在线性区,因此可以利用“虚短”“虚断”的特点求出 u_O 的表达式,进而求出 $\dot{A}_{uf}$,利用反相输入端“虚地”可求出 R_i。

解题过程 由于“虚断”,$i_- = i_+ = 0$,可得 $i_1 = i_2$

又由于“虚地”,$u_- = u_+ = 0$,则 $u_1 = i_1R_1 = i_2R_1$

由教材图 7.2.8 可见 $u_O = -(i_2R_2 + i_3R_3)$

其中 $i_3 = i_2 + i_4$

T 型网络中点 M 的电位为 $u_m = -i_2R_2 = -i_4R_4$

则 $i_4 = \dfrac{R_2}{R_4}i_2$,代入 u_O 的表达式可得

$$u_o = -[i_2R_2 + (i_2 + i_4)R_3] = -i_2\left(R_2 + R_3 + \frac{R_2R_3}{R_4}\right)$$

则 T 型反馈网络电路的电压放大倍数为

$$A_{uf} = \frac{u_O}{u_q} = -\frac{R_2 + R_3 + \dfrac{R_2R_3}{R_4}}{R_1} = -\frac{330 + 510 + \dfrac{330 \times 510}{1}}{1 \times 10^3}$$

$$\approx -169$$

由于反相输入端“虚地”,因此电路的输入电阻为 $R_i = R_1 = 1\text{M}\Omega$

习题 7-9 知识点窍 比例电路输入输出关系与求和电路的输入输出关系。

逻辑推理 (a) 首先根据 A_1 是一个反相比例运算电路求出 u_{O1},再将 u_{O1} 作为 A_2 的一个输入,求出求和运算电路的输出。

(b) 反相输入比例运算电路与同相求和电路输出之和为 u_O 的值,关键是运用“虚短”“虚断”的特点。

解题过程 (a) $u_{O1} = -\dfrac{R_F}{R_1}u_{I1} = -\dfrac{10}{1}u_{I1} = -10u_{I1}$

A_2 反相输入求和电路的输入输出关系为

$$\frac{u_{O1}}{10\text{k}\Omega} + \frac{u_{I2}}{5\text{k}\Omega} + \frac{u_{I3}}{2\text{k}\Omega} = -\frac{u_O}{10\text{k}\Omega}$$

则 $u_O = -(u_{O1} + 2u_{I2} + 5u_{I3}) = 10u_{I1} - 2u_{I2} - 5u_{I3}$

(b) $u_{O1} = -\frac{R_F}{R_1}u_{I1} = -\frac{4}{1}u_{I1} = -4u_{I1}$

$$u_{O23} = \left(1+\frac{R_F}{R_1}\right)\left(\frac{R_2 /\!/ R_3}{R_2}u_{I2} + \frac{R_2 /\!/ R_3}{R_3}u_{I3}\right)$$

$$= \left(1+\frac{4}{1}\right)\left(\frac{4 /\!/ 1}{4}u_{I2} + \frac{4 /\!/ 1}{1}u_{I3}\right) = u_{I2} + 4u_{I3}$$

则 $u_O = u_{O1} + u_{O23} = -4u_{I1} + u_{I2} + 4u_{I3}$

习题 7-10 **知识点窍** 比例、求和等各种运算电路的输入、输出关系。

逻辑推理 利用各种电路的运算关系与题目给定的运算关系式进行组合。

解题过程 由于给定的运算关系中既有加法，又有减法，可以利用两个集成运放达到以上要求，并采用如图解 P7-10 所示的原理图。

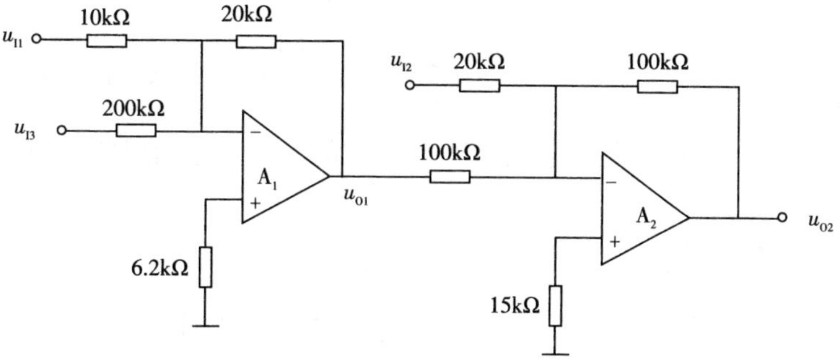

图解 P7-10

首先将 u_{I1} 与 u_{I3} 通过集成运放使 A_1 进行反相求和，则

$u_{O1} = -(2u_{I2} + 0.1u_{I3})$

然后将 A_1 的输出与 u_{I2} 通过 A_2 进行反相求和，则

$u_O = -(u_{O1} + 5u_{I2}) = -2u_{I1} - 5u_{I2} + 0.1u_{I3}$

将以上两个表达式与 $u_O = -\left(\frac{R_F}{R_1}u_{I1} + \frac{R_F}{R_2}u_{I2} + \frac{R_F}{R_3}u_{I3}\right)$ 对比，

可得

$\frac{R_{F1}}{R_1} = 2, \frac{R_{F1}}{R_3} = 0.1, \frac{R_{F2}}{R_4} = 1, \frac{R_{F2}}{R_2} = 5$

现在选取 $R_{F1} = 20\text{k}\Omega$，则

$$R_1=\frac{R_{F1}}{2}=\frac{20\text{k}\Omega}{2}=10\text{k}\Omega, R_3=\frac{R_{F1}}{0.1}=\frac{20\text{k}\Omega}{0.1}=200\text{k}\Omega$$

选取 $R_{F2}=100\text{k}\Omega$,则

$$R_4=\frac{R_{F2}}{1}=\frac{100}{1}\text{k}\Omega=100\text{k}\Omega, R_2=\frac{R_{F2}}{5}=\frac{100}{5}\text{k}\Omega=20\text{k}\Omega$$

$$R_1'=R_1 /\!/ R_3 /\!/ R_{F1}=6.2\text{k}\Omega, R_2'=R_2 /\!/ R_4 /\!/ R_{F2}=15\text{k}\Omega$$

习题 7-11 知识点窍 求和电路的工作原理;用波形叠加的方法画求和电路输出电压的波形图。

逻辑推理 首先写出 u_O 与 u_{I1}、u_{I2} 的关系表达式,再利用波形叠加的方法画 u_O 的波形图。

解题过程 由图可知 $u_O=-\left(\frac{R_F}{R_1}u_{I1}+\frac{R_F}{R_2}u_{I2}\right)$

$$=-\left(\frac{200}{100}u_{I1}+\frac{200}{200}u_{I2}\right)=-(2u_{I1}+u_{I2})$$

根据波形叠加的方式得 u_O 的波形,如图解 P7-11 所示。

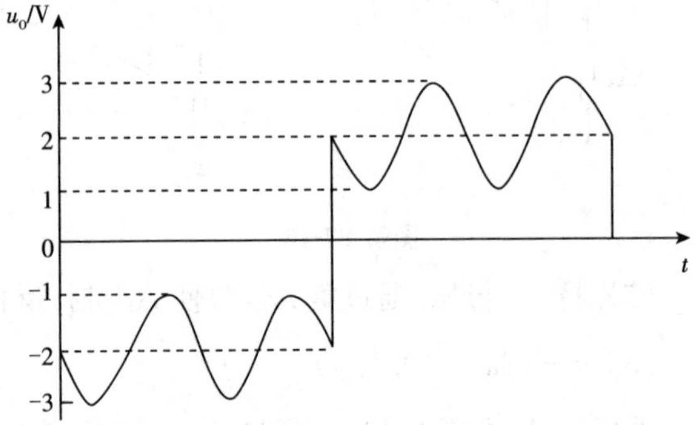

图解 P7-11

习题 7-12 知识点窍 积分电路的移相作用,积分电路的幅频特性和相频特性的画法。

逻辑推理 利用“虚断”“虚地”的特性求出 u_O 的表达式,即 $u_O=-\frac{1}{RC}\int u_I \mathrm{d}t$,并代入 $u_I=2\sin\omega t$ 计算 u_O,再代入 f 的值计算 u_O 的幅度和相位,最后根据幅频特性和相频特性的定义画出输出电压 u_O 的波特图。

解题过程 $u_O = -\frac{1}{RC}\int 2\sin\omega t\,dt = \frac{2}{\omega RC}\cos\omega t$

$$= \frac{2}{10^4 \times 10^{-6}\omega}\cos\omega t = \left(\frac{200}{\omega}\right)\cos\omega t$$

利用 $\omega = 2\pi f$ 可分别算出 $f = 10\text{Hz}, 100\text{Hz}, 1000\text{Hz}$ 和 10000Hz 时 u_O 的幅度(有效值),见表 P7-12。

表 P7-12

f/Hz	10	100	1 000	10 000
u_O/V	2.25	0.225	0.0225	0.00225
$20\lg\lvert\dot{U}_o/\dot{U}_I\rvert$/dB	4	−16	−36	−56

当频率变化时,积分电路的相位移 φ 均为 90°。电路的幅频特性和相频特性如图解 P7-12 所示。

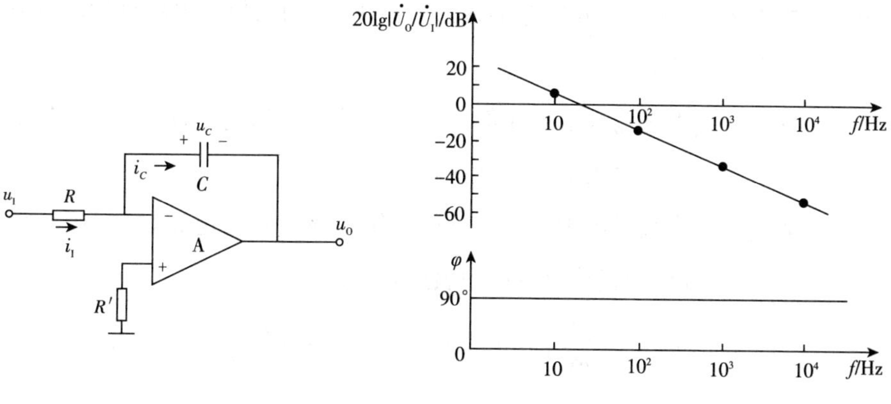

图解 P7-12

习题 7-13 **知识点窍** 积分电路的输入信号为矩形波时的输入、输出关系,积分电路的波形变换作用。

逻辑推理 首先计算当输入信号为矩形波时,在不同的时间段内积分电路的输出表达式,再根据 u_O 画波形。

解题过程 在 $t = 0 \sim 10\text{ms}$ 时,

$$u_O = -\frac{u_I}{RC}(t - t_0) + u_O(0) = -\frac{2}{10 \times 10^{-3}}(t - 0) = -200t$$

当 $t = 10\text{ms}$ 时,$u_O = -2\text{V}$

在 $t = 10 \sim 20\text{ms}$ 时,

$$u_O = -\frac{2}{10^4 \times 10^{-6}}(t - 0.01) + (-2) = 200(t - 0.01) - 2$$

当 $t = 20\text{ms}$ 时，$u_O = 0\text{V}$

根据上面的推导式得 u_O 的波形图，如图解 P7-13 所示。

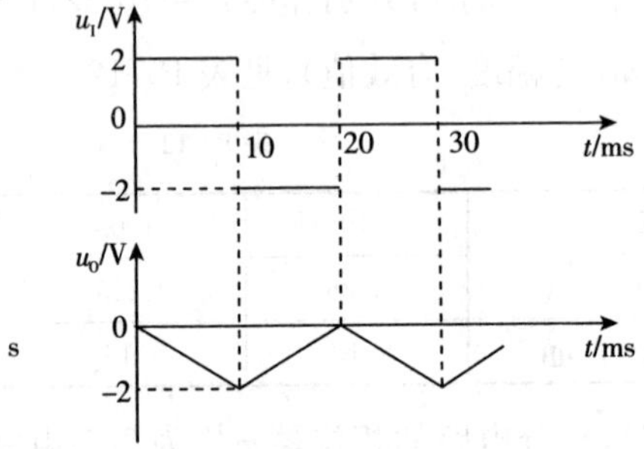

图解 P7-13

习题 7-14 知识点窍 积分、求和电路的输入输出关系，两级放大电路总的电压放大倍数 $u_O = u_{O1}u_{O2}$。

逻辑推理 根据输入电压在不同时间内输入波形的不同，计算出各个时间段的输出电压，然后画出波形。

解题过程 由教材图 P7-14(a) 可见，第一级为积分电路，第二级为求和电路，两级输出电压的表达式分别为

$$u_{O1} = -\frac{1}{RC}\int u_I \mathrm{d}t + u_{O1}(0) = -\frac{u_I}{10^6 \times 10^{-5}}t + u_{O1}(0)$$

$$= -0.1u_I t + u_{O1}(0)$$

$$u_O = -\left[\frac{R_F}{R_1}u_{O1} + \frac{R_F}{R_2} \times (-1)\right]$$

$$= -\frac{10^4}{10^4}u_{O1} - \frac{10^4}{2 \times 10^4} \times (-1)$$

$$= -u_{O1} + 0.5$$

①$t = 0$ 时，$u_{O1} = 0$，$u_O = 0.5\text{V}$

②$t = 0 \sim 10\text{ms}$ 时，$u_I = -1\text{V}$，$u_{O1}(0) = 0$

$$u_{O1} = -0.1 \times (-1)t$$

即 u_{O1} 从零开始，以 0.1V/s 的速度向正方向增长。

$u_O = -0.1t + 0.5$

即 u_O 从 0.5V 开始，以 0.1V/s 的速度向负方向增长

$t = 10s$ 时，$u_{O1} = 0.1 \times 10 = 1V$

$u_O = -1 + 0.5 = -0.5V$

③$t = 10 \sim 20ms$ 时

$u_I = +1V, u_{O1}(10) = +1V$

$u_{O1} = -0.1 \times 1 \times (t - t_0) + u_{O1}(0) = -0.1(t - t_0) + 1$

即 u_{O1} 从 1V 开始，以 0.1V/s 的速度向负方向增长。

$u_O = -[-0.1(t - t_0) + 1] + 0.5 = 0.1(t - t_0) - 0.5$

即 u_O 从 −0.5V 开始，以 0.1V/s 的速度向正方向增长

$t = 20s$ 时

$u_{O1} = -0.1 \times 10 + 1 = 0$

$u_O = 0.1 \times 10 - 0.5 = 0.5V$

以后重复上述过程。

④u_{O1} 和 u_O 的波形图如图解 P7-14 所示。

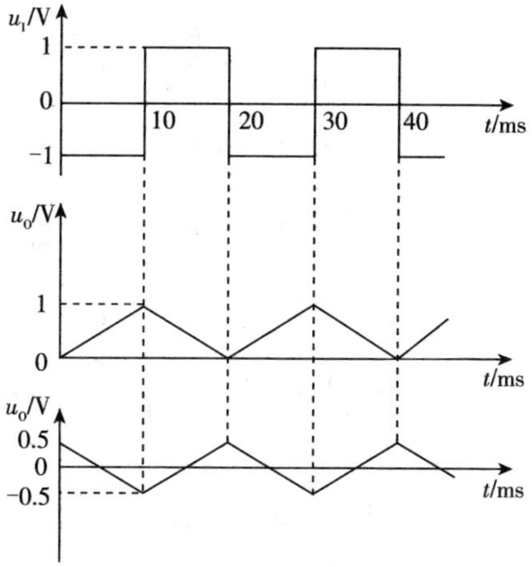

图解 P7-14

习题 7-15 知识点窍 “虚短”“虚断”的基本概念，电压跟随器、求和运算电路。

逻辑推理 利用“虚短”“虚断”的特点对各级电路进行分析。

解题过程 A_1、A_2 和 A_3 均组成电压跟随器，而 A_4 组成同相输入求和电路，故

$$u_{O1}=u_{I1},u_{O2}=u_{I2},u_{O3}=u_{I3} \quad ①$$

由于 A_4“虚断”，则流入其同相端的电流等于零，即

$$i_1+i_2+i_3=i_+=0$$

$$\frac{u_{O1}-u_+}{R_1}+\frac{u_{O2}-u_+}{R_2}+\frac{u_{O3}-u_+}{R_3}=0 \quad ②$$

根据 A_4“虚短”可得 $u_+=u_-=u_O$ ③

由式①～式③联立解得 $u_O=\frac{1}{3}(u_{I1}+u_{I2}+u_{I3})$

△ **习题 7-16** **知识点窍** 比例、求和、积分运算电路的构成原理；输入输出关系的估算。

逻辑推理 逐级分析。

解题过程 ① A_1：同相输入比例电路。

A_2：反相输入求和电路。

A_3：差分输入比例电路。

A_4：积分电路。

② $u_{O1}=\left(1+\frac{R_{F1}}{R_1}\right)u_{I1}=\left(1+\frac{100}{50}\right)u_{I1}=3u_{I1}$

$$u_{O2}=-\left(\frac{R_{F2}}{R_2}u_{I2}+\frac{R_{F2}}{R_3}u_{I3}\right)=-\left(\frac{200}{200}u_{I2}+\frac{200}{100}u_{I3}\right)$$

$$=-(u_{I2}+2u_{I3})$$

$$u_{O3}=-\frac{R_{F3}}{4}(u_{O1}-u_{O2})=-\frac{100}{50}(3u_{I1}+u_{I2}+2u_{I3})$$

$$=-2(3u_{I1}+u_{I2}+2u_{I3})$$

$$u_{O4}=-\frac{1}{RC}\int u_I\mathrm{d}t=-\frac{1}{RC}\int_{-2}(3u_{I1}+u_{I2}+2u_{I3})\mathrm{d}t$$

$$=\frac{2}{100\times10^3\times100\times10^{-6}}\int(3u_{I1}+u_{I2}+2u_{I3})\mathrm{d}t$$

$$=\frac{1}{5}\int(3u_{I1}+u_{I2}+2u_{I3})\mathrm{d}t$$

△ **习题 7-17** **知识点窍** 比例、求和、积分运算电路的运算。

逻辑推理 根据电容上的电流与电压的公式来推导 u_O 的表达式。画波形时，可适当地计算出几个时间点的数值再连线。

解题过程 ① $u_O = -\left(\frac{1}{R_2 C}\int u_{I2}\,dt + \frac{1}{R_3 C}\int u_{O1}\,dt\right)$

由教材图 P7-17(a) 可知

$$u_{O1} = -\frac{R_F}{R_1}u_{I1} = -\frac{100k\Omega}{100k\Omega}u_{I1} = -u_{I1}$$

则 $u_O = \frac{1}{R_3 C}\int u_{I1}\,dt - \frac{1}{R_2 C}\int u_{I2}\,dt$

$$= \frac{1}{10^6 \times 10^{-6}}\int u_{I1}\,dt - \frac{1}{5\times 10^5 \times 10^{-6}}\int u_{I2}\,dt$$

$$= \int u_{I1}\,dt - 2\int u_{I2}\,dt$$

② $t = 0 \sim 1s$ 时，$u_{I1} = 1V$，$u_{I2} = 0V$，则

$u_O = u_{I1} \times t = 1 \times t = t$

即输出电压从零开始，以 1V/s 的速度向正方向增长。

$t = 1s$ 时，$u_O = (1\times 1)V = 1V$

$t \geqslant 1s$ 时，$u_{I1} = 1V$，$u_{I2} = 2V$，$u_O(0) = 1V$，则

$u_O = u_{I1}(t—t_0) - 2u_{I2}(t-t_0) + u_O(0)$

$= 1\times(t-t_0) - 2\times 2(t-t_0) + 1$

$= -3(t-t_0) + 1$

即输出电压从 1V 开始，以 3V/s 的速度向负方向增长

$t = 2s$ 时，$u_O = (-3+1)V = -2V$

u_O 的波形图如图解 P7-17 所示。

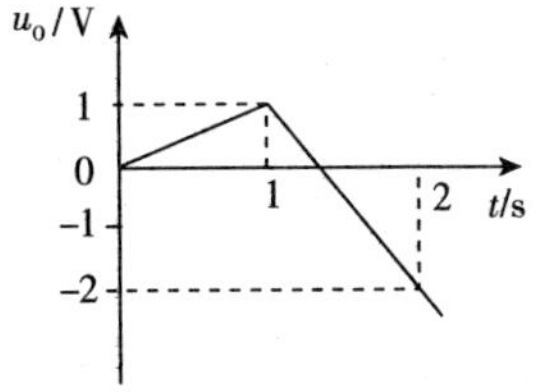

图解 P7-17

习题 7-18 **知识点窍** 通过对数和指数电路组成乘方和乘法运算。

逻辑推理 首先根据第一级运放求出第一级输出与 u_I 的关系，再将此输出 u_{O1} 作为第二级运放的输入求第二级的输出，依次类推。

解题过程 ① 教材图 P7-18(a) 中，A_1 组成对数电路，A_2 组成反相输入比例电路，A_3 组成指数电路。

教材图 P7-18(b) 中，A_1、A_2 组成对数电路，A_3 组成求和电路，A_4 组成指数电路。

② 教材图 P7-18(a) 中，由于 A_1 是对数电路，则

$$u_{O1}=-U_T\ln\frac{u_I}{I_SR_1},u_{O2}=-\frac{R_3}{R_2}u_{O1}$$

$$u_{O2}=\frac{R_3}{R_2}U_T\ln\frac{u_I}{I_SR_1},u_O=-I_SR_4\left(\frac{u_I}{I_SR_1}\right)^{R_3/R_2}$$

教材图 P7-18(b) 中

$$u_{O1}=-U_T\ln\frac{u_{I1}}{I_SR},u_{O2}=-U_T\ln\frac{u_{I2}}{I_SR}$$

$$u_{O3}=-\frac{R}{R}(u_{O1}+u_{O2})=-u_{O1}-u_{O2}$$

$$=U_T\ln\frac{u_{I1}}{I_SR}+U_T\ln\frac{u_{I2}}{I_SR}=U_T\ln\frac{u_{I1}u_{I2}}{I_S^2R^2}$$

$$u_O=-\frac{1}{I_SR}u_{I1}u_{I2}$$

习题 7-19 解题过程 (a) 平方根运算 $u_O=\sqrt{-\frac{u_I}{K}}$；(b) 立方根运算 $u_O=\sqrt[3]{-\frac{u_I}{K^3}}$。

习题 7-20 解题过程 (a) 除法，$u_O=\frac{2u_{I1}}{Ku_{I2}}$；(b) 加法、除法，$u_O=-\frac{u_{I1}+u_{I2}}{Ku_{I3}}$。

典型提高题

题 7-1 理想运放构成的积分运算电路如图 D7-1(a) 所示，已知 $R_1=R_2=10\text{k}\Omega$，$C=0.1\mu\text{F}$。

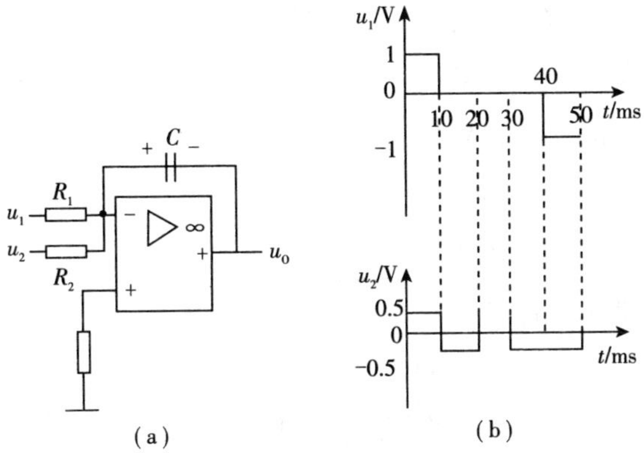

图 D7-1

① 试导出输出 $u_O = f(u_1, u_2)$ 的关系式。

② 已知 u_1、u_2 波形如图 D7-1(b) 所示，画出相应的 u_O 波形，并标明各有关点的电压值。

【知识点窍】 电容上的电流的公式为 $i_C = C\dfrac{du_C}{dt}$；KCL 定律为 $\sum I = 0$。

【逻辑推理】 根据电容上的电流与电压的公式来推导 u_O 的关系式。画波形时，可适当地计算出几个时间点的数值再连线。

解：① 根据电容上电压、电流的公式，即 $i_C = C\dfrac{du_C}{dt}$ 可得

$$u_C = \frac{1}{C}\int i_C dt$$

由图 D7-1(a) 所示电路可知 $u_C = -u_O$

由 KCL 定律可知：$i_C = \dfrac{u_1}{R_1} + \dfrac{u_2}{R_2}$

则输出电流 $u_O = -\left(\dfrac{1}{R_1C}\int u_1 dt + \dfrac{1}{R_2C}\int u_2 dt\right)$

② 将横坐标分成 10ms 间隔的等分段，算出 u_O 在各分段的数值。

第一分段 $t = 10\text{ms}$ 时，u_O 的值为

$$u_O = -\frac{1}{R_1C}\int_0^{10} u_1 dt - \frac{1}{R_2C}\int_0^{10} u_2 dt = -\frac{10}{R_1C}u_1 - \frac{10}{R_2C}u_2$$

$$= -\frac{10\times10^{-3}}{10\times10^3\times0.1\times10^{-6}}\times(1+0.5)\text{V} = -15\text{V}$$

依次分别求出 u_O 在其他各分段对应的极值：

$t=20\text{ms}$ 时，$u_O=-10\text{V}$

$t=30\text{ms}$ 时，$u_O=-10\text{V}$

$t=40\text{ms}$ 时，$u_O=-5\text{V}$

$t=50\text{ms}$ 时，$u_O=+10\text{V}$

u_1、u_2、u_O 的波形如图解 D7-1 所示。

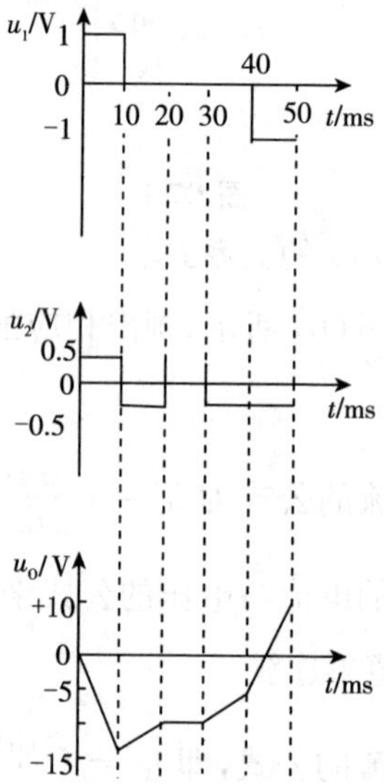

图解 D7-1

题 7-2 利用对管进行温度补偿的反相型对数运算电路如图 D7-2 所示。

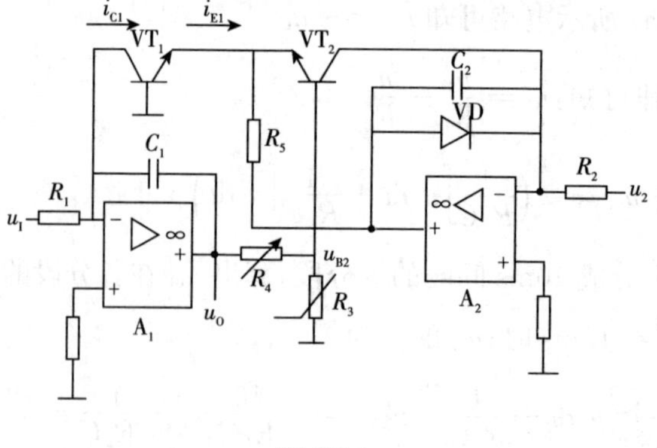

图 D7-2

① 根据对数运算关系，导出 $u_O=f(u_1,u_2)$ 的关系式。

② 说明电路中有哪些补偿和保护措施。

【知识点窍】 二极管电流方程 $i_O = I_S\left(\exp\frac{u}{U_T} - 1\right)$；理想运放"虚短"与"虚断"的特点。

【逻辑推理】 从二极管的电流方程出发，利用输出电压 u_O 的关系式进行推导。

解：① 由二极管的电流方程得

$$i_O = I_S\left(\exp\frac{u}{U_T} - 1\right)$$

其中：I_S 为PN结反向饱和电流；i_O 为流过二极管的电流；u 为加在二极管两端的电压；U_T 是与温度有关的常数，室温下，$U_T = 26\text{mV}$。

正向偏置条件下，上式可近似为 $i_O \approx I_S\exp\frac{u}{U_T}$

通常此式在小电流范围内，即 $i_O = 10^{-9} \sim 10^{-3}\text{A}$

则 i_O 与 u 之间具有相当精确的对数关系：$u = U_T\ln\frac{i_O}{I_S}$

同样NPN型三极管基极－发射极间电压 u_{BE} 和发射极电流 i_E 也满足上述的关系，即 $u_{BE} \approx U_T\ln\frac{i_E}{I_S}$

在图D7-2所示电路中，三极管 VT_2 的基极电位 u_{B2} 和运放 A_1 的输出 u_O 间的关系可近似表示为 $u_O \approx \frac{R_3 + R_4}{R_3}u_{B2}$

条件是假设 VT_2 管的基极电流 i_{B2} 远小于流过电阻 R_3 的电流。

由图D7-2可得 u_{B2} 的大小为 $u_{B2} = u_{BE2} - u_{BE1}$

根据 u_{BE} 和 i_E 的对数关系以及 $i_C \approx i_E$，输出量 u_O 可表示为

$$u_O = \frac{R_3 + R_4}{R_3}(u_{BE2} - u_{BE1}) = \frac{R_3 + R_4}{R_3}U_T\left(\ln\frac{i_{C2}}{I_{S2}} - \ln\frac{i_{C1}}{I_{S1}}\right)$$

由于 T_1、T_2 为对称管，$I_{S1} \approx I_{S2}$，于是 $u_O = \frac{R_3 + R_4}{R_3}U_T\ln\frac{i_{C2}}{i_{C1}}$

根据运放反相输入的结构得 $i_{C1} = \frac{u_1}{R_1}$，$i_{C2} = \frac{u_2}{R_2}$

则 u_O 的表达式可写成 $u_O = \frac{R_3 + R_4}{R_3}U_T\ln\frac{R_1u_2}{R_2u_1}$

也可写为 $u_O = -\frac{R_3 + R_4}{R_3} U_T \ln \frac{R_2 u_1}{R_1 u_2}$

若取 $R_1 = 100\text{k}\Omega, R_2 = 1\text{M}\Omega, u_2 = 10\text{V}, R_3 = 1\text{k}\Omega, R_4 = 15.73\text{k}\Omega$，室温下 $U_T = 0.026\text{V}$，则输出为 $u_O = -0.435\ln u_1$

② 电路中的补偿措施是利用 VT_1、VT_2 管对称性对温度变化进行补偿的，从而消去了反向漏电流 I_S 的影响；热敏电阻 R_3 也用于对温度变化的补偿；电路中的电容 C_1、C_2（容量约为几百 pF）则用于相位补偿，保证闭环稳定性。另外还可在运放 A_1 的同相输入端加调零电路，对失调进行补偿。

电路中的保护措施是利用二极管 VD 的电路实现反极性电压钳位，避免当输入电压为反极性时对数三极管发射极因承受过高的反压而击穿。

题 7-3 电路如图 D7-3 所示。设集成运放 A_1 和 A_2 的性能理想。

① 求 u_{O1}、u_{O2}、u_O 的表达式。

② 若 $R_1 = R_2 = R_3 = R_4 = R, R_5 = 3R, U_1 = 2\text{V}$（直流），$A_1$、$A_2$ 的电源电压为 $\pm 10\text{V}$，求 u_O 的值，并分析 A_1、A_2 能不能正常工作。

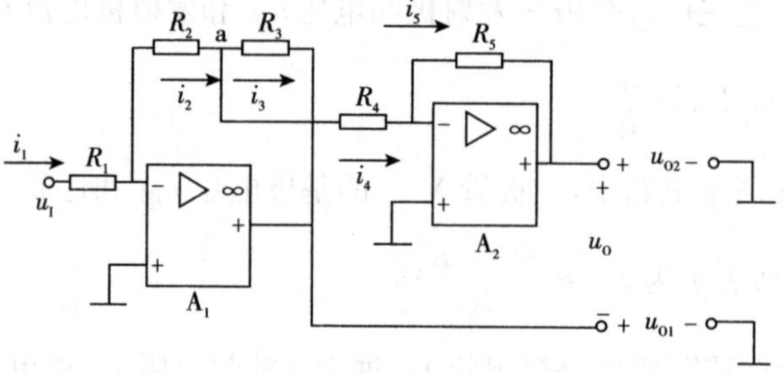

图 D7-3

【知识点窍】 理想运放“虚断”和“虚短”的特性；KCL 定律；KVL 定律。

【逻辑推理】 从理想运放“虚断”和“虚短”的特性出发计算 u_{O1}、u_{O2} 和 u_O 的表达式，再将给定条件代入计算 u_O，并分析 A_1、A_2 的工作情况。

解：① 由图 D7-3 可知 R_2、R_3 跨接在运放 A_1 的输出端和反相输入端之间，只有 R_5 跨接在运放 A_2 的输出端和反相输入端之间，才能使 A_1、A_2 均引入负反馈。

由于 A_1 和 A_2 均为反相输入，同相输入端又均接地，因此，它们的反相输入端（分别用 B_{11}、B_{12} 表示）均为“虚断”和“虚地”，即

$i_{B11} = i_{B12} = 0$

$u_{B11}=u_{B12}=0$

令 R_1、R_2、R_3、R_4、R_5 的电流分别为 i_1、i_2、i_3、i_4、i_5，它们规定的正方向如图 D7-3 所示。

由图可得 $i_1=i_2$，$i_4=i_5$，即

$$\frac{u_1-u_{B11}}{R_1}=\frac{u_{B11}-u_2}{R_2}$$

$$u_a=-\frac{R_2}{R_1}u_1,\frac{u_a-u_{B12}}{R_4}=\frac{u_{B12}-u_{O2}}{R_2},\text{可得 } u_{O2}=-\frac{R_5}{R_4}u_a=\frac{R_2R_5}{R_1R_4}u_I$$

由于 $i_3=i_2=i_4$，因此

$$\frac{u_a-u_{O1}}{R_3}=\frac{u_{B11}-u_a}{R_2}-\frac{u_a-u_{B12}}{R_4},\frac{u_a-u_{O1}}{R_3}=-\left(\frac{1}{R_2}+\frac{1}{R_4}\right)u_a$$

整理上式可得

$$u_{O1}=\frac{R_2R_4+(R_2+R_4)R_3}{R_2R_4}u_a=-\frac{R_2R_4+R_2R_3+R_3R_4}{R_1R_4}u_I$$

$$\begin{aligned}u_O&=u_{O2}-u_{O1}\\&=\frac{R_2R_5}{R_1R_4}u_I-\left(-\frac{R_2R_4+R_2R_3+R_3R_4}{R_1R_4}u_I\right)\\&=\frac{R_2R_4+R_2R_3+R_3R_4+R_2R_5}{R_1R_4}\end{aligned}$$

② 按给定的条件代入 u_O 的表达式，得

$$u_O=\frac{R^2+R^2+R^2+3R^2}{R^2}u_I=6u_I=6\times2\text{V}=12\text{V}$$

虽然 u_O 大于运放的电源电压，但 u_O 是两个运放输出端之间的电压，每一运放的输出电压分别为

$$u_{O1}=\frac{R^2+R^2+R^2}{R^2}u_I=3u_I=-3\times2\text{V}=-6\text{V}$$

$$u_{O2}=\frac{3R^2}{R^2}u_I=3u_I=3\times2\text{V}=6\text{V}$$

它们的绝对值都小于运放电源电压的绝对值，故 A_1、A_2 均工作于线性状态，均能正常工作。

题 7-4 集成模拟乘法器组成图 D7-4(a)、(b) 所示电路，写出输出 u_O 的表达式。

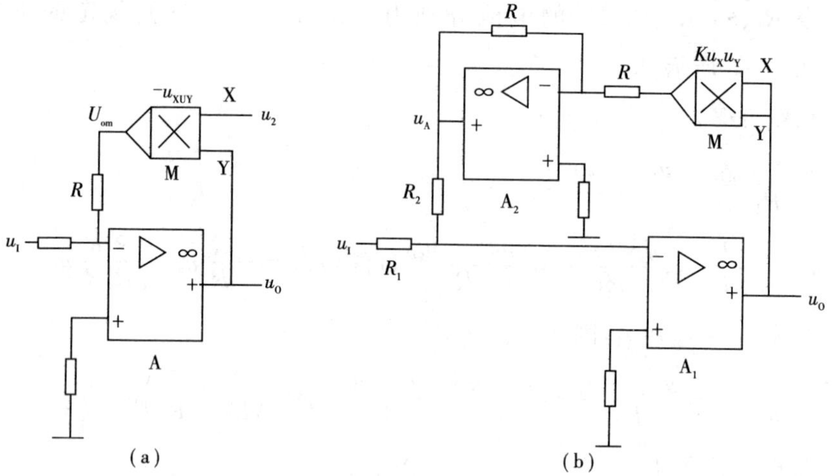

图 D7-4

【知识点窍】 乘法器输入、输出之间的关系为 $u_O = Ku_Xu_Y$，理想运算放大器的"虚断"与"虚短"的特点。

【逻辑推理】 根据乘法器的输入输出关系式列出电压关系式，再利用理想运放"虚断"和"虚短"的特点进行推导。

解： 图 D7-4(a) 中，乘法器 M 的输出为 $U_{om} = -u_2u_O$

因运放 A 的反相输入端 U_- 为虚地，则 $\dfrac{u_1}{R} = -\dfrac{U_{om}}{R}$

由以上两式可解得 $u_O = \dfrac{u_1}{u_2}$

可见图 D7-4(a) 所示电路实现了除法运算。

图 D7-4(b) 中，乘法器输出为 $U_{om} = Ku_O^2$

运放 A_2 做反相比例运算，且比例系数为 1，故 A_2 输出为 $u_A = -U_{om}$

同样，运放 A_1 的反相输入端 U_- 为虚地，且流入反相端的电流 I_- 为 0，因此

$\dfrac{u_1}{R_1} = -\dfrac{u_A}{R_2}$

将 u_a、U_{om} 的值代入可得 $u_O = \sqrt{\dfrac{R_2}{KR_1}u_1}$

可见图 D7-4(b) 所示电路实现了开平方运算。

第八章

信号处理电路

知识要点概述

1. 掌握有源滤波电路的作用和分类。
2. 掌握电压比较器的作用和分类。
3. 掌握过零比较器和单限比较器的工作原理和传输特性。
4. 理解二阶低通滤波电路的工作原理及其对数幅频特性。
5. 理解滞回比较器和双限比较器的工作原理和传输特性。
6. 了解其他各种有源滤波电路的工作原理。
7. 了解集成电压比较器的特点。

内容概要

本章主要介绍有源滤波器和电压比较器这两种常用的模拟信号处理电路。

一、有源滤波器

滤波电路的作用是根据模拟输入信号的频率进行处理，允许输入信号中的某一部分频率的信号通过，而阻止另一部分频率的信号通过，即将另一部分频率的信号滤掉。这就是“滤波” 作用。

根据工作信号频率范围，可将滤波器分为四类：

· 低通滤波器。

· 高通滤波器。

· 带通滤波器。

· 带阻滤波器。

各种有源滤波电路的作用、理想滤波特性、主要技术参数和用途见表 8-1。

表 8-1　各种有源滤波电路的比较

电路类型	低通滤波电路	高通滤波电路	带通滤波电路	带阻滤波电路
作用	允许低频信号通过，禁止高频信号通过	允许高频信号通过，禁止低频信号通过	允许某频带内信号通过，阻断此频带外信号	阻断某频带内信号，允许此频带外信号通过
理想特性	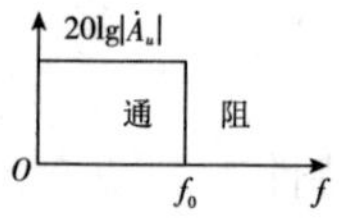	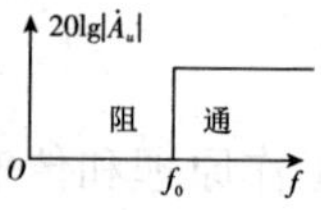	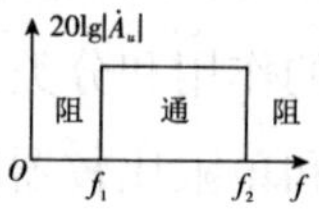	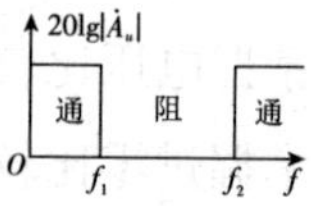
主要技术参数	通带截止频率 f_0，通带电压放大倍数 A_{up}，等效品质因数 Q	通带截止频率 f_0，通带电压放大倍数 A_{up}，等效品质因数 Q	中心频率 f_0，通带宽度 B，通带电压放大倍数 A_{up}，等效品质因数 Q	中心频率 f_0，阻带宽度 B，通带电压放大倍数 A_{up}，等效品质因数 Q
用途	抑制高频干扰和噪声	抑制低频干扰	提取某一频率或频带的信号，抑制其他频率的干扰	从有效信号中抑制某一频率或频带的干扰

■ 二、电压比较器

电压比较器也是一种常用的模拟信号处理电路，它的作用是将两个模拟输入信号的值进行比较，然后将比较的结果以数字量的形式（“1”或“0”）输出。通常情况下，在两个模拟输入信号中，其中一个是固定不变的参考电压，而另一个则是变化的输入电压。

本章主要介绍了以下四种电压比较器：

- 过零比较器。
- 单限比较器。
- 滞回比较器。
- 双限比较器。

各种电压比较器有两个共同的特点：

(1) 电压比较器的输入信号是模拟量，而输出信号是数字量。

(2) 电压比较器中的集成运放一般工作在非线性区，通常运放处在开环状态(限幅稳压管接在负反馈回路时例外) 或引入一个正反馈。

各种电压比较器的主要不同点，在于它们的传输特性不同，门限电平也不同。各种电压比较器的传输特性、门限电平和电路特点见表 8-2。

表 8-2　各种电压比较器的比较

电压比较器类型	过零比较器	单限比较器	滞回比较器	双限比较器
传输特性	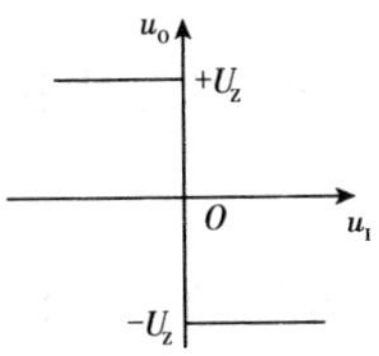	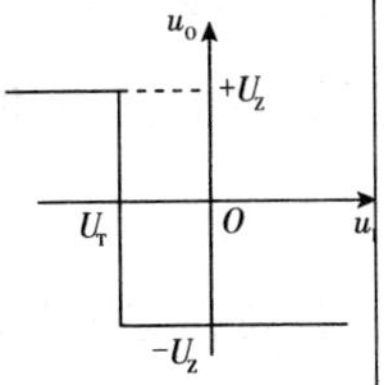	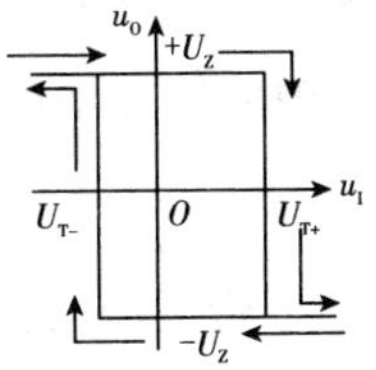	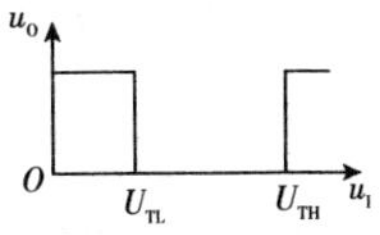
门限电平	0V	只有一个门限电平 U_T	u_I 逐渐增大时为 U_{T+}；u_I 逐渐减小时为 U_{T-}	有两个门限电平：下门限电平 U_{TL}、上门限电平 U_{TH}
电路特点	当 u_I 经过 0V 时，u_O 发生跳变。电路简单，灵敏度高，但抗干扰能力差	当 u_I 等于 U_T 时，u_O 发生跳变。电路简单，灵敏度高，但抗干扰能力差	当 u_I 逐渐增大以及逐渐减小时，门限电平不同，传输特性呈滞回曲线状。抗干扰能力差	当 u_I 单方向变化时，u_O 将发生两次跳变。传输特性形状呈窗孔状

习题与思考题

习题 8-1 知识点窍 有源滤波器和电压比较器两种模拟信号处理电路中集成运放的特点。

解题过程 有源滤波电路中的集成运放工作在线性区,集成运放的作用是作为放大元件,为此,电路中通常都引入一个负反馈。

电压比较器中的集成运放一般工作在非线性区,集成运放作为开关元件一般工作在开环状态或引入了正反馈(如滞回比较器)。但是有一些利用稳压管限幅的比较器,当稳压管反向击穿时引入一个深度负反馈。

习题 8-2 知识点窍 各种滤波器的工作原理及作用。

逻辑推理 根据各种不同滤波器的作用和实际的工作要求选择滤波电路的类型。

解题过程 ① 带通滤波器;② 高通滤波器;③ 带阻滤波器;④ 低通滤波器。

习题 8-3 知识点窍 滤波器的分类与类型判断:根据电路中是否接入有源器件,可分为无源滤波器和有源滤波器;根据滤波器的阶数,可分为一阶滤波器、二阶滤波器等;根据滤波器的工作频率分类,可分为低通滤波器、高通滤波器、带通滤波器、带阻滤波器。

逻辑推理 首先根据 *RC* 网络的结构判断滤波电路的工作频率和阶数,然后根据 *RC* 网络后面是否接有集成运放判断电路是有源滤波还是无源滤波。

解题过程 (a) 一阶有源高通滤波电路。

(b) 二阶无源低通滤波电路。

(c) 无源带阻滤波电路。

(d) 有源带通滤波电路。

习题 8-4 知识点窍 二阶低通滤波电路的工作原理、对数幅频特性。

逻辑推理 首先根据 f_0、A_{up}、Q 的定义对各参数进行估算，然后根据 $A_u=\dfrac{A_{up}}{1+\mathrm{j}\dfrac{f}{f_0}}$ 画出滤波电路的对数幅频特性。

解题过程 ① $f_0=\dfrac{1}{2\pi RC}=\dfrac{1}{2\pi\times10\times10^3\times0.1\times10^{-6}}\mathrm{Hz}\approx159\mathrm{Hz}$

$$A_{up}=1+\frac{R_F}{R_1}=1+\frac{10}{10}=2$$

$$Q=\frac{1}{3-A_{up}}=\frac{1}{3-2}=1$$

② $$A_u=\frac{U_o}{U_i}=\frac{A_{up}}{1+(3-A_{up})\omega RC+(\mathrm{j}\omega RC)^2}$$

$$=\frac{A_{up}}{1-\left(\frac{f}{f_0}\right)^2+\mathrm{j}\frac{1}{Q}\cdot\frac{f}{f_0}}=\frac{2}{1-\left(\frac{f}{159}\right)^2+\mathrm{j}\frac{f}{159}}$$

由此可画出滤波器的对数幅频特性，如图解 P8-4 所示。

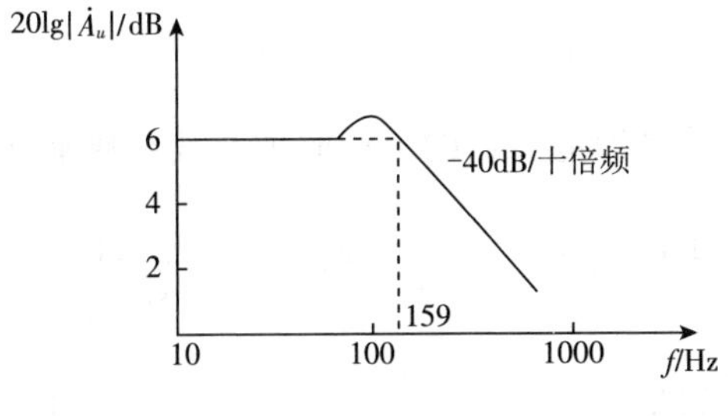

图解 P8-4

③ 由 $Q=\dfrac{1}{3-A_{up}}$，当 $A_{up}=3$ 时，Q 将趋于无穷大，此时电路将产生自激振荡；如 P_F 增大到 100kΩ，则 $R_F>2R_1$，$A_{up}>3$，电路将产生自激振荡。

习题 8-5 知识点窍 二阶有源低通滤波器的工作原理和对数幅频特性，$f_0=\dfrac{1}{2\pi RC}$，

$Q=\dfrac{1}{3-A_{up}}$。

逻辑推理 根据给定的 f_0 和 Q 值来选择二阶低通滤波电路的参数。

解题过程 已知二阶低通滤波电路的通滞截止频率为 $f_0=\dfrac{1}{2\pi RC}$

可首先选定电容 $C=0.022\mu\text{F}$，则

$$R=\frac{1}{2\pi f_0 C}=\frac{1}{2\pi\times 2\times 10^3\times 0.022\times 10^{-6}}\Omega$$

$$=3.6\text{k}\Omega$$

选 $R=3.6\text{k}\Omega$

由 $Q=\dfrac{1}{3-A_{up}}$，则 $A_{up}=3-\dfrac{1}{Q}=3-\dfrac{1}{0.707}=1.59$，$R_F=5.59R_1$

为使集成运放两个输入端对地的电阻平衡，应使

$R_1//R_F=2R=2\times 3.6\text{k}\Omega=7.2\text{k}\Omega$

$R_1=19.4\text{k}\Omega$，$R_F=11.5\text{k}\Omega$

习题 8-6 知识点窍 二阶高通滤波器的工作原理及其对数幅频特性。

逻辑推理 首先根据 $f_0=\dfrac{1}{2\pi RC}$，$A_{up}=\dfrac{1}{3-Q}$ 对 f_0、A_{up}、Q 等参数进行估算，

然后根据 $\dot{A}_u=\dfrac{1}{1-\left(\dfrac{f_0}{f}\right)^2-\text{j}\dfrac{1}{Q}\cdot\dfrac{f_0}{f}}$ 画出滤波电路的对数幅频

特性。

解题过程 $f_0=\dfrac{1}{2\pi RC}=\dfrac{1}{2\pi\times 10\times 10^3\times 0.1\times 10^{-6}}\text{Hz}\approx 159\text{Hz}$

$$A_{up}=1+\frac{R_F}{R_1}=1+\frac{10}{10}=2$$

$$Q=\frac{1}{3-A_{up}}=\frac{1}{3-2}=1$$

$$A_u=\frac{1}{1-\left(\frac{f_0}{f}\right)^2-\mathrm{j}\frac{1}{Q}\cdot\frac{f_0}{f}}=\frac{1}{1-\left(\frac{159}{f}\right)^2-\mathrm{j}\frac{159}{f}}$$

由此可以画出此高通滤波电路的对数幅频特性，如图解 P8-6 所示。

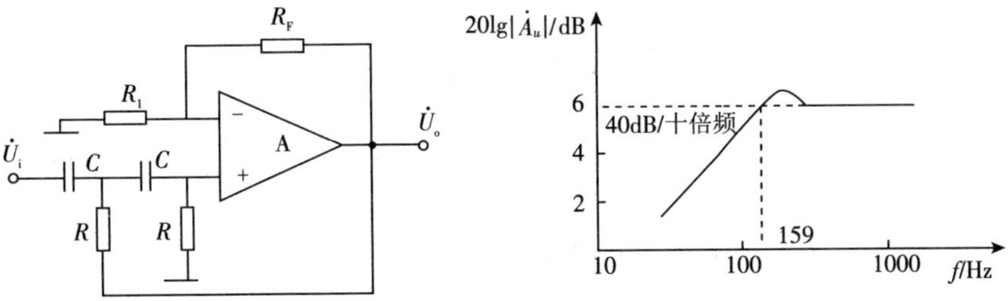

图解 P8-6

习题 8-7 知识点窍 单限比较器的工作原理和传输特性，$U_T=-\frac{R_1}{R_2}U_{REF}$。

逻辑推理 首先求出比较器的门限电平，当 $u_I<U_T$ 时，$u_O=u_Z$，当 $u_I>U_T$ 时，$u_O=-u_Z$。

解题过程 ①$U_T=-\frac{R_1}{R_2}U_{REF}=-\frac{20}{30}\times(-3)\text{V}=2\text{V}$

$u_I>2\text{V}$ 时，$u_O=-U_Z$；$u_I<2\text{V}$ 时，$u_O=U_Z$。

传输特性如图解 P8-7(a) 所示。

② 当输入电压 u_I 为幅度为 $\pm4\text{V}$ 的三角波时，输出电压的波形如图解 P8-7(b) 所示。

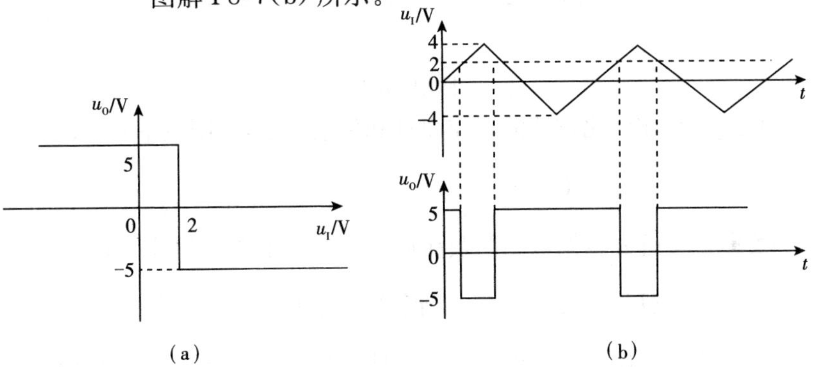

图解 P8-7

习题 8-8 逻辑推理 首先判断 A_1、A_2 分别组成何种电路，然后根据积分电路、电压比较器不同工作电路的工作原理来估算输出电压 u_{O1}、u_{O2}。

解题过程 A_1 组成过零比较器，则 $u_I = \pm 4V$，即 $u_I > 0$ 时，$u_{O1} = -4V$；$u_I < 0$ 时，$u_{O1} = 4V$

$$t = 0 \sim 1\text{ms 时}, u_{O2} = -\frac{u_{O1}}{R_2C}t = \frac{4}{R_2C}t$$

$$= \frac{4}{10 \times 10^3 \times 0.2 \times 10^{-6}}t = 2000t$$

$t = 1\text{ms}$ 时，$u_{O2} = 2V$

$t = 1 \sim 2\text{ms}$ 时，$u_{O2} = -2000(t - 0.001) + 2$

$t = 2\text{ms}$ 时，$u_{O2} = 0V$

u_{O1}、u_{O2} 的波形如图解 P8-8 所示。

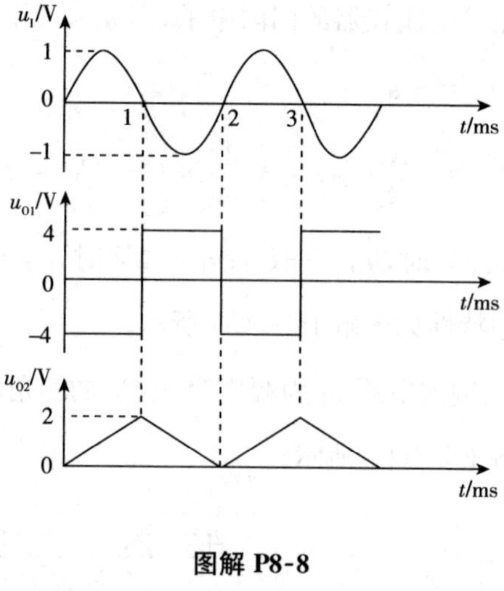

图解 P8-8

习题 8-9 知识点窍 滞回比较器的工作原理和传输特性，门限电平 U_{T+}、U_{T-} 的估算及 $\Delta U_T = U_{T+} - U_{T-}$。

逻辑推理 首先根据电路图及滞回比较器的工作原理计算 U_{T+}、U_{T-}，再根据 $\Delta U_T = U_{T+} - U_{T-}$ 计算门限宽度。

解题过程 由比较器发生跳变的条件是集成运放反相输入端的电压 u_- 与同

相输入端的电压 u_+ 相等，即 $u_- = u_+$。

由于是理想运放，则 $u_+ = u_+$，而同相输入端的电压 u_+ 由参考电压 U_{REF} 和输出电压共同决定，由叠加原理可得

$$u_+ = \frac{R_F}{R_2 + R_F} U_{REF} + \frac{R_2}{R_2 + R_F} u_O$$

将 $u_O = +U_Z$，$u_O = -U_Z$ 分别代入得

$$U_{T+} = \frac{R_F}{R_2 + R_F} U_{REF} + \frac{R_2}{R_2 + R_F} U_Z$$

$$= \left(\frac{200}{100 + 200} \times 8 + \frac{100}{100 + 200} \times 6\right) \text{V}$$

$$= (5.3 + 2)\text{V} = 7.3\text{V}$$

$$U_{T-} = \frac{R_F}{R_2 + R_F} U_{REF} - \frac{R_2}{R_2 + R_F} U_Z$$

$$= \left(\frac{200}{100 + 200} \times 8 - \frac{100}{100 + 200} \times 6\right) \text{V}$$

$$= (5.3 - 2)\text{V} = 3.3\text{V}$$

$$\Delta U_T = U_{T+} - U_{T-} = (7.3 - 3.3)\text{V} = 4\text{V}$$

其传输特性如图解 P8-9 所示。

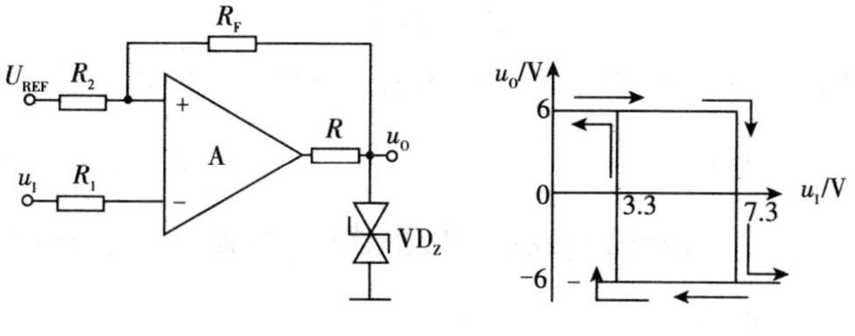

图解 P8-9

习题 8-10 知识点窍 滞回比较器的工作原理和传输特性，门限电平的估算。

逻辑推理 首先根据叠加原理求 U_+，根据理想运放、深度负反馈的特性求 U_T。

解题过程 根据叠加原理可求得运放同相输入端的电位为

$$u_+ = \frac{R_F}{R_2 + R_F} u_I + \frac{R_2}{R_2 + R_F} u_O$$

而 $u_- = U_{REF}$，当 $u_- = u_+$ 时，此时的输入电压 u_I 即是门限电平 U_T。

可解得同相滞回比较器的门限电平为

$$U_{T+} = \left(1 + \frac{R_2}{R_F}\right) U_{REF} + \frac{R_2}{R_F} U_Z$$

$$U_{T-} = \left(1 + \frac{R_2}{R_F}\right) U_{REF} - \frac{R_2}{R_F} U_Z$$

门限宽度为 $\Delta U_T = \frac{2R_2}{R_F} U_Z$

同相输入滞回比较器的传输特性如图解 P8-10 所示。

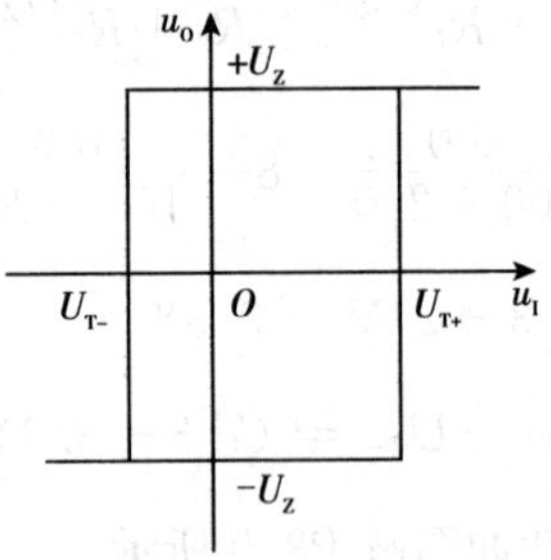

图解 P8-10

习题 8-11 解题过程 (a) 该电压比较器为单限比较器，它的传输特性如图解 P8-11(a) 所示。

(b) 该电压比较器为反相滞回比较器，它的传输特性如图解 P8-11(b) 所示。

(c) 该电压比较器为单限比较器，它的传输特性如图解 P8-11(c) 所示。

(d) 该电压比较器为同相滞回比较器，它的传输特性如图解 P8-11(d) 所示。

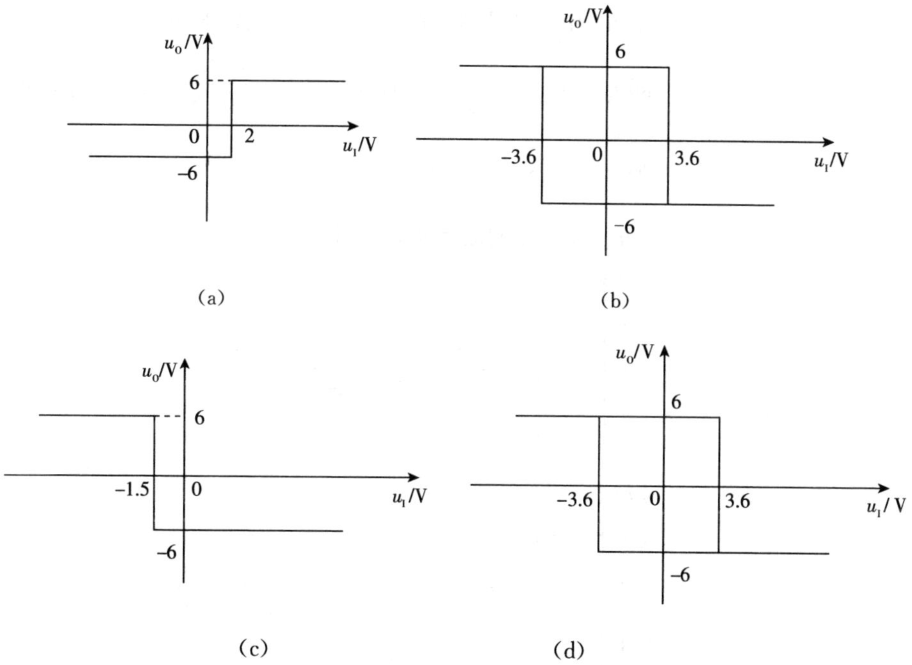

图解 P8-11

习题 8-12 知识点窍 积分电路和滞回比较器的工作原理及传输特性。

逻辑推理 首先逐级分析各运放的电路形式，再根据不同电路的工作原理和传输特性分析各级运放的输入输出关系。

解题过程 ①A_1 组成积分电路，A_2 组成滞回比较器。

② 当 $u_O=+12\text{V}$ 时，A_2 同相输入端的电压为

$$u_+=\frac{R_5}{R_4+R_5}u_O=\left(\frac{2}{2+10}\times 12\right)\text{V}=2\text{V}$$

为使 u_O 由 $+12\text{V}$ 跳变为 -12V，应使 $u_-=u_{O1}=2\text{V}$

即 $u_{O1}=-\frac{u_{I1}}{R_C}t=-\frac{-10}{10^5\times 10^{-6}}t=100t$

$$t=\frac{u_{O1}}{100}\text{s}=\frac{2}{100}\text{s}=20\text{ms}$$

③ 当 $u_O=-12\text{V}$ 时，A_2 同相输入端的电压为

$$u_+=\frac{R_5}{R_4+R_5}u_O=\frac{2}{10+2}\times(-12)\text{V}=-2\text{V}$$

使 u_O 由 $-12V$ 跳变为 $+12V$ 的条件是 $u_{O1}=u_-=-2V$

即 $u_{O1}=-\frac{u_{I1}+u_{I2}}{RC}t+u_{O1}(0)=\left(-\frac{-10+15}{10^5\times10^{-6}}t+2\right)V=-50t+2$

则 $t=\frac{4}{50}s=80ms$

④u_{O1} 和 u_O 的波形如图解 P8-12 所示。

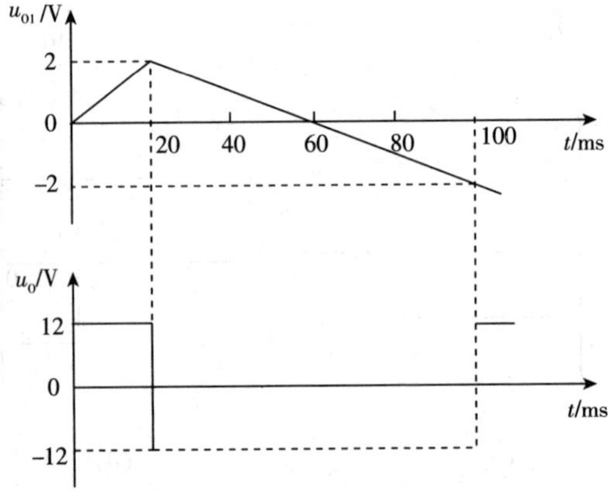

图解 P8-12

习题 8-13 知识点窍 过零比较器，求和型单限比较器，滞回比较器工作原理与输出特性。

逻辑推理 首先判断比较器的类型，再根据各电器的传输特性分别进行求解。

解题过程 (a) 过零比较器。

$U_T=0V$

(b) 求和型单限比较器。

$U_T=-\frac{R_1}{R_2}U_{REF}=-\frac{10}{10}\times6V=-6V$

(c) 滞回比较器。

$U_{T+}=\frac{R_F}{R_2+R_F}U_{REF}+\frac{R_2}{R_2R_F}U_Z$

$=\left(\frac{10}{50+10}\times6+\frac{50}{50+10}\times7\right)V=6.8V$

$$U_{T-}=\frac{R_F}{R_2+R_F}U_{REF}-\frac{R_2}{R_2+R_F}U_Z$$

$$=\left(\frac{10}{50+10}\times 6-\frac{50}{50+10}\times 7\right)V=-4.8V$$

三个电路的波形分别如图解 P8-13(a)、(b)、(c) 所示。

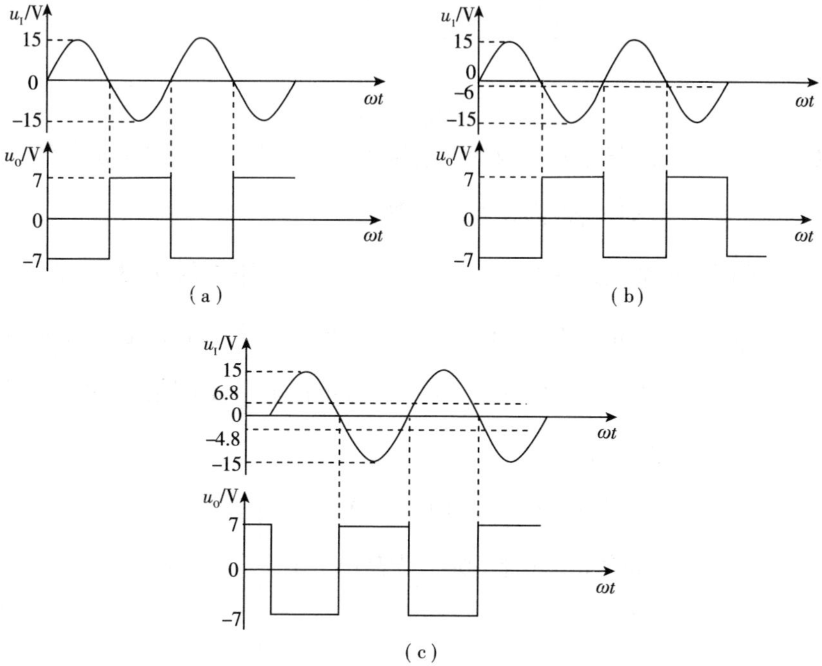

图解 P8-13

习题 8-14 解题过程 此电路构成的是双限比较器，由教材图 P8-14 可得 $U_{TH}=+10V$，$U_{TL}=-10V$

当 $u_I>10V$ 或 $u_I<-10V$ 时

$u_O=(12-0.7)V=11.3V$

当 $-10V<u_I<10V$ 时

$u_O=0V$

则 u_O 的波形如图解 P8-14 所示。

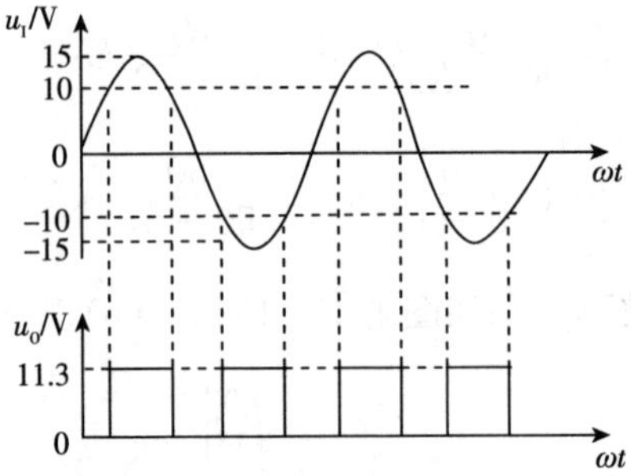

图解 P8-14

习题 8-15 知识点窍 双限比较器两参考电压的相对大小必须满足一定条件，否则电路不具备双限比较的功能。

逻辑推理 根据条件 $U_A < U_B$，分别输入大小不同的 u_I，判断输出 u_O。

解题过程 当 $u_I < U_A < U_B$ 时，A_1 输出低电平，A_2 输出高电平，则 u_O 为高电平。

当 $U_A < U_B < u_I$ 时，A_1 输出低电平，A_2 输出低电平，则 u_O 为高电平。

当 $U_A < u_I < U_B$ 时，A_1、A_2 均输出高电平，则 u_O 为高电平。

可见 u_O 恒为高电平，此时的输入—输出关系曲线如图解 P8-15 所示。

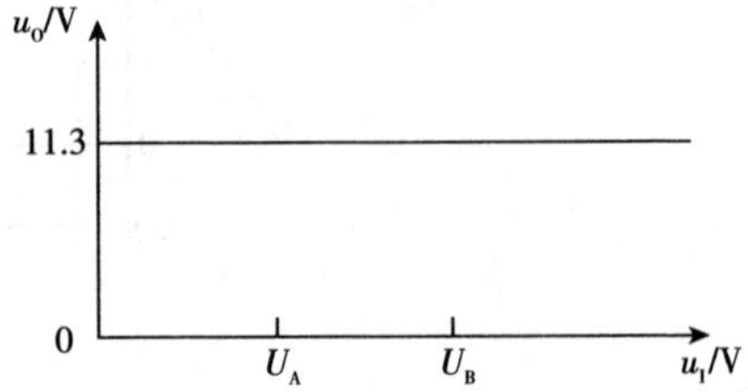

图解 P8-15

典型提高题

题 8-1 电路如图 D8-1 所示。已知 $R_1 = 1\text{k}\Omega$，$R_2 = 9\text{k}\Omega$，$R = 20\text{k}\Omega$，$C = 1000\text{pF}$，模拟乘法器的 $K = 0.21/\text{V}$，$u_{I1} = U_{1m}\sin(2\pi f_1 t)\text{V}$，$u_{I2} = U_{2m}\sin(2\pi f_2 t)\text{V}$，其中 $f_1 = 100\text{kHz}$，$f_2 = 98\text{kHz}$，$U_{1m} = U_{2m} = 1\text{V}$，运放的性能理想。试求 u_{O1} 和 u_O 表达式。

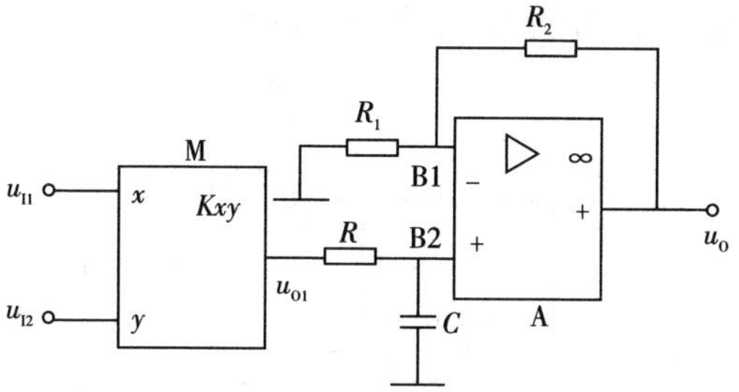

图 D8-1

【知识点窍】 模拟乘法器输入、输出之间的关系为 $u_O = Ku_{I1}u_{I2}$；一阶有源 RC 低通滤波器的通带电压放大倍数为 $\dot{A}_{up} = \dot{A}_u|_{f=0}$；通带截止频率 $f_p = \dfrac{1}{2\pi RC}$。

【逻辑推理】 从模拟乘法器的输入、输出关系开始分析，再根据一阶有源 RC 低通滤波器的特点对 $\dot{A}_{up}$、f_p 进行计算，即可求得 u_O 的表达式。

解：由模拟乘法器的输入、输出关系得

$$
\begin{aligned}
u_{O1} &= Ku_{I1}u_{I2}\\
&= KU_{1m}\sin(2\pi f_1 t)\cdot U_{2m}\sin(2\pi f_2 t)\\
&= \frac{KU_{1m}U_{2m}}{2}\{\cos[2\pi(f_1-f_2)t]-\cos[2\pi(f_1+f_2)t]\}\\
&= \frac{0.2\times1\times1}{2}\{\cos[2\pi(100-98)\times10^3 t]-\cos[2\pi(100+98)\times10^3 t]\}\\
&= 0.1\times[\cos(4\times10^3\pi t)-\cos(396\times10^3\pi t)]\text{V}
\end{aligned}
$$

运放 A 组成同相输入的一阶有源 RC 低通滤波器，其通带电压放大倍数 $\dot{A}_{up}$ 为

$$
\dot{A}_{up} = \dot{A}_u\Big|_{f=0} = \frac{\dot{U}_o}{\dot{U}_{o1}}\Big|_{f=0} = \frac{\dot{U}_o}{\dot{U}_{B2}} = 1+\frac{R_2}{R_1} = 1+\frac{9}{1} = 10
$$

通带截止频率为

$$
f_p = f_0 = \frac{1}{2\pi RC} = \frac{1}{2\pi\times20\times10^3\times1000\times10^{-12}}\text{Hz} = 8\text{kHz}
$$

由于$(f_1+f_2)\gg f_p$，而(f_1-f_2)的值又在通带内，故 u_{O1} 经 A 组成的 LPF 后，其频率为(f_1+f_2)的分量被滤除，输出电压为

$$
\begin{aligned}
u_O &= \frac{\dot{A}_{up}KU_{1m}U_{2m}}{2}\{\cos[2\pi(100-98)\times10^3 t]\}\\
&= 10\times0.1\cos(4\times10^3\pi t) = \cos(4\times10^3\pi t)\text{V}
\end{aligned}
$$

题 8-2　一阶移相滤波器电路如图 D8-2 所示。

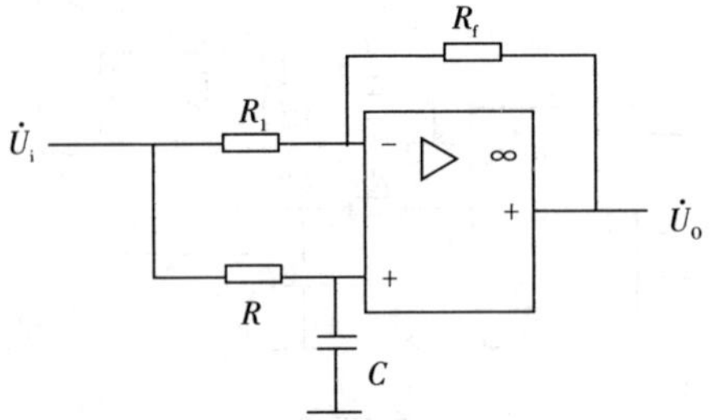

图 D8-2

① 在 $R_f = R_1$ 的情况下，导出电路增益表达式。

② 当 $R = 106\text{k}\Omega, C = 0.03\mu\text{F}, R_1 = R_f = 212\text{k}\Omega$ 时，求电路的中心频率 f_0。

③ 定性画出电路的相频特性曲线。

【知识点窍】　理想运放"虚短"与"虚断"的特性；电路中心频率 $f_0 = \dfrac{1}{2\pi RC}$；相频特性曲线的画法。

【逻辑推理】　① 推导电路增益 $\dot{A}_u = \dfrac{\dot{U}_o}{\dot{U}_i}$ 的表达式。

可将图 D8-2 所示电路的输入 $\dot{U}_i$ 视为差动输入方式，则电路输出量 $\dot{U}_o$ 和输入量 $\dot{U}_i$ 的关系为 $\dfrac{\dot{U}_o}{\dot{U}_i} = -\dfrac{R_f}{R_1} + \left(1 + \dfrac{R_f}{R_1}\right)\dfrac{X_c}{R + X_c}$

在 $R_f = R_1$ 的情况下，$\dot{U}_o/\dot{U}_i$ 可写为 $\dfrac{\dot{U}_o}{\dot{U}_i} = \dfrac{X_c - R}{X_c + R}$

其中 $X_c = \dfrac{1}{jWC}$，将 X_c 的值代入并令 $W_o = \dfrac{1}{RC}$，则 $\dfrac{\dot{U}_o}{\dot{U}_i}$ 的表达式可写为 $\dfrac{\dot{U}_o}{\dot{U}_i} = \dfrac{1 - j\dfrac{\omega}{\omega_0}}{1 + j\dfrac{\omega}{\omega_0}}$

由上式可知，电路增益的模为 $|\dot{A}| = \dfrac{\sqrt{1 + \left(\dfrac{\omega}{\omega_0}\right)^2}}{\sqrt{1 + \left(\dfrac{\omega}{\omega_0}\right)^2}} = 1$

而相移为 $\varphi_F(\omega) = -2\arctan\dfrac{\omega}{\omega_0}$

在 $\omega = \omega_0$ 处，$\varphi_F(\omega)\big|_{\omega=\omega_0} = -90°$

②f_0 应为 $f_0 = \frac{\omega_0}{2\pi} = \frac{1}{2\pi RC}$

$$= \frac{10^3}{2\pi \times 106 \times 0.03}\text{Hz} = 50\text{Hz}$$

③ 电路的相频特性曲线如图解 D8-2 所示。

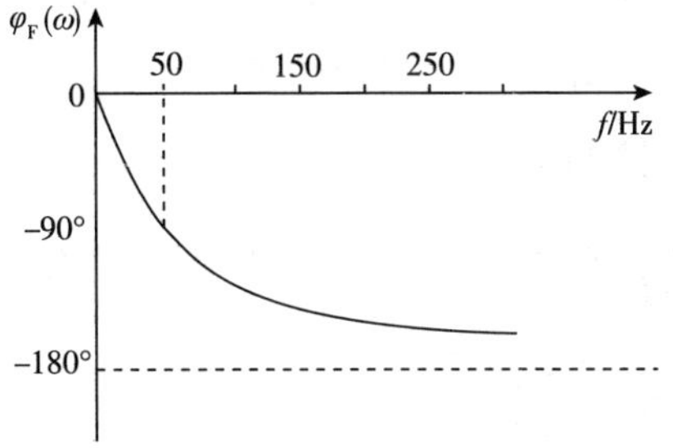

图解 D8-2

由图可知，在 $f = f_0$ 处相移 $\varphi_F(\omega)|_{f=f_0} = -90°$。随着频率 f 上升，相移逐渐增大，在 f 分别为 100Hz、150Hz、200Hz、250Hz 处，$\varphi_F(\omega)$ 的值分别为 $-126.8°$，$-143°$，$-152°$，$-157°$，$-161°$。$\varphi_F(\omega)$ 值随着 f 上升而增加，但其变化渐趋平缓。

题 8-3 一比较器电路及其输入电压 u_I 波形分别如图 D8-3 所示。已知：电路中硅稳压管的稳定电压 U_Z 为 ± 8V，各集成运放性能均理想，最大输出电压幅值 $U_{om} = \pm 15$V。

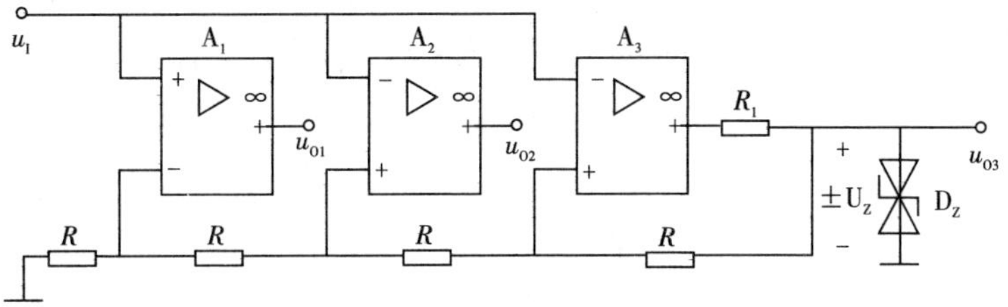

(a)

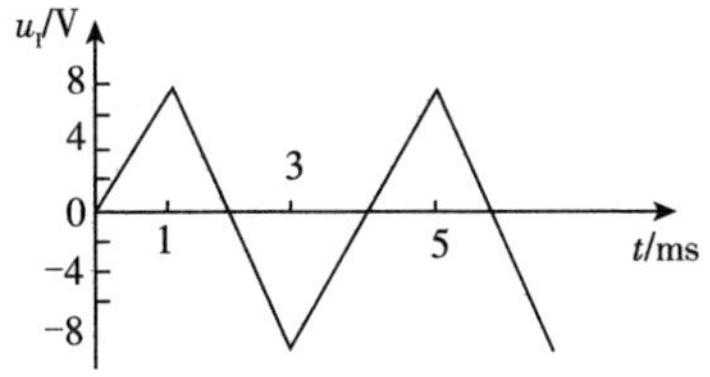

(b)

图 D8-3

试求：各运放可组成什么类型的比较器？所组成比较器的阈值电压是多少？

【知识点窍】 比较器的分类；阈值电压的含义：当比较器的输出电压由一种状态跳变到另一种状态时，相应的输入电压称为阈值电压。

【逻辑推理】 首先分析比较器的类型，再根据阈值的含义求解各种比较器的门限。

解：A_1 组成同相输入串联型多门限比较器；A_2 组成反相输入串联型多门限比较器；A_3 组成反相输入串联型迟滞比较器。

运放 A_1 组成的电路的阈值电压：

$$U_{TH1}=+U_Z\frac{R+R+R}{R+R+R+R}=+8\times\frac{3}{4}\text{V}=+6\text{V}$$

$$U_{TH2}=-U_Z\frac{R+R+R}{R+R+R+R}=-8\times\frac{3}{4}\text{V}=-6\text{V}$$

运放 A_2 组成的电路的阈值电压：

当 $u_{O3}=+U_Z=+8\text{V}$ 时：$U_{TH1}=+U_Z\dfrac{R+R}{R+R+R+R}=+8\times\dfrac{2}{4}\text{V}=+4\text{V}$

当 $u_{O3}=-U_Z=-8\text{V}$ 时：$U_{TH1}=-U_Z\dfrac{R+R}{R+R+R+R}=-8\times\dfrac{2}{4}\text{V}=-4\text{V}$

运放 A_3 组成的电路的阈值电压：

当 $u_{O3}=+U_Z=+8\text{V}$ 时：$U_{TH1}=+U_Z\dfrac{R}{R+R+R+R}=+8\times\dfrac{1}{4}\text{V}=+2\text{V}$

当 $u_{O3}=-U_Z=-8\text{V}$ 时，$U_{TH1}=-U_Z\dfrac{R}{R+R+R+R}=-8\times\dfrac{1}{4}\text{V}=-2\text{V}$

第九章
波形发生电路

知识要点概述

1. 掌握产生正弦波振荡的相位平衡条件和幅度平衡条件。

2. 掌握 *RC* 正弦波振荡电路的工作原理、振荡频率、起振条件和电路特点。

3. 理解典型的 *LC* 正弦波振荡电路(变压器反馈式、电感三点式、电容三点式和改进型电容三点式)的工作原理及振荡频率的估算方法。

4. 理解各种非正弦波发生电路(包括矩形波、三角波和锯齿波等)的工作原理。

5. 了解其他 *RC* 振荡电路的工作原理。

6. 了解石英晶体振荡电路的特点及工作原理。

内容概要

本章介绍波形发生电路,首先介绍了正弦波振荡电路,包括 *RC* 振荡电路、*LC* 振荡电路和石英晶体振荡器。另外还介绍了几种常用的非正弦波发生电路,如矩形波发生电路、三角波发生电路和锯齿波发生电路的电路组成和工作原理。

一、正弦波振荡电路的分析方法

产生正弦波振荡的条件：

$\dot{A}\dot{F}=1$

即需同时满足

$$\begin{cases}|\dot{A}\dot{F}|=1 & \text{幅度平衡条件}\\ \varphi_A+\varphi_F=\pm 2n\pi(n=0,1,2,\cdots) & \text{相位平衡条件}\end{cases}$$

只有满足上述幅度平衡条件和相位平衡条件，电路才能产生正弦波振荡。

二、RC 正弦波振荡电路

表 9-1 对三种常见的 RC 正弦波振荡电路的电路形式、振荡频率、起振条件和电路特点及应用场合进行了比较，供读者参考。

表 9-1　三种 RC 振荡电路的比较

名称	RC 串并联网络振荡电路	移相式振荡电路	双 T 型选频网络振荡电路
电路形式	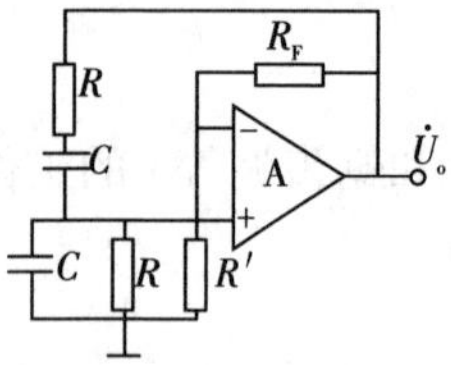	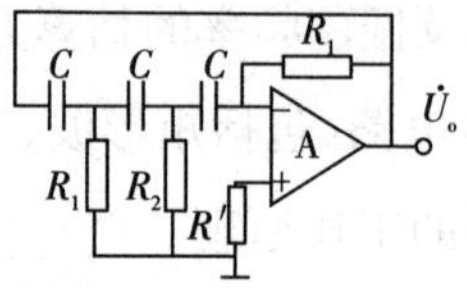	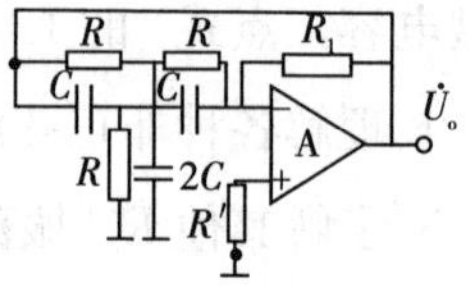
振荡频率	$f_0=\frac{1}{2\pi RC}$	$f_0=\frac{1}{2\sqrt{3}\pi RC}$	$f_0\approx\frac{1}{5RC}$
起振条件	$\mid\dot{A}_u>3\mid$	$R_F>12R$	$R_3<\frac{R}{2}$，$\mid\dot{A}\dot{F}\mid>1$
电路特点及应用场合	可方便地连续调节振荡频率，适用于负反馈稳幅电路，容易得到良好的振荡波形	电路简单，经济方便，适用于波形要求不高的轻便测试设备中	选频特性好，适用于产生单一频率的振荡波形

■ 三、LC 正弦波振荡电路

根据 LC 并联电路的特性分析了四种 LC 振荡电路的工作原理，这四种振荡电路分别是：变压器反馈式振荡电路、电感三点式振荡电路、电容三点式振荡电路和电容三点式改进型振荡电路。表 9-2 对这四种电路的电路形式、振荡频率、起振条件等进行了比较，可供读者参考。

表 9-2　各种 LC 振荡电路的比较

名称	变压器反馈式振荡电路	电感三点式振荡电路	电容三点式振荡电路	改进型电容三点式振荡电路
电路形式	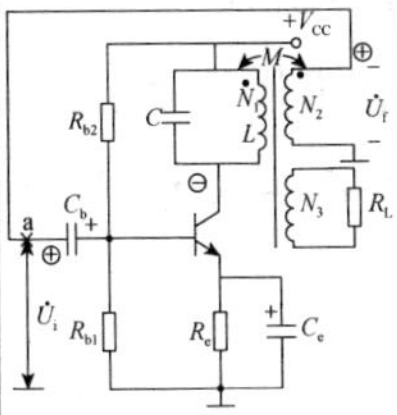	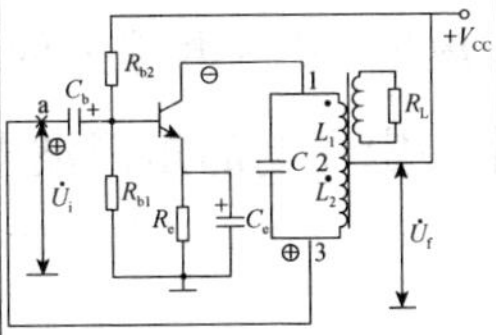	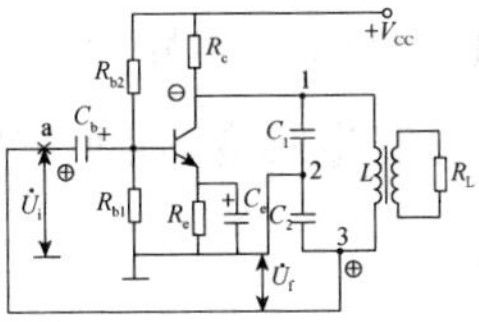	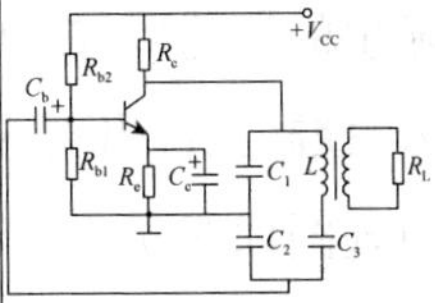
振荡频率	$f_0=\dfrac{1}{2\pi\sqrt{LC}}$	$f_0\approx\dfrac{1}{2\pi\sqrt{(L_1+L_2+2M)C}}$	$f_0\approx\dfrac{1}{2\pi\sqrt{L\dfrac{C_1C_2}{C_1+C_2}}}$	$f_0=\dfrac{1}{2\pi\sqrt{LC}}$
起振条件	$\beta>\dfrac{r_{be}R'C}{M}$	$\beta>\dfrac{L_1+M}{L_2+M}\cdot\dfrac{r_{be}}{R'}$	$\beta>\dfrac{C_2}{C1}\cdot\dfrac{r_{be}}{R'}$	$\beta>\dfrac{C_2}{C1}\cdot\dfrac{r_{be}}{R'}$
频率调节方法及范围	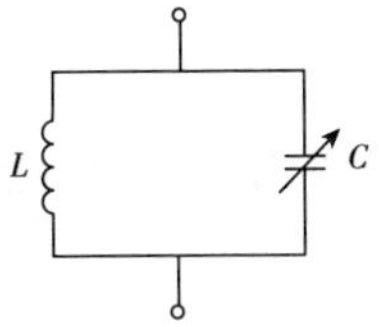 频率可调，范围较宽	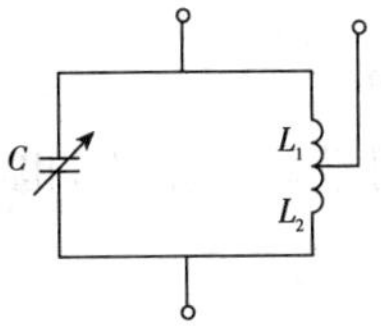 频率可调，范围较宽	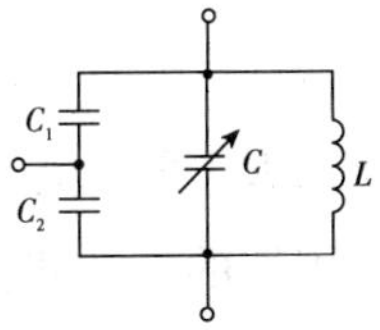 频率可调，范围较小	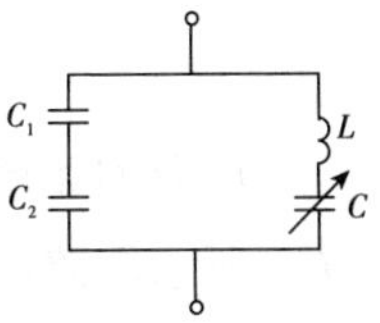 频率可调，范围较小
振荡波形	一般	高次谐波分量大，波形差	高次谐波分量小，波形好	高次谐波分量小，波形好
频率稳定度	可达 10^{-4}	可达 10^{-4}	可达 10^{-4}	可达 10^{-5}
适用频率	几千赫～几十兆赫	几十兆赫以下	一百兆赫以上	一百兆赫以上

四、石英晶体振荡器

石英晶体振荡电路主要分为两类:并联型石英晶体振荡电路和串联型石英晶体振荡电路。

五、非正弦波发生电路

1. 矩形波发生电路

矩形波发生电路是由一个滞回比较器和一个 RC 充放电回路组成的。利用比较器输出的高电平或低电平使 RC 电路充电或放电,又将电容上的电压作滞回比较器的输入,控制其输出端状态发生跳变,从而产生一定周期的矩形波电压。矩形波发生电路的原理图如图 9-1 所示。

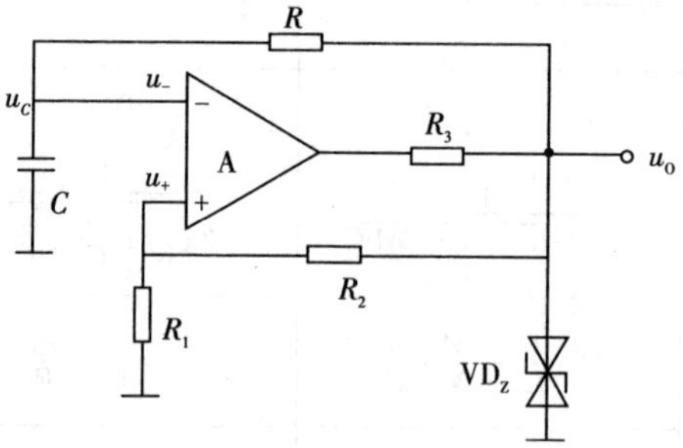

图 9-1

矩形波的振荡周期与 RC 充放电的时间常数成正比,也与滞回比较器的参数有关,图 9-1 所示电路的振荡周期的表达式为

$$T = 2RC\ln\left(1+\frac{2R_1}{R_2}\right)$$

使电容充电和放电的时间常数不同,即可得到占空比可调的矩形波信号。

2. 三角波发生电路

将矩形波进行积分可得到三角波,因此三角波发生电路可由滞回比较器和积分电路组成,其电路原理图如图 9-2 所示。

图 9-2 所示的三角波发生电路的输出幅度为 $U_{om}=\frac{R_1}{R_2}U_Z$

振荡周期为 $T=\dfrac{4R_1R_4C}{R_2}$

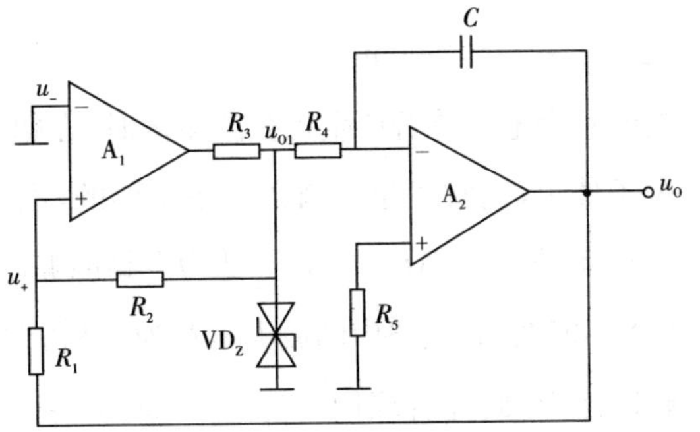

图 9-2

3. 锯齿波发生电路

在三角波发生电路中，使积分电容充电和放电的时间常数不同，且相差悬殊，在输出端可得到锯齿波信号，其电路原理图如图 9-3 所示。

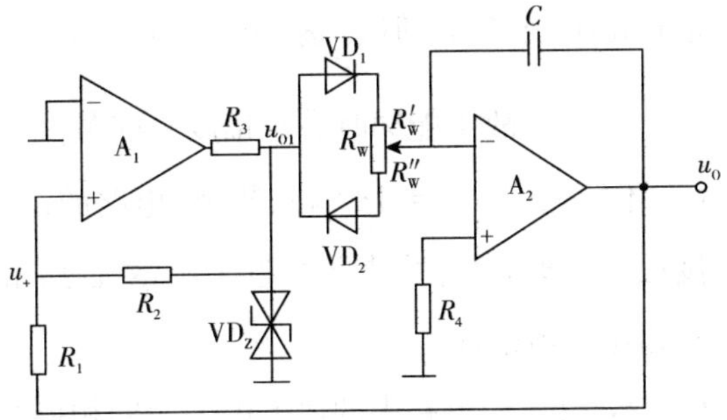

图 9-3

锯齿波的输出幅度与三角波不同，图 9-3 所示电路锯齿波的振荡周期为

$$T=T_1+T_2=\frac{2R_1R'_WC}{R_2}+\frac{2R_1R''_WC}{R_2}=\frac{2R_1R_WC}{R_2}$$

习题与思考题

习题 9-1 知识点窍 当电路接成正反馈时，产生正弦波振荡的条件是

$$\dot{A}\dot{F}=1$$

也可用以下两个表达式表示：

$$\begin{cases} |\dot{A}\dot{F}| = 1 & \text{幅度平衡条件} \\ \varphi_A + \varphi_F = \pm 2n\pi (n = 0,1,2,\cdots) & \text{相位平衡条件} \end{cases}$$

逻辑推理 判断一个电路能否产生正弦波振荡时，在幅度平衡和相位平衡两个条件中，通常相位平衡条件是主要的，在满足相位平衡条件的前提下，只要 $|\dot{A}\dot{F}| > 1$，即认为电路能够产生正弦波振荡。

解题过程 (a) 不能振荡。电路中的放大电路为反相放大电路，$\varphi_A = 180°$，选频网络为 RC 串并联网络，$\varphi_F = -90° \sim +90°$，故无法满足相位平衡条件 $\varphi_A + \varphi_F = \pm 2n\pi (n = 0,1,2,\cdots)$。

(b) 不能振荡。电路中的放大电路为同相放大电路，$\varphi_A = 0°$，选频网络为 RC 串并联网络，当 $f = f_0 = \dfrac{1}{2\pi RC}$ 时，$\varphi_F = 0°$，即能够满足相位平衡条件；但当 $\varphi_F = 0°$ 时，$|\dot{F}| = \dfrac{1}{3}$，而电压跟随器 $|\dot{A}_u| = 1$，故不能同时满足幅度平衡条件。

(c) 不能振荡。$\varphi_A = 180°$，两节 RC 电路的 $\varphi_F = 0° \sim 180°$，但当 φ_F 接近 $180°$ 时，其输出电压接近于0，故无法同时满足幅度平衡条件和相位平衡条件。

(d) 不能振荡。电路中的放大电路为同相接法，$\varphi_A = 0°$，选频网络为三节 RC 低通电路，$\varphi_F = 0° \sim 270°$，但当 $\varphi_F = 0°$ 时，只能使频率 $f = 0$，故不能同时满足幅度平衡条件和相位平衡条件。

(e) 可能产生正弦波振荡。电路中的放大电路为差分放大电路，输入信号加在 VT_1 的基极，输出信号从 VT_2 的集电极取得，故 $\varphi_A = 0°$；选频网络为 RC 串并联网络，当 $f = f_0$ 时，$\varphi_F = 0°$，满足相位平衡条件，通过分析 $|\dot{A}_u|$ 可知，此电路也能满足幅度平衡条件，故可能产生正弦波振荡。

△ **习题 9-2** **知识点窍** 文氏电桥式振荡电路的工作原理；正弦波振荡电路满足的条件：

$$\begin{cases} |\dot{A}\dot{F}| = 1 & \text{幅度平衡条件} \\ \varphi_A + \varphi_F = 2n\pi(n=0,1,2,\cdots) & \text{相位平衡条件} \end{cases}$$

逻辑推理 首先根据正弦波振荡电路发生振荡的条件正确连接电路图，然后对其振荡频率和起振条件进行估算。

解题过程 ① 按正弦波电路发生振荡的条件，正确连接方式为 A 接 D、B 接 C，可见此电路是一个文氏电桥式 RC 振荡电路。

② 电路的频率特性表达式为

$$\dot{F} = \frac{\dot{U}_f}{\dot{U}} = \frac{Z_2}{Z_1 + Z_2} = \frac{\dfrac{R_2}{1 + j\omega R_2 C_2}}{R_1 + \dfrac{1}{j\omega C_1} + \dfrac{R_2}{1 + j\omega R_2 C_2}}$$

$$= \frac{1}{\left(1 + \dfrac{R_1}{R_2} + \dfrac{C_2}{C_1}\right) + j\left(\omega C_2 R_1 - \dfrac{1}{\omega C_1 R_2}\right)}$$

其中 $R_1 = R_2 = R = 7.5\text{k}\Omega$，$C_1 = C_2 = C = 0.02\mu\text{F}$

令 $\omega_0 = \dfrac{1}{RC} = \dfrac{1}{7.5 \times 10^3 \times 0.02 \times 10^{-6}} \approx 6.67\text{kHz}$

则 $\dot{F}$ 的表达式可化简为

$$\dot{F} = \frac{1}{3 + j\left(\dfrac{\omega}{\omega_0} - \dfrac{\omega_0}{\omega}\right)}$$

其幅频特性为

$$|\dot{F}| = \frac{1}{\sqrt{3^2 + \left(\dfrac{\omega}{\omega_0} - \dfrac{\omega_0}{\omega}\right)^2}}$$

相频特性为

$$\varphi_F = -\arctan\left(\frac{\dfrac{\omega}{\omega_0} - \dfrac{\omega_0}{\omega}}{3}\right)$$

可见当 $\omega = \omega_0$ 时，$\dot{F}$ 的相位解 $\varphi_F = 0°$，此时 $\varphi_A + \varphi_F = 0°$，即电路的振荡频率为

$$f_0 = \frac{1}{2\pi RC} = \frac{1}{2\pi \times 7.5 \times 10^3 \times 0.02 \times 10^{-6}} \approx 1.06\text{kHz}$$

③ 由 ② 中的分析可知，当 $f = f_0$ 时，$|\dot{F}| = \frac{1}{3}$

为了满足振荡的幅度平衡条件，必须使 $|\dot{A}\dot{F}| > 1$，由此可得振荡电路的起振条件为 $|\dot{A}| > 3$

因而同相比例运算电路的电压放大倍数为 $A_{uf} = 1 + \frac{R_2}{R_1}$

为了使 $|\dot{A}| = A_{uf} > 3$，必须满足

$R_2 > 2R_1 = 2 \times 10\text{k}\Omega = 20\text{k}\Omega$

△ **习题 9-3** 知识点窍 文氏电桥式 RC 振荡电路的工作原理；振荡频率 $f_0 = \frac{1}{2\pi RC}$；起振条件 $R_F > 2R'$。

逻辑推理 根据以 $\varphi_A + \varphi_F$ 是否等于 $\pm 2n\pi(n = 0,1,2,\cdots)$ 对相位平衡条件进行判断，然后根据振荡频率和起振条件对各参数进行估算。

解题过程 ① 根据瞬时极性法可判断 $\varphi_A = 0°$；振荡电路的选频网络为 RC 串并联电路。

当 $f = f_0$ 时，$\varphi_F = 0°$，故此电路满足相位平衡条件。

② 由起振条件得 $R_F > 2R_{e1}$，而此电路中：

$R_F = 4.7\text{k}\Omega < 2R_{e1} = 5.4\text{k}\Omega$

故不能满足起振条件，应调节 R_F，一直调到 $R_F > 2R_{e1} = 5.4\text{k}\Omega$

③ $f_0 = \frac{1}{2\pi RC} = \frac{1}{2\pi \times 3 \times 10^3 \times 0.01 \times 10^{-6}}\text{Hz} \approx 5300\text{Hz}$

$= 5.3\text{kHz}$

④ 由 $f_0 = \frac{1}{2\pi RC}$ 可知，若希望提高 f_0，则可以减小 R 的值，也可以减小 C 的值。

⑤ 为了改善输出波形，减小非线性失真，可适当减小 R_F 的值。

△ **习题 9-4** 解题过程 ① 根据正弦振荡电路产生振荡的相位条件 $\varphi_A + \varphi_F = \pm 2n\pi(n = 0,1,2,\cdots)$，可知满足此条件的接法有多种，下面给出其中的一种接法，如图解 P9-4 所示。

② 由 ① 中的接法可知，此电路是文氏电桥 RC 振荡电路，其振荡频率为

$$f_0=\frac{1}{2\pi RC}=\frac{1}{2\pi\times10\times10^3\times0.1\times10^{-6}}\text{Hz}\approx159\text{Hz}$$

③ 根据题意，为了提高带负载能力，改善输出电压的波形，应引入电压负反馈，可从 C_3 通过一个反馈电阻 R_F 引回到 b_1。

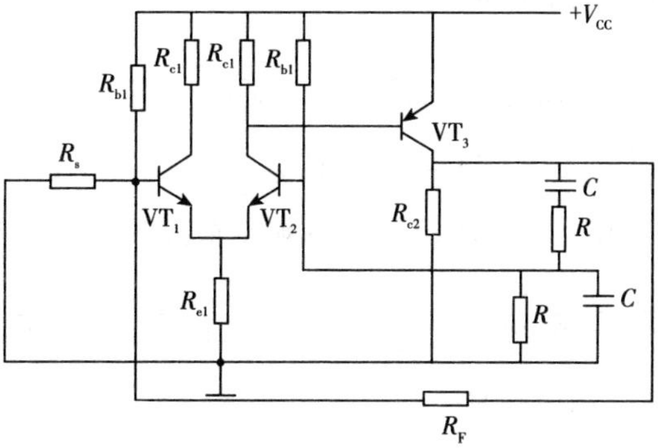

图解 P9-4

习题 9-5 知识点窍 文氏振荡电路中对频率进行粗调和细调的方法。

逻辑推理 根据文氏振荡电路的振荡频率与给定的低频频率范围，选择一个 R 与 R_W 的值，然后校验各挡频率是否符合要求。

解题过程 已知 $f_0=\dfrac{1}{2\pi RC}$，且在低频挡，$C=0.1\mu\text{F}$

当 $f_0=20\text{Hz}$ 时

$$R=\frac{1}{2\pi Cf_0}=\frac{1}{2\pi\times0.1\times10^{-6}\times20}\Omega\approx79.6\text{k}\Omega$$

当 $f_0=200\text{Hz}$ 时

$$R=\frac{1}{2\pi Cf_0}=\frac{1}{2\pi\times0.1\times10^{-6}\times200}\Omega\approx7.96\text{k}\Omega$$

因此 $R=7.5\text{k}\Omega$，电位器 $R_W=75\text{k}\Omega$，然后对频率进行校验。

在低频挡时，$C=0.1\mu\text{F}$

当电位器调到最大时，$R+R_W=(75+7.5)\text{k}\Omega=82.5\text{k}\Omega$，此时

$$f_0=\frac{1}{2\pi RC}=\frac{1}{2\pi\times7.5\times10^3\times0.1\times10^{-6}}\text{Hz}\approx19.3\text{Hz}$$

当电位器调至 0 时，$R+R_W=7.5\text{k}\Omega$，此时

$$f_0=\frac{1}{2\pi RC}=\frac{1}{2\pi\times 7.5\times 10^3\times 0.1\times 10^{-6}}\text{Hz}\approx 212\text{Hz}$$

当 $C=0.01\mu\text{F}$ 时，R_W 调至最大时

$$f_0=\frac{1}{2\pi RC}=\frac{1}{2\pi\times 7.5\times 10^3\times 0.01\times 10^{-6}}\text{Hz}\approx 193\text{Hz}$$

R_W 调至 0 时

$$f_0=\frac{1}{2\pi RC}=\frac{1}{2\pi\times 8.25\times 10^3\times 0.01\times 10^{-6}}\text{Hz}$$

$$\approx 2120\text{Hz}=2.12\text{kHz}$$

当 $C=0.001\mu\text{F}$ 时，R_W 调至最大时

$$f_0=\frac{1}{2\pi RC}=\frac{1}{2\pi\times 8.25\times 10^3\times 0.001\times 10^{-6}}\text{Hz}\approx 1.93\text{kHz}$$

R_W 调至 0 时

$$f_0=\frac{1}{2\pi RC}=\frac{1}{2\pi\times 7.5\times 10^3\times 0.001\times 10^{-6}}\text{Hz}\approx 21.2\text{kHz}$$

当 $C=0.0001\mu\text{F}$ 时，R_W 调至最大时

$$f_0=\frac{1}{2\pi RC}=\frac{1}{2\pi\times 8.25\times 10^3\times 0.0001\times 10^{-6}}\text{Hz}\approx 19.3\text{kHz}$$

R_W 调至 0 时

$$f_0=\frac{1}{2\pi RC}=\frac{1}{2\pi\times 7.5\times 10^3\times 0.0001\times 10^{-6}}\text{Hz}\approx 212\text{kHz}$$

综合以上估算结果，可得四挡频率的调节范围为 19.3Hz ~ 212Hz，193Hz ~ 2.12kHz，1.93kHz ~ 21.2kHz，19.3kHz ~ 212kHz

由此可见，四挡的频率范围均满足给定要求，而且各挡的频率之间有一部分覆盖。

习题 9-6 知识点窍 正弦波振荡产生的条件：

$$\begin{cases}|\dot{A}\dot{F}|=1 & \text{幅度平衡条件}\\ \varphi_A+\varphi_F=\pm 2n\pi\ (n=0,1,2,\cdots) & \text{相位平衡条件}\end{cases}$$

逻辑推理 根据正弦波振荡产生的相位平衡条件 $\varphi_A+\varphi_F=\pm 2n\pi(n=0,1,2,\cdots)$ 判断具有 LC 选频网络的电路能否产生振荡。

解题过程 ① 不能振荡。因为 $\varphi_A=0°$，$\varphi_F=180°$，则 $\varphi_A+\varphi_F=180°$，不满足相位平衡条件。

② 可能振荡。因为 $\varphi_A=0°$，$\varphi_F=180°$，满足相位平衡条件。

③ 不能振荡。因为 $\varphi_A=180°$，$\varphi_F=0°$，则 $\varphi_A+\varphi_F=180°$，不满足相位平衡条件。

④ 可能振荡。因为 $\varphi_A=0°$，$\varphi_F=0°$，则 $\varphi_A+\varphi_F=0°$，满足相位平衡条件。

⑤ 可能振荡。因为此电路实质上是一个电容三点式振荡电路。

⑥ 可能振荡。因为 $\varphi_A=0°$，$\varphi_F=0°$，则 $\varphi_A+\varphi_F=0°$，满足相位平衡条件。

习题 9-7 **知识点窍** 正弦波振荡的相位平衡条件：$\varphi_A+\varphi_F=2n\pi(n=0,1,2,\cdots)$。

逻辑推理 根据相位平衡条件先求出 φ_A、φ_F，再看 $\varphi_A+\varphi_F$ 是否等于 $2n\pi$。

解题过程 ① 可能产生振荡。因为 $\varphi_A=180°$，$\varphi_F=180°$，则 $\varphi_A+\varphi_F=360°$，满足相位平衡条件。

② 可能产生振荡。因为 $\varphi_A=180°$，$\varphi_F=180°$，则 $\varphi_A+\varphi_F=360°$，满足相位平衡条件。

习题 9-8 **知识点窍** LC 振荡电路的工作原理，正弦波振荡的相位平衡条件。

逻辑推理 在 LC 振荡电路工作原理的基础上，根据相位平衡条件指明变压器绕组的同名端即可。

解题过程 各电路中变压器的同名端如图解 P9-8 所示。

(a) 两个线圈的上端为其同名端。

(b) 两个线圈的上端为其同名端。

(c) 两个线圈的左侧为其同名端。

(d) 两个线圈的上端为其同名端。

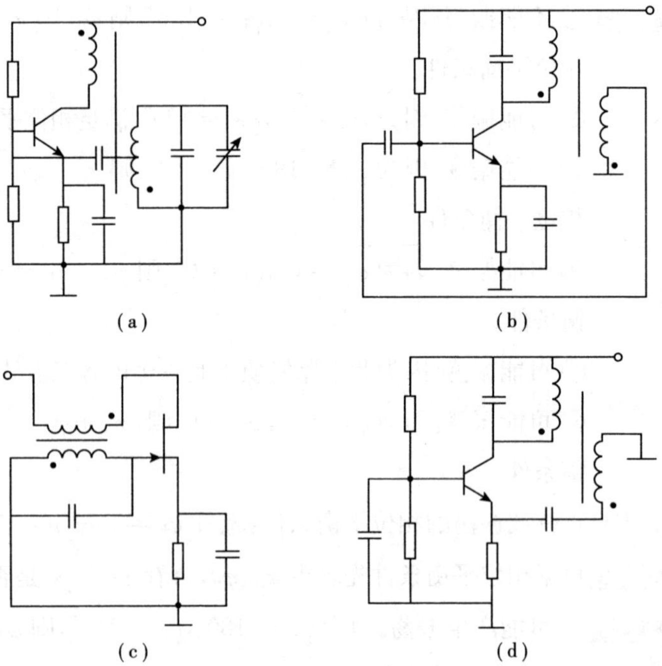

图解 P9-8

△ **习题 9-9** 【知识点窍】电容三点式 LC 振荡电路的振荡条件；振荡频率的估算 $f_0 = \dfrac{1}{2\pi\sqrt{LC}}$，其中 $C = \dfrac{1}{\dfrac{1}{C_3} + \dfrac{1}{C_2} + \dfrac{1}{C_1}}$。

【逻辑推理】根据相位平衡条件 $\varphi_A + \varphi_F = 2n\pi(n = 0,1,2,\cdots)$ 判断电路是否可能产生振荡，然后根据振荡频率的估算方法对 f_0 进行估算。

【解题过程】① 电路可能振荡。因为 $\varphi_A = 180°$，$\varphi_F = 180°$，$\varphi_A + \varphi_F = 360°$，满足相位平衡条件。

② 电路的振荡频率的表示式为

$$f_0 \approx \frac{1}{2\pi\sqrt{L\dfrac{1}{\dfrac{1}{C_3} + \dfrac{1}{C_2} + \dfrac{1}{C_1}}}}$$

由于 $C_3 \ll C_2$，$C_3 \ll C_1$，则电路的振荡频率可近似表示为

$$f_0 \approx \frac{1}{2\pi\sqrt{LC_3}} = \frac{1}{2\pi\sqrt{0.5\times10^3\times10\times10^{-12}}}\ \text{Hz} \approx 2.25\text{MHz}$$

③ 若 C_3 短路，则电路的振荡频率可表示为

$$f_0 \approx \frac{1}{2\pi\sqrt{L\dfrac{C_1C_2}{C_1+C_2}}} = \frac{1}{2\pi\sqrt{0.5\times10^3\times\dfrac{500\times500}{500+500}\times10^{-12}}}\ \text{Hz}$$

$$\approx 450\text{kHz}$$

习题 9-10 逻辑推理 根据相位平衡条件 $\varphi_A+\varphi_F=\pm2n\pi(n=0,1,2,\cdots)$ 进行连线；根据各个电路振荡频率的估算公式，代入数据计算。

解题过程 ①(a)j 接 k,m 接 n。

(b)j 接 m,k 接 n。

②(a) 本电路实质上是一个电感三点式振荡电路，则电路的振荡频率为

$$f_0 = \frac{1}{2\pi\sqrt{(L_1+L_2+2M)C}}$$

$$= \frac{1}{2\pi\sqrt{(2+3+2\times0.5)\times10^3\times300\times10^{-12}}}\ \text{Hz}$$

$$\approx 190\text{kHz}$$

(b) 本电路实质上是一个电容三点式振荡电路，则电路的振荡频率为

$$f_0 = \frac{1}{2\pi\sqrt{L\dfrac{C_1C_2}{C_1+C_2}}} = \frac{1}{2\pi\sqrt{5\times10^{-3}\times\dfrac{200\times200}{200+200}\times10^{-12}}}\ \text{Hz}$$

$$\approx 225\text{kHz}$$

△ **习题 9-11** 知识点窍 正弦波振荡电路的相位平衡条件，电容三点式及其改进型振荡电路的振荡频率的估算，改进型振荡电路的振荡频率为

$$f_0 \approx \frac{1}{2\pi\sqrt{L\dfrac{1}{\dfrac{1}{C_3}+\dfrac{1}{C_2}+\dfrac{1}{C_1}}}}$$

逻辑推理 根据振荡电路的相位平衡条件 $\varphi_A+\varphi_F=\pm2n\pi(n=0,1,2,\cdots)$

进行连线，然后根据振荡频率的估算公式对 f_0 进行估算。

解题过程 ① 根据正弦波振荡电路的相位平衡条件，电路的正确接法为 J 接 M、K 接 P、H 接 N

② 在 ① 的基础上，电路接成电容三点式改进式振荡电路，则电路的振荡频率的表示式为

$$f_0 \approx \frac{1}{2\pi\sqrt{L\dfrac{1}{\dfrac{1}{C_3}+\dfrac{1}{C_2}+\dfrac{1}{C_1}}}}$$

由于 $C_3 \ll C_2, C_3 \ll C_1$，因此电路的振荡频率可近似表示为

$$f_0 = \frac{1}{2\pi\sqrt{LC_3}} = \frac{1}{2\pi\sqrt{0.2\times10^{-3}\times10\times10^{-12}}}\ \text{Hz}$$

$$\approx 3.56\times10^6\,\text{Hz} = 3.56\text{MHz}$$

③ 如果 C_3 短路，则

$$f_0 = \frac{1}{2\pi\sqrt{L\dfrac{C_1C_2}{C_1+C_2}}}$$

$$= \frac{1}{2\pi\sqrt{0.2\times10^{-3}\times\dfrac{300\times300}{300+300}\times10^{-12}}}\ \text{Hz}$$

$$\approx 0.92\times10^6\,\text{Hz} = 920\text{kHz}$$

习题 9-12 **知识点窍** 串联型石英晶体振荡电路的工作原理。

逻辑推理 首先根据正弦波振荡电路产生振荡的条件及石英晶体的特性连接电路，然后根据串联型石英晶体振荡电路的工作原理进行分析。

解题过程 ① 为使电路产生正弦波振荡，正确的连接方式为 j 接 m。

② 此电路为串联型石英晶体振荡电路。

③ 根据串联型石英晶体振荡电路的工作原理可知，石英晶体工作在 f_s，此时的石英晶体相当于一个小电阻。

习题 9-13 **知识点窍** 并联型石英晶体振荡电路的工作原理。

逻辑推理 首先判断电路的类型，然后判断石英晶体的工作状态。

解题过程 ① 该石英晶体振荡电路满足自激振荡的相位平衡条件。

② 该电路属于并联型石英晶体振荡器，石英晶体等效于一个电感，工作在 f_s 和 f_p 之间。

习题 9-14 知识点窍 矩形波发生电路的工作原理；矩形波的振荡周期为

$$T = 2RC\ln\left(1+\frac{2R_1}{R_2}\right)$$

逻辑推理 假设 $t=0$ 时，电容 C 上的电压 $u_C=0$，且 $u_O=u_Z$，则 $u_+=\frac{R_1}{R_1+R_2}u_Z$，此时输出电压 u_Z 将通过电阻 R 向电容 C 充电，使 u_C 升高。当 $u_C=u_-=u_+$ 时，滞回比较器的输出端将发生跳变，由高电平跳变为低电平使 $u_O=-u_Z$，则 $u_+=-\frac{R_1}{R_1+R_2}u_Z$，电容 C 将通过 R 放电使 u_C 降低；当 $u_C=u_-=u_+$ 时，$u_O=+u_Z$，以后重复上述变化，根据以上描述画出波形。

解题过程 ①u_O 和 u_C 的波形如图解 P9-14 所示。

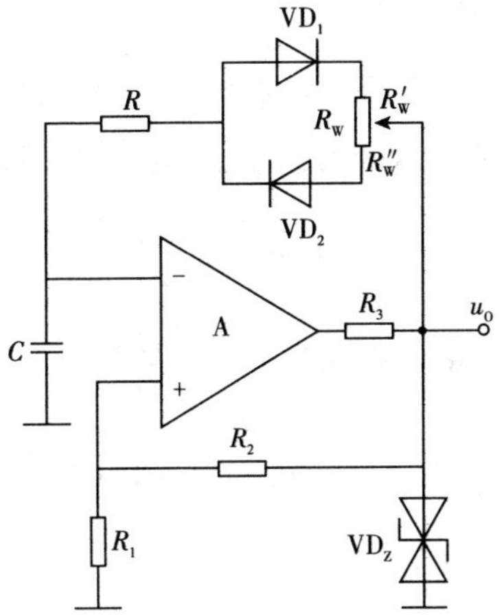

图解 P9-14

$$②T = 2R'C\ln\left(1+\frac{2R_1}{R_2}\right)$$

$$= 2(R+0.5R_W)C\ln\left(1+\frac{2R_1}{R_2}\right)$$

$$= \left[2\times 6\times 10^4\times 10^{-8}\ln\left(1+\frac{2\times 12}{15}\right)\right]\text{s}$$

$$= 1.15\times 10^{-3}\text{s} = 1.15\text{ms}$$

③$U_{om} = U_Z = 6\text{V}$

由运算放大器“虚短”“虚断”的特性和电压串联负反馈的特点得

$$U_{Cm} = \frac{R_1}{R_1+R_2}U_{om} = \frac{R_1}{R_1+R_2}U_Z$$

$$= \frac{12}{12+15}\times 6\text{V} = 2.7\text{V}$$

习题 9-15 知识点窍 占空比可调的矩形波发生电路的工作原理；电容的充电时间为

$$T_1 = (R+R''_W)C\ln\left(1+\frac{2R_1}{R_2}\right)$$

放电时间为

$$T_2 = (R+R'_W)C\ln\left(1+\frac{2R_1}{R_2}\right)$$

输出波形的振荡周期为 $T = T_1 + T_2$，矩形波的占空比为

$D = T_1/T$

逻辑推理 根据 T_1、T_2、T、D 的计算公式代入数据计算可解得各参数的值。

解题过程 ① 当电位器的滑动端调到最上端时，电容的充电时间为

$$T_1 = (R+R''_W)C\ln\left(1+\frac{2R_1}{R_2}\right)$$

$$= (R+R_W)C\ln\left(1+\frac{2R_1}{R_2}\right)$$

$$= \left[(10+100)\times 10^3\times 0.01\times 10^{-6}\ln\left(1+\frac{2\times 12}{15}\right)\right]\text{s}$$

$$= 1.05\times 10^{-3}\text{s} = 1.05\text{ms}$$

放电时间为

$$T_2 = (R+R'_W)C\ln\left(1+\frac{2R_1}{R_2}\right)$$

$$= RC\ln\left(1+2\frac{R_1}{R_2}\right)$$

$$= \left[10\times 10^3\times 0.01\times 10^{-6}\times\ln\left(1+\frac{2\times 12}{15}\right)\right]\text{s} = 0.096\text{ms}$$

则输出波形的振荡周期为

$$T = T_1 + T_2 = (1.05 + 0.096)\text{ms} \approx 1.15\text{ms}$$

占空比为

$$D = \frac{T_1}{T} = \frac{1.05}{1.15} \approx 0.92$$

当电位器调至最下端时，电容的充电时间为

$$\begin{aligned} T_1 &= (R + R''_W)C\ln\left(1 + \frac{2R_1}{R_2}\right) \\ &= RC\ln\left(1 + \frac{2R_1}{R_2}\right) \\ &= \left[10 \times 10^3 \times 0.01 \times 10^{-6}\ln\left(1 + \frac{2 \times 12}{15}\right)\right]\text{s} \\ &= 0.096\text{ms} \end{aligned}$$

电容的放电时间为

$$\begin{aligned} T_2 &= (R + R'_W)C\ln\left(1 + \frac{2R_1}{R_2}\right) \\ &= \left[(10 + 100) \times 10^3 \times 0.01 \times 10^{-6} \times \ln\left(1 + \frac{2 \times 12}{15}\right)\right]\text{s} \\ &= 1.05 \times 10^{-3}\text{s} = 1.05\text{ms} \end{aligned}$$

则输出波形的振荡周期为

$$T = T_1 + T_2 = 0.096\text{ms} + 1.05\text{ms} \approx 1.15\text{ms}$$

矩形波的占空比为

$$D = \frac{T_1}{T} = \frac{T_1}{T_1 + T_2} = \frac{0.096}{1.15} \approx 0.08$$

② 当电位器滑动端调至最上端时，输出电压 u_O 和电容上的电压 u_C 的波形图如图解 P9-15 所示。

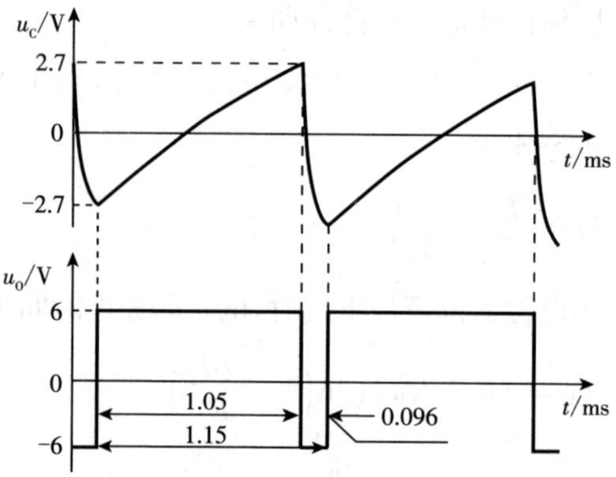

图解 P9-15

习题 9-16 知识点窍 三角波发生电路的工作原理和输出波形。

逻辑推理 首先根据三角波发生电路的工作原理求解 U_{om} 及振荡周期 T 的表达式,然后根据题目中给定的值确定 C 和 R_1 的值,最后根据工作原理画出 u_{O1} 和 u_O 的波形。

解题过程 ① 根据叠加原理有

$$u_+ = \frac{R_1}{R_1 + R_2}u_{O1} + \frac{R_2}{R_1 + R_2}u_O$$

当 u_{O1} 发生跳变时,三角波输出 u_O 达到最大值 U_{om},而 u_{O1} 发生跳变的条件是 $u_+ = u_- = 0$

将 $u_{O1} = -U_Z, u_+ = 0$ 代入上式得

$$0 = \frac{R_1}{R_1 + R_2}(-U_Z) + \frac{R_2}{R_1 + R_2}U_{om}$$

由此可解得三角波输出的幅度为

$$U_{om} = \frac{R_1}{R_2}U_Z$$

$$R_1 = \frac{U_{om}R_2}{U_Z} = \frac{3 \times 20}{40}\text{k}\Omega = 15\text{k}\Omega$$

由三角波的振荡周期为

$$T = \frac{4R_4CU_{om}}{U_Z} = \frac{4R_1R_4C}{R_2}$$

解得

$$C=\frac{TR_2}{4R_1R_4}=\frac{1\times10^3\times20\times10^{-3}}{4\times15\times10^3\times100\times10^3}\text{F}\approx0.0033\mu\text{F}$$

② 输出电压 u_{O1} 和 u_O 的波形图如图解 P9-16 所示。

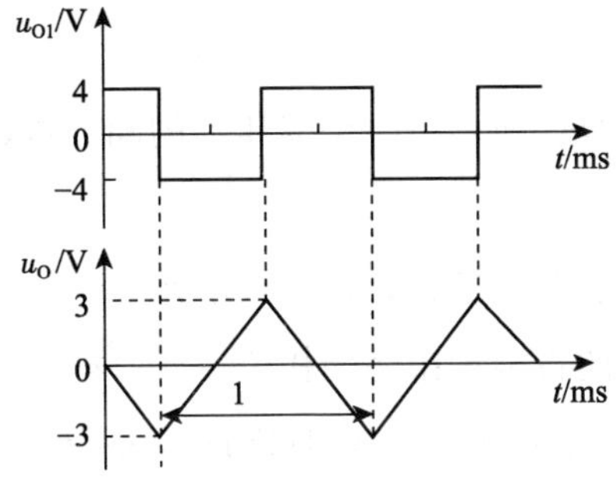

图解 P9-16

习题 9-17 解题过程 当电位器 R_W 的滑动端调在离上端 10% 的位置时

$R'_W=10\%R_W=3\text{k}\Omega$，$R''_W=27\text{k}\Omega$。

所以 $T_1=\dfrac{2R_1R'_WC}{R_2}=\dfrac{2\times20\text{k}\Omega\times3\text{k}\Omega\times0.05\mu\text{F}}{15\text{k}\Omega}=0.4\text{ms}$

$T_2=\dfrac{2R_1R''_WC}{R_2}=\dfrac{2\times20\text{k}\Omega\times27\text{k}\Omega\times0.05\mu\text{F}}{15\text{k}\Omega}=3.6\text{ms}$

$T=T_1+T_2=4\text{ms}$，锯齿波的幅度 $U_{om}=\dfrac{R_1}{R_2}U_Z=8\text{V}$

u_{O1} 和 u_O 的波形图如图解 P9-17 所示。

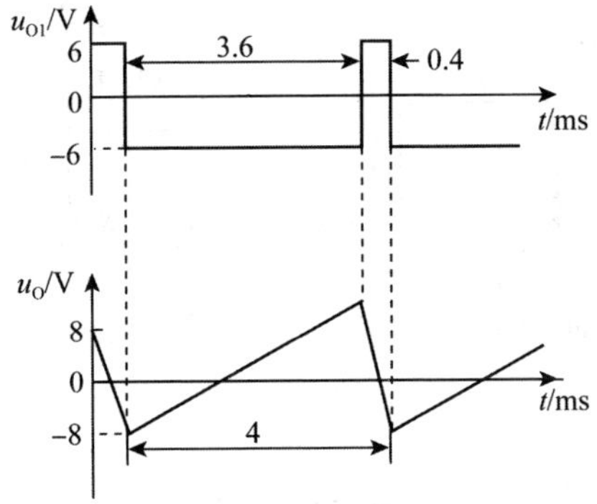

图解 P9-17

典型提高题

题 9-1 分别标出图 D9-1 所示电路中变压器的同名端，使之满足正弦波振荡的相位条件。

【知识点窍】 *LC* 谐振正弦波发生电路的分析。

【逻辑推理】 要判断能否满足振荡的相位条件，只要将反馈的输出端与放大电路输入端断开，并在放大电路输入端加上“瞬时极性”，逐级分析，直至反馈输出端；同极性为“+”则可起振，否则不可。因此为了找出电感的同名端，可从反馈输出端和放大电路输入端同时向电感逐级分析。

解： 图(a) 为共射组态，把反馈输出与基极断开，并在 *T* 的基极和反馈输出端同时加上“+”，从而可判断电感同名端，如图 D9-1(a) 所示。

图(b) 分析方法同图(a)，如图 D9-1(b) 所示。

图(c) *T* 为共基组态，将反馈输出与 *T* 的射极断开，并同时加上“+”，同名端如图 D9-1(c) 所示。

图(d) 为共源组态，将电感与栅极断开，可得到同名端，如图 D9-1(d) 所示。

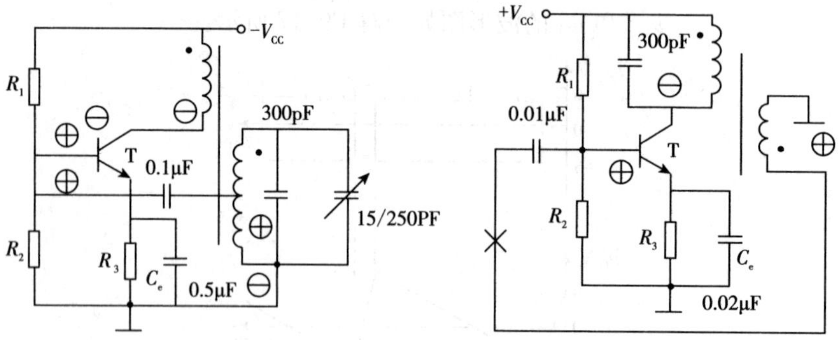

(a)　　(b)

图 D9-1(一)

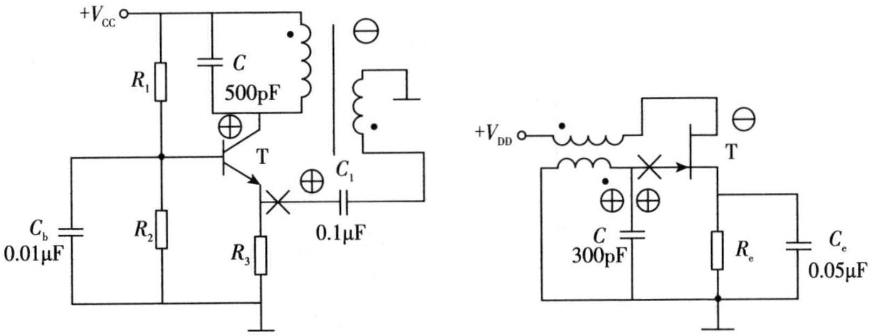

（c）　　（d）

图 D9-1(二)

题 9-2　分别判断图 D9-2 所示各电路是否可能产生正弦波振荡。

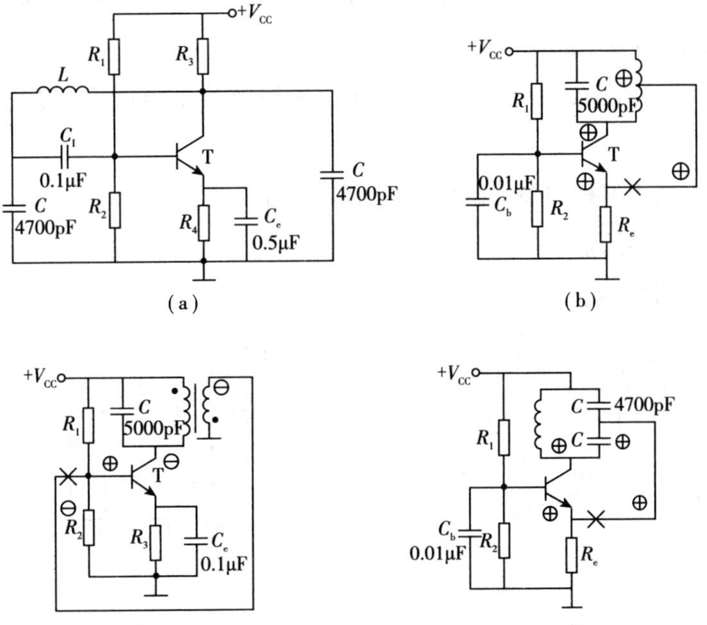

（a）　　（b）

（c）　　（d）

图 D9-2

【知识点窍】　三点式 LC 正弦波振荡电路。

【逻辑推理】　要判断三点式 LC 正弦波振荡电路能否振荡，可用“瞬时极性法”对相位条件进行判断，另外还要注意电路的直流偏置是否正确。

解：由三点式 LC 振荡电路的概念，画出图 D9-2(a) 所示的交流通路，如图解 D9-2 所示。然后利用“瞬时极性法”可知，图 D9-2(a) 所示电路可以振荡。

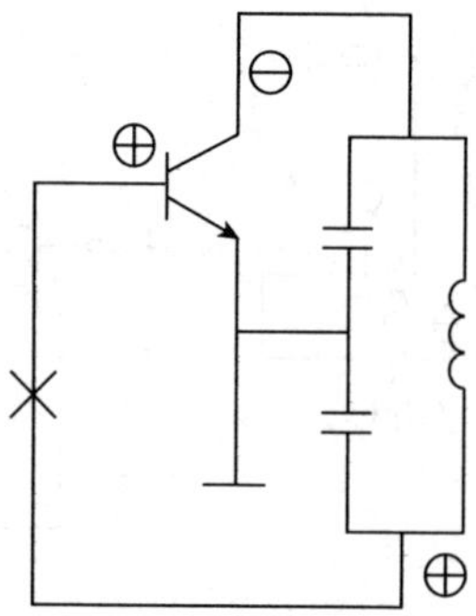

图解 D9-2

用同样的方法分析可知，图 D9-2(d) 所示电路也可振荡。

图 D9-2(b)、(c) 所示电路的直流工作点有问题，图 D9-2(c) 所示电路不满足相位条件，故不能振荡。

题 9-3　由运算放大器组成的正弦波振荡器及热敏电阻 R_t 的特性如图 D9-3 所示。

① 该电路属于何种类型的振荡器？能否起振和稳幅？

② 计算振荡器的输出幅度 V_{opp}（峰 - 峰值）。

③ 计算振荡频率 f_0。

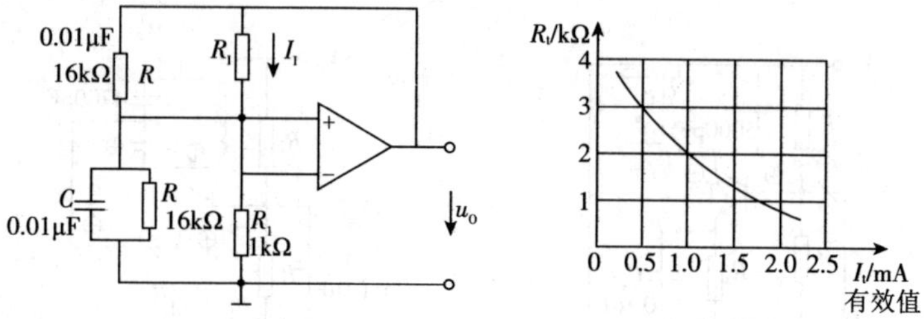

(a)　　(b)

图 D9-3

【知识点窍】　电路的起振条件：

$$\begin{cases} |\dot{A}\dot{F}| = 1 & \text{幅度平衡条件} \\ \varphi_A + \varphi_F = \pm 2n\pi\ (n = 0,1,2,\cdots) & \text{相位平衡条件} \end{cases}$$

非线性元件的稳振原理。

【逻辑推理】　首先根据幅度平衡条件和相位平衡条件判断电路是否能起振，根据

R_t 的特性判断能否稳幅，再根据 $f_0=\frac{1}{2\pi RC}$ 计算振荡频率 f_0。

解：① 这是一个 RC 桥式振荡器。

它由 RC 串并联选频网络把反馈引到运算放大器的同相输入端，形成正反馈网络，在振荡频率下正反馈网络的相移为 0，故满足振荡的相位条件，并且反馈系数 $F_u=\frac{1}{3}$。由 R_t、R_1 把反馈引到运算放大器的反相端形成负反馈网络，以控制运算放大器的电压放大倍数 A_u，使之满足振荡的幅度条件。

根据电路参数及 R_t 特性，在起振前由于 R_t 具有较大的阻值，使电压放大倍数 $A_u=\frac{R_t+R_1}{R_1}>3$，因此，环路放大倍数 $A_uF_u>1$，满足起振条件，即电路能够自行起振。

振荡器起振后，由于振幅不断增大，使通过 R_t 的电流也随之增大。然而，由 R_t 的特性可知，通过 R_t 的电流增大会使其阻值减少，这就使电路的负反馈作用得到加强，使放大倍数减小，从而限制了幅度的进一步增大，使振幅趋于稳定。

② 振荡器的振幅稳定以后，放大器的电压放大倍数为 $A_u=\frac{R_t+R_1}{R_1}=3$

由于 $R_1=1\text{k}\Omega$，则 $R_t=3R_1-R_1=2\text{k}\Omega$

由 R_t 的特性可知，此时通过 R_t 的电流 I_t 为 1mA。因为运算放大器的输入电流为零，所以通过 R_t 的电流也是 1mA，故输出电压的有效值为

$u_O=I_t(R_t+R_1)=3\text{V}$

输出电压的峰 - 峰值为 $V_{opp}=2\sqrt{2}u_O=2\sqrt{2}\times 3\text{V}\approx 8.49\text{V}$

③ 振荡频率是由 RC 串并联网络的参数决定的，即

$$f_0=\frac{1}{2\pi RC}=\frac{1}{2\pi\times 16\times 10^3\times 0.01\times 10^{-6}}\text{Hz}=995\text{Hz}$$

题 9-4 具有 Schmitt FF 结构的反相器 74LS14 组成图 D9-4(a) 所示的矩形波电路，图 D9-4(b) 为 74LS14 的电压传输特性曲线。

① 定性画出图 D9-4(a) 中 u_C 和 u_O 的波形。

② 导出输出 u_O 振荡周期 T 的表达式。

③ 当 R 取值为 $50\text{k}\Omega\sim 1\text{M}\Omega$，$C$ 为 $100\text{pF}\sim 1\mu\text{F}$ 时，求 u_O 周期 T 的范围。

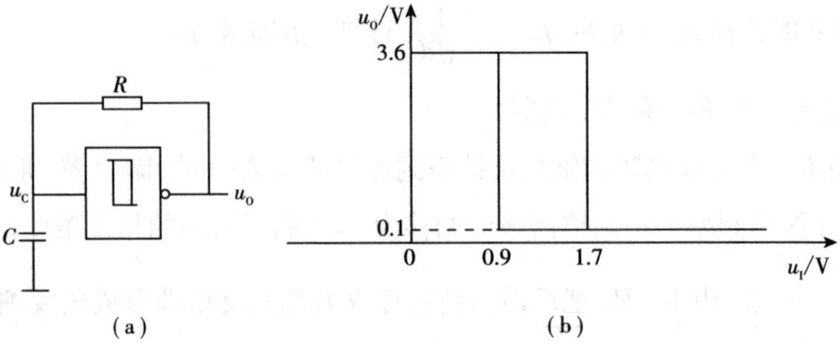

图 D9-4

【知识点窍】 阈值的含义；电容的充放电原理。

【逻辑推理】 首先从特性曲线上求出 74LS14 的阈值，然后判断输出电压 u_O 的变化，在以上分析的基础上再求解振荡周期 T。

解：① 由图 D9-4(b) 所示的特性曲线可知，74LS14 的正触发阈值为 $U_{T+} = 1.7V$，负触发阈值 $U_{T-} = 0.9V$。

根据图 D9-4(a) 所示的电路可知，当输出 u_O 为高电平时，将通过电阻 R 对电容进行充电，电容 C 上的电压 u_C 充电至大于 U_{T+} 时，u_O 将由高电平跳为低电平；反之，当输出 u_O 处于低电平时，电容 C 上的电压 u_C 将通过电阻 R 放电，当 u_C 值降为小于 U_{T-} 时，输出 u_O 将由低电平跳为高电平。u_O、u_C 的变化波形如图解 D9-4 所示。

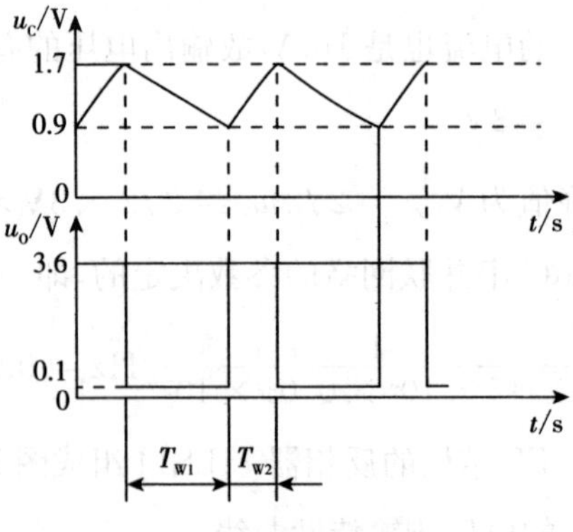

图解 D9-4

② 由图解 D9-4 的波形可知，当 u_C 值上升至 1.7V 时，u_O 跳为低电平 0.1V，电容 C 放电；当 u_O 值降为 0.9V 时，u_O 跳为高电平。电容 C 的充电、放电过程，在输出端 u_O 得到了周期 $T = T_{W1} + T_{W2}$ 的矩形波。

T_{W1} 期间 $u_C(t)$ 的边界条件为

$u_C(0) = 1.7V, u_C(\infty) = 0.1V, u_C(T_{W1}) = 0.9V$

按三要素公式，可求得

$$T_{W1} = \tau \ln \frac{u_C(\infty) - u_C(0)}{u_C(\infty) - u_C(T_{W1})} = \tau \ln \frac{0.1 - 0.7}{0.1 - 0.9} = 0.69\tau$$

T_{W2} 期间的边界条件为

$u_C(0) = 0.9V, u_C(\infty) = 3.6V, u_C(T_{W2}) = 1.7V$

按三要素公式，求得：$T_{W2} = 0.35$，τ 为电路充、放电时间常数，即有 $\tau = RC$

因此，电路振荡周期 T 的表达式为

$\tau = T_{W1} + T_{W2} = 1.04\tau = 1.04RC$

③ 当 $R = 50k\Omega, C = 100\mu F$ 时，T 有最小值 T_{min}：

$$T_{min} = 1.04 \times 50 \times 10^3 \times 100 \times 10^{-12} s$$
$$= 5.2 \times 10^{-6} s = 5.2\mu s$$

当 $R = 1M\Omega, C = 1\mu F$ 时，T 有最大值 T_{max}：

$T_{max} = 1.04 \times 10^{-6} \times 10^{-6} s = 1.04s$

第十章 直流电源

知识要点概述

1. 掌握单相桥式整流电路的工作原理，输出直流电压 $U_{O(AV)}$ 与变压器副边电压 U_2 的关系。

2. 掌握电容滤波电路的滤波原理和电路特点，滤波电容 C 的选择原则，输出直流电压 $U_{O(AV)}$ 与变压器副边电压 U_2 的关系。

3. 掌握硅稳压管稳压电路的工作原理，稳压系数和内阻的估算，限流电阻的选择原则。

4. 掌握串联型直流稳压电路的组成，稳压原理以及输出电压调节范围的估算方法。

5. 理解其他各种单相整流电路的工作原理以及各种整流电路性能的比较。

6. 理解其他各种滤波电路的特点以及各种滤波电路性能的比较。

7. 理解晶闸管桥式可控整流电路的工作原理，输出电压 $U_{O(AV)}$ 与控制角 α 和变压器副边电压 U_2 的关系。

8. 了解倍压整流电路的工作原理和特点。

9. 了解三端集成稳压电路的优点、电路组成、工作原理和使用方法。

10. 了解开关型稳压电路的特点和工作原理。

11. 了解晶闸管和单结管的工作原理以及单结管触发电路的工作原理。

内容概要

本章首先介绍在小功率直流电源中常用的单相整流电路的工作原理，其次介绍各种滤波电路的性能并扼要介绍倍压整流电路的特点，然后介绍硅稳压管组成的稳压电路以及串联型直流稳压电路的稳压原理，最后对近年来迅速发展的集成化稳压电源和开关型稳压电路进行了简要的介绍。

一、直流电源的组成

直流电源一般包括四个组成部分：

(1) 电源变压器。

(2) 整流电路。

(3) 滤波器。

(4) 稳压电路。

二、单相整流电路

在小功率的直流电源中，常用的整流电路有三种：

(1) 单相半波整流电路。

(2) 单相全波整流电路。

(3) 单相桥式整流电路。

以上三种单相整流电路的主要参数及优缺点见表 10-1。

表 10-1　三种单相整流电路的比较

名称	单相半波整流电路	单相全波整流电路	单相桥式整流电路
输出直流电压 $U_{O(AV)}$	$0.45U_2$	$0.9U_2$	$0.9U_2$
脉动系数 S	157%	67%	67%
二极管正向平均电流 $I_{D(AV)}$	$I_{O(AV)}$	$\frac{1}{2}I_{O(AV)}$	$\frac{1}{2}I_{O(AV)}$
二极管最大反向电压 U_{RM}	$\sqrt{2}U_2$	$2\sqrt{2}U_2$	$\sqrt{2}U_2$
优点	结构简单，只用一个整流二极管	输出波形中脉动成分相对较小，直流输出电压相对较高	输出电压与全波整流相同，且二极管承受的反向电压不高
缺点	输出波形脉动大，直流输出电压低，变压器半周不导电，利用率低	二极管承受的反向电压高，要求变压器有中心抽头，每个线圈只有半周导电	需用4个整流二极管

三、滤波电路

(1) 滤波电路的作用：尽量降低输出直流电压中的脉动成分，同时尽量保留输出直流电压中的直流成分，从而降低输出电压的脉动系数 S，使输出电压的波形更加平滑。

(2) 滤波电路的主要构成元件：

1) 电容 C。

2) 电感 L。

(3) 几种常见的滤波电路：

1) 电容滤波电路。

2) RC-Π 型滤波电路。

3) LC-Π 型滤波电路。

4) 电感滤波电路。

5) LC 滤波电路。

各种滤波电路的主要技术参数和主要特点见表 10-2。

表 10-2　各种滤波电路的性能比较

名称	电容滤波	RC-Π 型滤波	LC-Π 型滤波	电感滤波	LC 滤波
$U'_{O(AV)}$	$\approx 1.2U_2$	$\approx 1.2U_2$	$\approx 1.2U_2$	$0.9U_2$	$0.9U_2$
脉动系数 S（近似值）	$\dfrac{1}{\dfrac{4R_LC}{T}-1}$	$\dfrac{1}{\omega C_2 R'}S'$ $R' = R//R_L$	$\dfrac{1}{\omega^2 LC}S'$	$\dfrac{R_L}{\omega L}S'$	$\dfrac{1}{\omega^2 LC}\times 67\%$
整流管电流	冲击电流大	冲击电流大	冲击电流大	冲击电流小	冲击电流小
外特性	软	更软	软	硬	硬
适用场合	小电流	小电流	小电流	大电流	适应性较强
主要特点	电路简单，假如要求脉动系数很小，则滤波电容值太大	脉动系数比电容滤波小，但电阻 R 上有直流压降	脉动系数更小，电感 L 上无直流压降，但电感笨重	整流管电流比较平衡，但电感笨重	对负载适应性强，整流管电流比较平稳，但电感笨重

四、倍压整流电路

倍压整流电路是一种特殊的整流电路，它的作用有两个方面：

(1) 整流：将交流电转换成直流电。

(2) 倍压：在同样的变压器副边电压之下，可以得到高出若干倍的直流输出电压。

五、硅稳压管稳压电路

硅稳压管稳压电路原理图如图 10-1 所示。

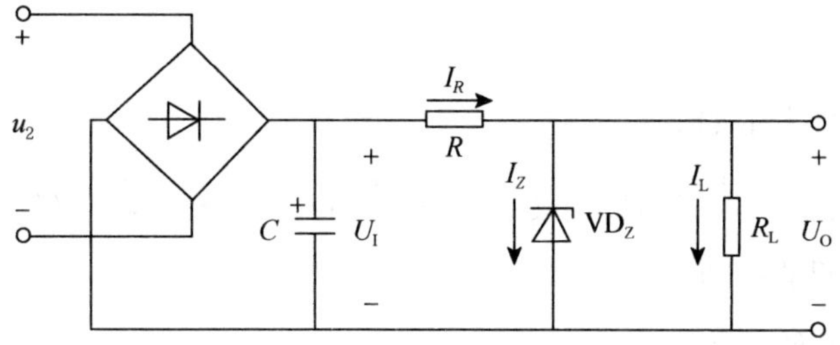

图 10-1

稳压原理可从两方面说明：

(1) 当电网电压波动时，输入电压 U_I 发生变化：

$U_I\uparrow\rightarrow U_O\uparrow\rightarrow I_Z\uparrow\rightarrow I_R\uparrow\rightarrow U_R\uparrow\rightarrow U_O\downarrow$

(2) 当负载电流 I_L 发生变化时：

$I_L\uparrow\rightarrow I_R\uparrow\rightarrow U_O\uparrow\rightarrow I_Z\downarrow\rightarrow I_R\downarrow\rightarrow U_O\downarrow$

硅稳压管稳压电路中限流电阻的估算：

$$R>\frac{U_{\mathrm{Imax}}-U_Z}{I_{\mathrm{Zmax}}+I_{\mathrm{Lmin}}}$$

$$R<\frac{U_{\mathrm{Imin}}-U_Z}{I_{\mathrm{Zmin}}+I_{\mathrm{Lmax}}}$$

六、串联型直流稳压电路

串联型直流稳压电路的电路原理图如图 10-2 所示。

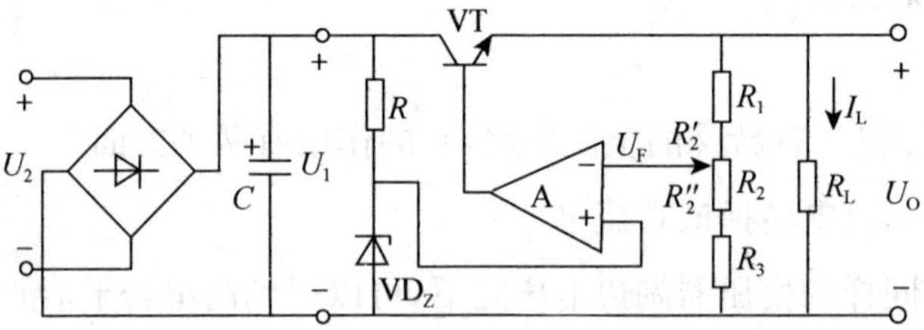

图 10-2

稳压电路包括四个组成部分：

(1) 采样电阻。

(2) 放大电路。

(3) 基准电压。

(4) 调整管。

其稳压原理可表示如下：

$U_O\uparrow\xrightarrow{\text{采样}}U_F\uparrow\xrightarrow{\text{比较}}(U_Z-U_F)\downarrow\xrightarrow{\text{放大}}U_{BE}\downarrow\rightarrow I_C\downarrow\rightarrow U_{CE}\uparrow\xrightarrow{\text{调整}}U_O\downarrow$

输出电压的调节范围：

$$U_{\mathrm{Omin}}=\frac{R_1+R_2+R_3}{R_2+R_3}U_Z$$

$$U_{Omax}=\frac{R_1+R_2+R_3}{R_3}U_Z$$

七、开关型稳压电路的特点

(1) 优点如下：

1) 效率高。

2) 体积小、重量轻。

3) 对电网电压的要求不高。

(2) 缺点如下：

1) 调整管的控制电路比较复杂，调试比较麻烦。

2) 输出电压中纹波和噪声成分比较大。

八、可控整流电路

(1) 单相桥式可控整流电路输出电压的平均值为

$$U_{O(AV)}=\frac{1}{\pi}\int_{\alpha}^{\pi}\sqrt{2}U_2\sin\omega t\,d(\omega t)=\frac{2\sqrt{2}}{\pi}U_2\,\frac{1+\cos\alpha}{2}$$

$$=0.9U_2\,\frac{1+\cos\alpha}{2}$$

(2) 单相桥式可控整流电路输出电流的平均值为

$$I_{O(AV)}=\frac{U_{O(AV)}}{R_L}=0.9\,\frac{U_2}{R_L}\,\frac{1+\cos\alpha}{2}$$

(3) 晶闸管两端承受的最大反向电压为

$$U_{TM}=\sqrt{2}U_2$$

习题与思考题

习题 10-1 知识点窍 单相桥式整流电路的工作原理。

逻辑推理 在桥式整流电路中,负载上得到的电压为

$$U_{O(AV)} = \frac{1}{2\pi}\int_0^{2\pi} U_O(\omega t) = \frac{1}{\pi}\int_0^{2\pi} \sqrt{2}U_2 \sin \omega t \, d(\omega t)$$

$$= \frac{2\sqrt{2}}{\pi}U_2 = 0.9U_2$$

而单相半波整流电路只有半个周期导电,则负载上得到的电压为

$U_{O(AV)} = 0.45U_2$

解题过程 ① 正常工作时,直流输出电压为

$U_{O(AV)} = 0.9U_2 = 0.9 \times 10V = 9V$

② 如果三极管 VD_1 虚焊,则电路成为单相半波整流电路,此时直流输出电压为

$U_{O(AV)} = 0.45U_2 = 0.45 \times 10V = 4.5V$

③ 如果 VD_1 极性接反,在 U_2 的负半周将有很大的短路电流通过 VD_3 和 VD_1,可能将整流管和变压器烧毁。

④ 如果四个二极管全接反,则

$U_{O(AV)} = 0.9 \times (-U_2) = 0.9 \times (-10V) = -9V$

习题 10-2 知识点窍 运用整流电路的基本原理,对能输出两种极性直流电压的桥式整流电路进行分析。

逻辑推理 根据二极管的单向导电性,运用整流电路的基本原理进行分析:在 U_{21} 的正半周,VD_1 导通,电流自上而下流经 R_{L1};在其负半周,VD_4 导通,电流自下而上流经 R_{L2},同时对 U_{22} 的正半周、负半周进行分析,即可判断 u_{O1}、u_{O2} 的大小与方向。

解题过程 通过对 R_{L1}、R_{L2} 上电流方向的判断可知

$U_{O(AV)1}$ 对地为正,$U_{O(AV)2}$ 对地为负

当 $U_{21} = U_{22} = 20V$ 时

$U_{O(AV)1} = 0.45U_{21} + 0.45U_{22} = 0.45 \times (20 + 20)V = 18V$

$U_{O(AV)2} = -0.45U_{21} - 0.45U_{22} = -0.45 \times (20 + 20)V = -18V$

当 $U_{21} = 22V, U_{22} = 18V$ 时

$$U_{O(AV)1} = 0.45 \times (U_{21} + U_{22}) = 0.45 \times (22 + 18)\text{V} = 18\text{V}$$

$$U_{O(AV)2} = -0.45 \times (U_{21} + U_{22}) = -0.45 \times (22 + 18)\text{V} = -18\text{V}$$

u_{O1} 和 u_{O2} 的波形如图解 P10-2 所示。

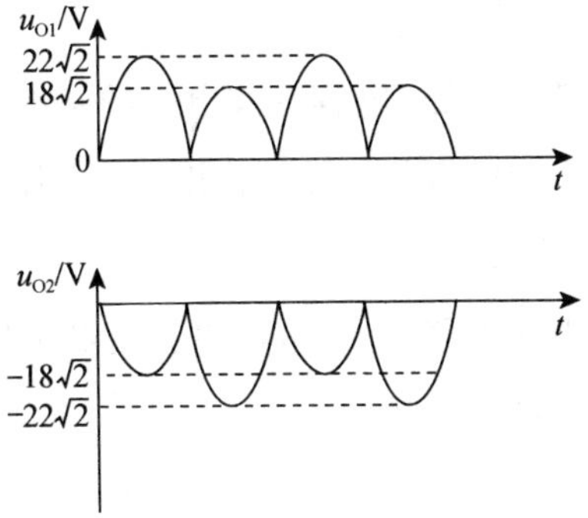

图解 P10-2

习题 10-3 知识点窍 滤波电路中电容和电感连接的原则：电容与负载并联，电感与负载串联。

逻辑推理 根据滤波的基本原理及电容和电感的连接原则进行判断。

解题过程 ① 电路中电容与负载串联，电感与负载并联，不符合滤波电路中电容和电感连接的原则。直流成分被电容隔断，交流成分保留在输出端的负载上，因此电路完全不能起滤波作用。

② 电路对直流成分基本上不衰减；对交流成分，在频率 $f = \frac{1}{2\pi\sqrt{LC_1}}$ 时，LC_1 回路发生并联谐振阻抗为无穷大，故此时有较好的滤波作用；对其他频率的交流信号也有衰减作用，也能起到滤波作用。

③ 直流成分在 R、R_L 之间进行分压，因此有一定的衰减；交流成分在电阻 R 与阻抗$(R_L // \frac{1}{j\omega C})$之间分压，衰减得更多，因此电路有滤波作用，但直流成分有一定的损失。

习题 10-4 知识点窍 各种滤波电路的性能特点。

逻辑推理 根据各种滤波电路的不同性能，如适用场合、$U_{O(AV)}$ 的大小及脉动系数的大小等，还有题目的要求进行选择。

解题过程 ① 电感滤波。

② 电容滤波或 RC-Π 型滤波。

③LC 滤波。

④LC-Π 型滤波。

习题 10-5 知识点窍 桥式整流电路、电容滤波电路的基本工作原理;电容滤波电路中滤波电容的选择原则;输出直流电压 $U_{O(AV)}$ 与变压器副边电压 U_2 的关系。

逻辑推理 根据不同电路形式下,输出直流电压与变压器副边电压 U_2 的不同关系进行分析。

解题过程 ①$R_L C = (40 \times 1000 \times 10^{-6})\text{s} = 0.04\text{s}$

$$\frac{T}{2} = \frac{0.02}{2}\text{s} = 0.01\text{s}$$

根据桥式整流、电容滤波电路中,若满足条件 $R_L C \geqslant (3 \sim 5)\dfrac{T}{2}$

则认为 $U_{O(AV)} \approx 1.2U_2 = 1.2 \times 20\text{V} = 24\text{V}$

② 如果一个二极管开路,则成为半波整流电容滤波电路,此时 $U_{O(AV)}$ 比正常时要低,但比正常值的一半高得多。

③ (a)$U_{O(AV)} = 18\text{V} = 0.9U_2$,说明电容开路,无滤波作用。

(b)$U_{O(AV)} = 28\text{V} = 1.4U_2$,说明负载电阻 R_L 开路。

(c)$U_{O(AV)} = 9\text{V} = 0.45U_2$,说明为半波整流,且无滤波作用,此时电容开路,且至少有一个二极管开路。

△ **习题 10-6** 知识点窍 二倍压整流电路的工作原理。

逻辑推理 根据二极管的单向导电性及二倍压整流电路的工作原理进行分析。

解题过程 电容 C_2 两端电压的极性为下正上负,电压的大小为

$$U_{C2} = 2\sqrt{2}U_2 = 20\text{V}$$

习题 10-7 知识点窍 多倍压整流电路的工作原理。

逻辑推理 根据多倍压整流电路的工作原理,对每一个电容两端的电压分别进行分析。

解题过程 ① 三倍压整流电路。

$U_{C1}=\sqrt{2}U_2$，上正下负。

$U_{C2}=\sqrt{2}U_2+U_{C1}=2\sqrt{2}U_2$，右正左负。

$U_O=U_{C3}=\sqrt{2}U_2+U_{C2}=3\sqrt{2}U_2$，下正上负。

② 三倍压整流电路。

$U_{C1}=\sqrt{2}U_2$，下正上负。$U_{C3}=\sqrt{2}U_2$，下正上负。

$U_{C2}=\sqrt{2}U_2+U_{C1}=2\sqrt{2}U_2$，下正上负。

$U_O=U_{C2}+U_{C3}=3\sqrt{2}U_2$，下正上负。

③ 四倍压整流电路。

$U_{C2}=\sqrt{2}U_2$，上正下负。$U_{C1}=\sqrt{2}U_2$，下正上负。

$U_{C3}=\sqrt{2}U_2+U_{C1}=2\sqrt{2}U_2$，右正左负。

$U_{C4}=\sqrt{2}U_2+U_{C2}=2\sqrt{2}U_2$，右正左负。

$U_O=U_{C3}+U_{C4}=4\sqrt{2}\ U_2$，右正左负。

④ 四倍压整流电路。

$U_{C3}=\sqrt{2}U_2$，上正下负。$U_{C2}=\sqrt{2}U_2$，上正下负。

$U_{C1}=\sqrt{2}U_2+U_{C3}=2\sqrt{2}U_2$，右正左负。

$U_{C4}=\sqrt{2}\ U_2+U_{C1}-U_{C3}=2\sqrt{2}U_2$，上正下负。

$U_O=U_{C4}+U_{C3}+U_{C2}=4\sqrt{2}U_2$，上正下负。

习题 10-8 知识点窍 硅稳压管的稳压原理。

逻辑推理 首先根据稳压原理分析能否将两个稳压管串并联，再分析各种情况下端电压的大小。

解题过程 两个同一型号的稳压管可以串联运行，其端电压为两管的稳定电压之和，即 $U_{Z1}+U_{Z2}$。也可以将两个稳压管一正一反地对接在一起串联运行，则此时一个二极管工作在稳压状态，另一个工作在正向导电状态，端电压为 U_Z+U_D，U_D 为二极管的正向压降。两个同一型号的稳压管也可并联运行，端电压为两管的稳定电

压 U_Z。但若二者的伏安特性不同，则两管的电流分配将不均衡，此时可能造成其中一个稳压管电流过大，甚至被烧毁，因此稳压管并联在实际工作中很少被采用。

△ **习题 10-9** 知识点窍 硅稳压管稳压电路的组成。

逻辑推理 根据稳压电路的工作原理进行分析。

解题过程 电路的接法如图解 P10-9 所示。

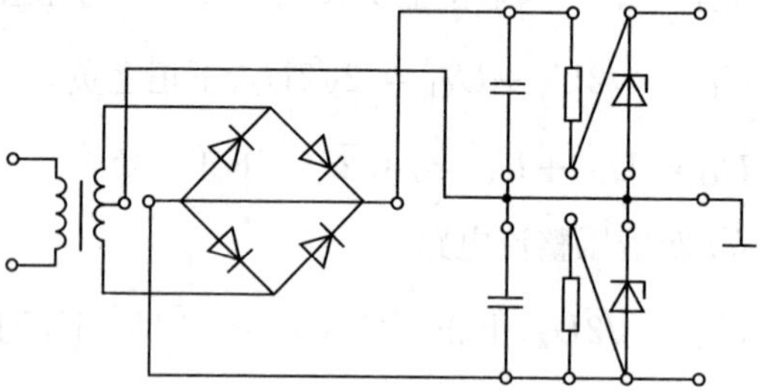

图解 P10-9

习题 10-10 知识点窍 硅稳压管稳压电路的基本工作原理；限流电阻 R 的选择原则：

$$R > \frac{U_{\text{Imax}} - U_Z}{I_{\text{Zmax}} + I_{\text{Lmin}}}, R < \frac{U_{\text{Imax}} - U_Z}{I_{\text{Zmin}} + I_{\text{Lmax}}}$$

逻辑推理 首先根据电路图判断稳压管中的电流的大小，然后根据限流电阻 R 的选择原则选取电阻 R 的大小，进而计算其功耗。

解题过程 ① 当电网电压最高和负载电流最小时，I_Z 的值最大，即稳压管的电流最大。

当电网电压最低和负载电流最大时，I_Z 的值最小，即稳压管的电流最小。

② 当 I_Z 达到最大时

$$\frac{U_{\text{Imax}} - U_Z}{R} = I_{\text{Lmin}} < I_{\text{Zmax}}, \text{即 } R > \frac{U_{\text{Imax}} - U_Z}{I_{\text{Zmax}} + I_{\text{Lmin}}}$$

当 I_Z 达到最小时

$$\frac{U_{\text{Imin}} - U_Z}{R} = I_{\text{Lmax}} > I_{\text{Zmin}}, \text{即 } R < \frac{U_{\text{Imin}} - U_Z}{I_{\text{Zmin}} + I_{\text{Lmax}}}$$

$$I_{\text{Zmax}} = \frac{P_Z}{U_Z} = \frac{25}{0.6}\text{mA} \approx 41.7\text{mA}$$

$$R > \frac{U_{\text{Imax}} - U_Z}{I_{\text{Zmax}} + I_{\text{Lmin}}} = \frac{14-6}{41.7+10}\text{k}\Omega \approx 0.15\text{k}\Omega = 150\Omega$$

$$R < \frac{U_{\text{Imin}} - U_Z}{I_{\text{Zmin}} + I_{\text{Lmax}}} = \frac{12-6}{5+30}\text{k}\Omega \approx 0.17\text{k}\Omega = 170\Omega$$

即 $150\Omega < R < 170\Omega$

现选取限流电阻 $R = 160\Omega$，此电阻上的最大耗散功率为

$$P_R = \frac{(U_{\text{Imax}} - U_Z)^2}{R} = \frac{(14-6)^2}{160}\text{W} = 0.4\text{W}$$

因此可选 160Ω、1W 的碳膜电阻作为限流电阻 R。

习题 10-11 知识点窍 硅稳压管稳压电路的稳压系数和内阻的估算。

逻辑推理 首先画出稳压电路 R_O 的等效电路，再对内阻进行估算；根据稳压系数的定义：当 R_L 不变时，稳压电路的输出电压与输入电压的相对变化量之比，作出估算稳压系数的等效电路，根据定义求解 S_r。

解题过程 ① 估算稳压电路 R_O 的等效电路，如图解 P10-11(a) 所示。

其中 r_Z 为稳压管的动态内阻。

由图解 P10-11(a) 可得 $R_O = \Delta U_O \Delta I_O = r_Z \,/\!/\, R$

由于 $r_Z = 10\Omega \ll R = 750\Omega$，则 $R_O \approx r_Z = 10\Omega$

② 估算稳压系数 S_r 的等效电路，如图解 P10-11(b) 所示。

由图可得 $\Delta U_O = \dfrac{r_Z \,/\!/\, R_L}{(r_Z \,/\!/\, R_L) + R}\Delta U_I$

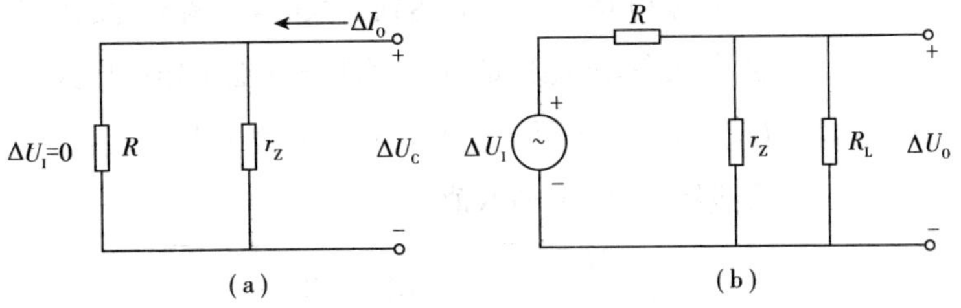

图解 P10-11

满足条件 $r_Z \ll R$ 时，上式可简化为 $\Delta U_O \approx \frac{r_Z}{R}\Delta U_I$

则 $S_r = \frac{\Delta U_O/U_O}{\Delta U_I/U_I} \approx \frac{r_Z}{R} \cdot \frac{U_I}{U_O} = \frac{10}{750} \times \frac{30}{9} \approx 0.044 = 4.4\%$

习题 10-12 知识点窍 串联型直流稳压电路的工作原理及输出电压范围的估算：

$$U_O = \frac{R_1 + R_2 + R_3}{R'_W + R_3} U_Z$$

逻辑推理 根据输出电压范围的估算式对 U_O 进行估算，根据给定的输出电压选择采样电位器 R_W 并由电路图和实际意义确定 U_I 和 R 的值。

解题过程 ① 由输出电压范围的估算式：$U_O = \frac{R_1 + R_2 + R_3}{R'_W + R_3} U_Z$

当 $R_W{}' = 0$，即 R_W 的滑动端在最下端时，输出电压最大为

$U_{Omax} = \frac{R_1 + R_2 + R_3}{R_3} U_Z$

即 $R_1 + R_2 + R_3 = \frac{U_{Omax} R_3}{U_Z} = \frac{15 \times 200}{6}\Omega = 500\Omega$

则 $R_2 = 500\Omega - R_1 + R_3 = 500\Omega - 200\Omega - 200\Omega = 100\Omega$

② 当 R_W 的滑动端在最上端，即 $R'_W = R_2 = 100\Omega$ 时，输出电压最小为

$U_{Omin} = \frac{R_1 + R_2 + R_3}{R_2 + R_3} U_Z = \frac{200 + 100 + 200}{100 + 200} \times 6V = 10V$

③ 根据电路图，当 U_O 达到最大时，若调整管还能很好地工作在放大状态，就能保证其一直能很好地工作在放大状态，此时

$U_I = U_{Omax} + U_{CE} = (15 + 3)V = 18V$

④ 限流电阻 R 的取值为

$R \leqslant \frac{U_I - U_Z}{I_{Zmin}} = \frac{18 - 6}{5}k\Omega = 2.4k\Omega$

可以选择 $R = 2k\Omega$。

习题 10-13 解题过程 ① 由于 $U_O = \frac{R_1 + R_2 + R_3}{R'_2 + R_3}$，$0 \leqslant R'_2 \leqslant 100\Omega$，因此 $12V \leqslant U_O \leqslant 18V$。

② 当 $U_O = U_{Omax} = 18V$ 时，若调整管仍可正常工作，则可符合

要求。

$U_{CE}=U_1-U_O=(24-18)\text{V}=6\text{V}$ 满足要求。

③ 当 $R'_W=100\Omega$ 时，$U_O=U_{Omin}=12\text{V}$ 时

调整管的耗散功率最大 $P_{Omax}=(U_1-U_{Omax})I_E=12\text{A}\times 50\text{mV}=600\text{mW}$

④ 在桥式电容滤波电路中 $U_2=\dfrac{U_1}{1.2}=20\text{V}$

△ **习题 10-14** 知识点窍 串联型直流稳压电路的工作原理及参数值的选择。

逻辑推理 通过对桥式整流电路电压输出的大小、电容滤波的要求以及为保证电路正常工作应选择怎样参数的三极管及电阻等问题的分析，从左到右依次对电路进行检查。

解题过程 ①U_{21} 和 U_{22} 太低。为保证调整管工作在放大状态，通常 $U_{CE1}=3\sim 8\text{V}$，则应使

$$U_{21}=U_{22}=\frac{U_O+(3\sim 8)}{1.2}\text{V}=15\sim 19.2\text{V}$$

② 电容 C_1 的容量太小。

滤波电容的容量应满足 $R_LC\geqslant(3\sim 5)\dfrac{T}{2}$，则

$$C\geqslant(3\sim 5)\frac{T}{2R_L}=1000\sim 1670\mu\text{F}$$

③VT_2 应为 NPN 管，而不应为 PNP 管。

④VT_1 给出的电流不够。

$$I_{E1max}=(1+\beta_1)I_{B1max}=\frac{1+\beta_1}{I_{R1}}=(1+\beta_1)\frac{U_{C1}-U_{B1}}{R_1}$$

设 $U_{C1}=20\text{V}$，而 $U_{B1}=U_{BE1}+U_O=(0.7+15)\text{V}=15.7\text{V}$，则

$$I_{E1max}=\left[(1+50)\times\frac{20-15.7}{10}\right]\text{mA}=21.9\text{mA}$$

由此可见 VT_1 不能提供 500mA 的电流，可将调整管改为复合管。

⑤ 由于流经 R_3 的电流为

$$I_{R3}=\frac{U_Z+U_D}{R_3}=\frac{5.3+0.7}{200}\text{A}=0.03\text{A}$$

忽略 VT_2 基极电流，则通过 R_2 的电流 $I_{R2}=0.03\text{A}$

$U_O=(R_1+R_2)I_{R3}=15\text{V}$

当 $R_3=200\Omega$ 时，电阻 R_2 的值为

$$R_2=\frac{U_O}{I_{R3}}-R_3=\frac{15}{0.03}\Omega-200\Omega=300\Omega$$

即应将电阻 R_2 改为 300Ω。

习题 10-15 知识点窍 直流稳压电路中保护电路的组成和类型。

逻辑推理 首先判断哪几种器件能构成保护电路，然后通过判断 I_L 的变化与大小来判定保护电路的类型。

解题过程 ①VT_2 和 R_3 构成限流型保护电路。正常工作时 VT_2 截止，因此，此时保护电路不起作用。当负载电流 I_L 超过某一临界值时，R_3 上的压降使 VT_2 导通，则调整管 VT_1 的基流被分流，于是 VT_1 中电流的增长将被限制。

②VT_3 和 R、R_3、R_4 构成减流型保护电路。当 I_L 增大到一定程度时，U_R-U_{R4} 的值使 VT_3 导通，于是 U_{C3}（即 U_{B1}）的电位将降低，使 U_O 下降，I_L 值同时减少。当输出端短路时，则 U_O 分压而在 R_3 上产生的电压为零，U_{R3} 只由 I_{E3} 流过 R_3 而产生，比值应比正常时低，因此，此时只有一个较小的电流 I_L 流过 R，而 U_R-U_{R3} 的值仍能维持 VT_3 导通。由于输出端短路时 $I_L\neq 0$，但较正常时小，故称为减流型保护电路。

③VT_2 与 R、R_3、R_4 构成减流型保护电路。当 I_L 增大到一定程度时，U_R-U_{R4} 的值使 VT_2 导通，$U_{C2}(=U_{B1})$ 下降，则 U_O 下降，I_L 减小。当输出端短路时，$U_O=0$ 时，U_{R4} 很小，一个较小的电流 I_L 流过 R，使 U_R-U_{R4} 的值仍能维持 VT_2 导通。此时 $I_L\neq 0$，但比正常时小，因此也是减流型。

④VT_3、VT_4 和 R、R_3、R_4 构成截流型保护电路。当 I_L 增大至某

一限度时，若 U_R 的值能够使 VT_4 导通，而 I_{C4} 流过 R_3 产生的压降又使 VT_3 导通。于是产生以下正反馈过程：

$I_{C4}\uparrow \to U_{R3}\uparrow \to I_{C3}\uparrow \to U_{R4}\uparrow \to I_{C4}$

由于正反馈的作用，VT_3 和 VT_4 迅速达到饱和导电状态，使 VT_1 和 VT_2 组成的复合调整管的发射结电压的值很低($\leqslant 1V$)，于是 VT_1 和 VT_2 将截止，$I_L \approx 0$，因此是截流型保护电路。

习题 10-16 知识点窍 三端集成稳压器的组成：串联型直流稳压电路、保护电路和启动电路。

电容滤波桥式整流电路的输入输出电压之间的关系：

$U_O = 1.2U_I$

逻辑推理 将 W7800 系列、W79L00 系列、W78M00 系列和 W79M00 系列三端集成稳压器的主要参数与题目中要求的电压与电流值进行对应。

解题过程 ① 应选 W7824。由于 $U_O = +24V$，$U_I = 33V$，同时采用电容滤波，要求变压器副边电压为 $U_2 \approx \dfrac{U_I}{1.2} = \dfrac{33}{1.2}V = 27.5V$

电路原理图如图解 P10-16(a) 所示。

② 应选 W79L05。由于要求 $U_I = 10V$，则要求变压器副边电压为

$$U_2 \approx \frac{U_I}{1.2} = \frac{10}{1.2}V = 8.33V$$

电路原理图如图解 P10-16(b) 所示。

③ 应选两个三端稳压管：W78M15 和 W79M15。

由于每边都要求 $U_I = 23V$，需采用有中心抽头的电源变压器，每边的副边电压为 $U_{21} = U_{22} = \dfrac{23}{1.2}V = 19.2V$

电路原理图如图解 P10-16(c) 所示。

注： 各图中的电容数值均为 $C = 2000\mu F$，$C_1 = 0.33\mu F$，$C_O = 0.1\mu F$。

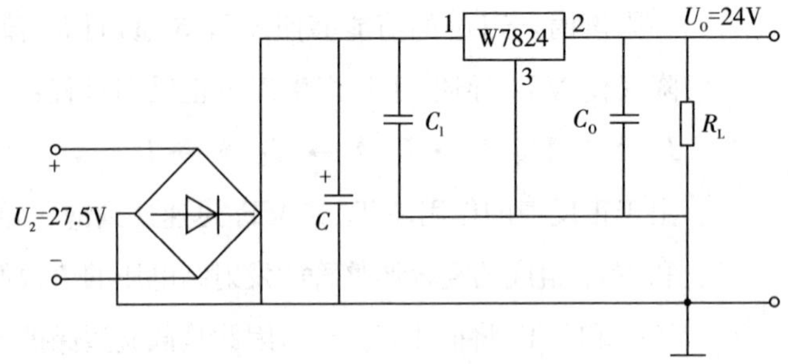

(a)

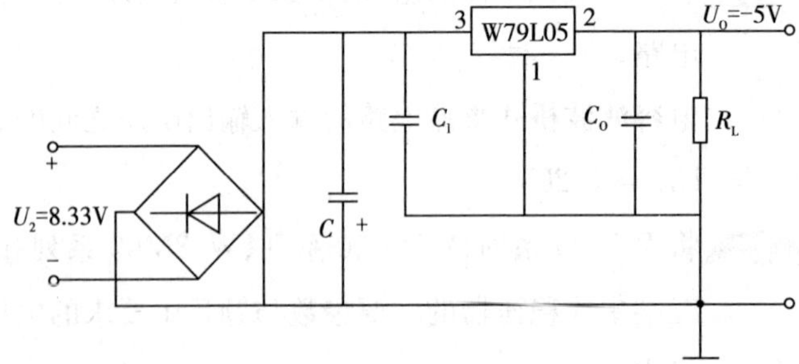

(b)

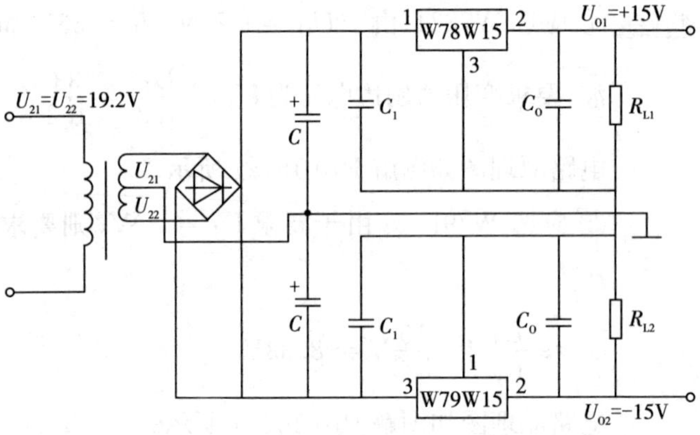

(c)

图解 P10-16

习题 10-17 知识点窍 三端集成稳压器的选择与正确使用；电容滤波桥式整流电路的输入、输出电压之间的关系：

$$U_1 = 1.2U_2$$

解题过程 (a) 有三处错误。

①U_2 的值太低，由于采用的三端集成稳压器为 W7818，因此要

求 $U_I=27V$，故应取

$$U_2=\frac{U_I}{1.2}=\frac{27}{1.2}V=22.5V$$

② 应加一个大容量的滤波电容，可取 $C=2000\mu F$，极性为正接在上面。

③ 由于W7818还有第三个引脚GND，应将 C_1 和 C_2 连接到此引脚上再连到公共端。

(b) 有三处错误。

① 由于题目要求 $-6V$，500mA 的直流稳压电源，因此应选用W79M06 三端稳压器。

② 滤波电容 C_1 的极性应反向。

③W79M06 有第三个引脚GND，要加一个电容 $C=0.33\mu F$，C_1 与 C_2 应与此引脚相连并接到公共端上。

习题 10-18 知识点窍 利用电阻来提高三端集成稳压器的输出电压：

$$U_O\approx\left(1+\frac{R_2}{R_1}\right)U'_O$$

逻辑推理 根据 U_O 与 U'_O 的关系进行求解。

解题过程 根据 U_O 与 U'_O 的关系：

$$U_O\approx\left(1+\frac{R_2}{R_1}\right)U'_O$$

可得 $R_2=\frac{1}{4}R_1=\frac{300}{4}=75\Omega$

习题 10-19 解题过程 ① 开关型稳压电路；② 线性稳压电路；③ 开关型稳压电路；④ 线性稳压电路。

习题 10-20 知识点窍 桥式可控整流电路的工作原理；晶闸管的平均电流 $I_{T(AV)}$ 与其峰值电流 I_{TM} 的关系：

$$I_{T(AV)}=\frac{1}{2}\pi\int_{\alpha}^{\pi}I_{TM}\sin\omega t\,d(\omega t)=\frac{1}{2}\pi\int_{180°-\theta}^{\pi}I_{TM}\sin\omega t\,d(\omega t)$$

逻辑推理 根据每个晶闸管的峰值电流与其平均电流和导电角之间的关系进行求解。

解题过程 当 $\theta = 180^\circ$ 时，相当于不可控桥式整流电路的情况，由 $I_{T(AV)}$ 和 I_{TM} 的关系：

$$I_{T(AV)} = \frac{1}{2}\pi\int_0^\pi I_{TM}\sin\omega t\,d(\omega t) = \frac{1}{\pi}I_{TM}$$

可得 $I_{TM} = \pi I_{T(AV)} = \pi \times 100A = 314A$

当 $\theta = 90^\circ$ 时，晶闸管的导电时间比 $\theta = 180^\circ$ 时减少一半，为了得到与 $\theta = 180^\circ$ 时同样的平均电流，其峰值应增大一倍，即

$I_{TM} = 2\pi I_{T(AV)} = 2\pi \times 100A = 628A$

习题 10-21 **知识点窍** 单相桥式整流电路中控制角 α 与导电角 θ 之间的关系：

$\alpha + \theta = 180^\circ$

整流电路输出电压的平均值为 $U_{O(AV)} = 0.9U_2\,\frac{1+\cos\alpha}{2}$

晶闸管承受的最大反向电压 $U_{TM} = \sqrt{2}U_2$

逻辑推理 首先根据实际电路与给定的参数值计算电流、电压值。再根据电压、电流的安全余量来选择晶闸管的参数。

解题过程 由控制角与导电角之间的关系 $\alpha + \theta = 180^\circ$，又已知 $\theta = 150^\circ$

则 $\alpha = 180^\circ - \theta = 180^\circ - 150^\circ = 30^\circ$

整流电路输出电压的平均值：

$$U_{O(AV)} = 0.9U_2\,\frac{1+\cos\alpha}{2} = \left(0.9 \times 380 \times \frac{1+\cos 30^\circ}{2}\right)V \approx 319V$$

可求得整流电流的平均值：

$$I_{O(AV)} = \frac{U_{O(AV)}}{R_L} = \frac{319}{10}A = 31.9A$$

习题 10-22 **知识点窍** 单结管脉冲发生电路的振荡周期：$T \approx RC\ln\frac{1}{1-\eta}$

脉冲宽度：$t_W \approx R_1C\ln\frac{U_P}{U_V}$

逻辑推理 从 U_C 的充放电过程对振荡周期和脉冲宽度进行估算。

解题过程 在电路的充电过程中，U_C 按指数规律变化，可表示为

$$U_C = V_{BB}(1 - e^{\frac{1}{RC}})$$

由教材图 10.9.7 可见，当 $t = T_1$ 时，$U_C = U_P \approx \eta V_{BB}$

将此关系代入上式，并近似认为脉冲周期 $T \approx T_1$，则可求得

$$T \approx T_1 \approx RC\ln\frac{1}{1-\eta}$$

在本题中 $C = 0.47\mu F, R = 17.7k\Omega, \eta = 0.7$，代入上式可得

$$T = RC\ln\frac{1}{1-\eta} = \left[17.7 \times 0.47\ln\left(\frac{1}{1-0.7}\right)\right]ms$$

$$\approx 10ms$$

则输出脉冲的频率为 $f = \frac{1}{T} = \frac{1}{0.01}Hz = 100Hz$

当 U_C 达到 U_P 以后，电容开始放电，在放电过程中，若认为电容主要通过 R_1 放电，$U_C \approx U_P e^{\frac{t-t_1}{R_1 C}}$

当放电到谷点时，$U_C = U_V, t = t_2$，则脉冲宽度为

$$t_W = t_2 - t_1 \approx R_1 C\ln\frac{U_P}{U_V}$$

在本题中 $R_1 = 100\Omega, C = 0.47\mu F, U_P = \eta V_{BB}, U_V = 5V$，代入上式可得

$$t_W = R_1 C\ln\frac{U_P}{U_V} = R_1 C\ln\frac{\eta V_{BB}}{U_V} = \left[100 \times 0.47\ln\left(\frac{0.7\times 20}{5}\right)\right]\mu s$$

$$= 48.4\mu s$$

习题 10-23 **知识点窍** 单结管脉冲发生电路的振荡周期为 $T = RC\ln\frac{1}{1-\eta}$；桥式可控整流电路控制角与导电角之间的关系为 $\alpha + \theta = 180°$；整流电路的输出电压为 $U_{O(AV)} = 0.9U_2\frac{1+\cos\alpha}{2}$。

逻辑推理 首先分清本电路由单结管脉冲发生电路和桥式可控整流电路组成，然后对各部分的参数值分别进行计算。

解题过程 ① 整流电路输出电压的平均值为 $U_{O(AV)} = 0.9U_2\frac{1+\cos\alpha}{2}$

则 $U_{O(AV)max} = 0.9U_2 \dfrac{1+\cos\alpha_{min}}{2}$

因此当 R_W 的滑动端处于最下端时，控制角 α 最小，此时输出的直流电压最大。

② 单结管脉冲发生电路的振荡周期：

$$T = RC\ln\frac{1}{1-\eta}$$

$$T_{min} = R_{min}C\ln\frac{1}{1-\eta} = 3k\Omega \times 0.68\mu F \times \ln\left(\frac{1}{1-0.56}\right) = 1.67ms$$

$$T_{max} = R_{max}C\ln\frac{1}{1-\eta} = (3+8.2)k\Omega \times 0.68\mu F \times \ln\left(\frac{1}{1-0.56}\right) = 6.25ms$$

$$\alpha_{min} = \frac{T_{min}}{20} \times 360° = \frac{1.67}{20} \times 360° \approx 30°$$

$$\theta_{max} = 180° - \alpha_{min} = 180° - 30° = 150°$$

$$\alpha_{max} = \frac{T_{max}}{20} \times 360° = \frac{6.25}{20} \times 360° \approx 113°$$

$$\theta_{min} = 180° - \alpha_{min} = 180° - 113° = 67°$$

因此，晶闸管导电角的变化范围为 67° ～ 150°。

③ 根据整流电路输出电压的平均值为

$$U_{O(AV)} = 0.9U_2 \frac{1+\cos\alpha}{2}$$

则 $U_{O(AV)min} = 0.9U_2 \dfrac{1+\cos\alpha_{min}}{2}$

$$= \left(0.9 \times 220 \times \frac{1+\cos 113°}{2}\right)V$$

$$= 60.3V$$

$$U_{O(AV)max} = 0.9U_2 \frac{1+\cos\alpha_{min}}{2} = \left(0.9 \times 220 \times \frac{1+\cos 30°}{2}\right)V = 185V$$

因此，直流输出电压的可调范围是 60.3 ～ 185V。

典型提高题

题 10-1 电路如图 D10-1 所示，该电路是利用半波整流电路的输出对一个 6V 可充电电池进行充电的电路。

已知：

①$U_2 = 9\text{V}$。

② 包括电池内阻在内的充电回路总电阻 $R = 6\Omega$。

③ 二极管的正向导通压降为 0.6V。

试求：

① 二极管的导电角 ϕ。

② 充电电流 i 的平均值 I_{av} 和峰值 I_m。

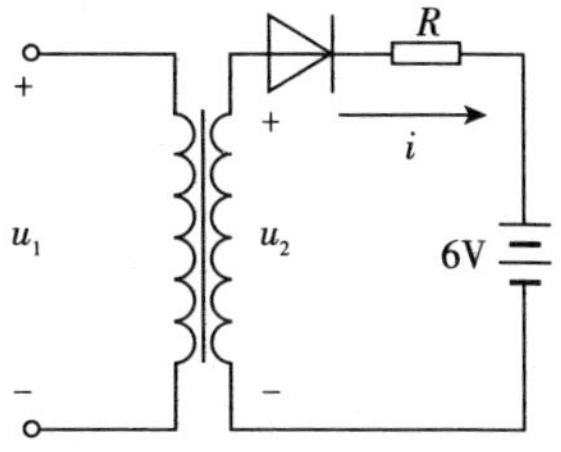

图 D10-1

【知识点窍】 二极管的单向导电性；平均电流 $I_{av} = \frac{1}{2\pi}\int_{a_1}^{a_2} i(\omega t)\mathrm{d}(\omega t)$；正弦波电压峰值与有效值之间的关系：$U_M = 2U$。

【逻辑推理】 首先写出 u_2 的瞬时电压表达式，根据二极管的单向导电性可求出导电角 ϕ，再根据所求出的导电角的大小计算平均电流与峰值电流。

解：① 由已知可得 $u_2 = \sqrt{2}U_2\sin\omega t = \sqrt{2}\times 9\sin\omega t$

要使二极管 D 导通，u_2 的瞬时值必须大于或等于可充电电池电压与正向电压降之和，即 6.6V，故二极管刚开始导通和刚开始由导通转换到截止时的 ωt 值，应满足 $\sqrt{2}\times 9\sin\omega t = 6.6$

即 $\sin\omega t = \frac{6.6}{\sqrt{2}\times 9} = 0.519$，得

$\omega t_1 = 30°15'$，$\omega t_2 = 148°45'$

故二极管的导电角为

$\phi = \omega t_2 - \omega t_1 = 148°45' - 31°15' = 171°30'$

② 当 D 导通时，充电电流为

$$i = \frac{\sqrt{2}\times 9\sin\omega t - 6.6}{R} = \frac{\sqrt{2}\times 9\sin\omega t - 6.6}{6}$$

$= \sqrt{2} \times 1.5\sin \omega t - 1.1$

将 ωt_1、ωt_2 换算为弧度，分别为 0.545 弧度和 2.6 弧度

故充电电流的平均值 I_{av} 为

$$I_{av} = \frac{1}{2\pi}\int_{0.545}^{2.6} (\sqrt{2} \times 1.5\sin \omega t - 1.1)\mathrm{d}(\omega t)$$

$$= \frac{\sqrt{2} \times 1.5}{2\pi}\int_{0.545}^{2.6} \sin \omega t\mathrm{d}(\omega t) - \frac{1.1}{2\pi}\int_{0.545}^{2.6} \mathrm{d}(\omega t)$$

$$\approx 218\mathrm{mA}$$

当 $\omega t = 90^\circ$ 时，充电电流达到峰值，其大小为

$$I_m = \frac{\sqrt{2} \times 9 - 6.6}{6}\mathrm{A} \approx 1.02\mathrm{A}$$

题 10-2 图 D10-2 所示电路是供给收音机用的稳压二极管稳压电路。要求：$U_L = 6\mathrm{V}, I_L = 0 \sim 50\mathrm{mA}$，电网电压波动 $\pm 10\%$。

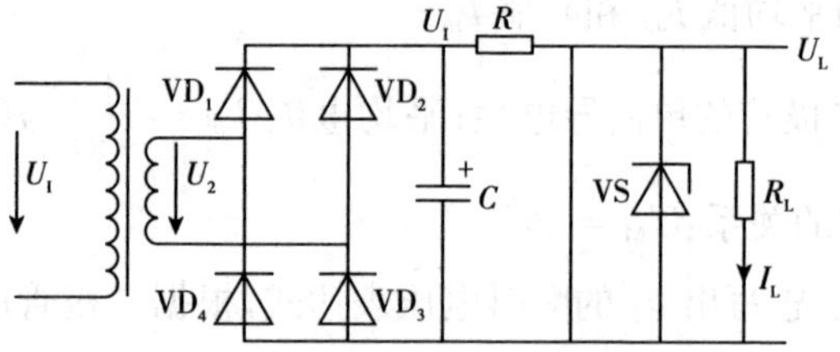

图 D10-2

选取：

① 稳压二极管；② 稳流电阻 R；③ 滤波电容 C；④ 整流二极管；⑤ 变压器。

【知识点窍】 电容滤波整流电路的滤波原理。

限流电阻 R 的选择：$R > \frac{U_{Imax} - U_L}{I_{Zmax} - I_{Lmin}}, R < \frac{U_{Imin} - U_L}{I_{Zmin} + I_{Lmax}}$

整流二极管的耐压：$U_D = \sqrt{2}U_2$

【逻辑推理】 根据限流电阻 R 的选择原则求解。

解：由给定条件可知

$I_{Lmin} = 0, I_{Lmax} = 50\mathrm{mA}$

整流滤波后电压 $U_I = (2 \sim 3)U_L(1 \pm 10\%)$，则

$U_{Imin} = 2.5 \times U_L \times 0.9 = (2.5 \times 6 \times 0.9)\mathrm{V} = 13.5\mathrm{V}$

$U_{Imax} = 2.5 \times U_L \times 1.1 = (2.5 \times 6 \times 1.1)\mathrm{V} = 16.5\mathrm{V}$

① 选取稳压二极管。

$U_Z = U_L = 6V$

$I_{Zmax} = (2 \sim 3) I_{Lmax} = (2 \sim 3) \times 50mA = 100 \sim 150mA$

查手册选取 $P_Z = 0.5W$ 的 6V 稳压管。

$I_{Zmin} = 5mA, I_{Zmax} = P_Z / U_Z = 0.5W/6V = 83mA$ 近似满足要求。

② 选取限流电阻 R。

$$R > \frac{U_{Imax} - U_L}{I_{Zmax} + I_{Lmin}}, \text{即 } R > \frac{(16.5 - 6)}{(83 + 0)mA} = 0.127k\Omega = 127\Omega$$

$$R < \frac{U_{Imin} - U_L}{I_{Zmin} + I_{Zmax}}, \text{即 } R < \frac{(13.5 - 6)V}{(5 + 50)mA} = 0.135k\Omega = 135k\Omega$$

选取 $R = 130\Omega$

$$P_R = (2 \sim 3) \frac{(U_{Imax} - U_L)^2}{R} = 2 \times \frac{(16.5 - 6)^2}{130} W = 1.7W$$

选取限流电阻的额定功率为 2W。

③ 选取滤波电容 C。

由 $U_{Imax} = 16.5V, I_{Lmin} + I_{Zmin} = (50 + 10)mA = 60mA$

对应的等效负载电阻 $R_L = 16.5V/60mA = 275\Omega$

$f = 50Hz, T = 0.02s$

则滤波电容的大小为

$$C = \frac{(3 \sim 5) \frac{T}{2}}{R_L} = \frac{(3 \sim 5) \times \frac{1}{2} \times 0.02s}{275\Omega} = 109 \sim 182\mu F$$

现选取滤波电容为 $200\mu F/50V$

④ 选取整流二极管。

$$I_D = \frac{1}{2} I_L = \frac{1}{2} \times 60mA = 30mA$$

$$U_{D(BR)} = \sqrt{2} U_2 = \sqrt{2} \times \frac{16.5}{1.2} V = 19.3V$$

考虑到滤波电容的冲击电流余量，选取 2CPL4(100mA，200V) 四支。

⑤ 选取变压器。

$$U_2 = \frac{U_I}{1.2} = \frac{15V}{1.2} = 12.5V$$

题 10-3 一硅稳压管稳压电路如图 D10-3 所示。已知：未经稳定的直流输入电压 $U_I = 30V$，限流电阻 $R = 2k\Omega$，硅稳压管 D_Z，在测试电流 $I_Z = 10mA$ 时测得的稳定电压 $U_Z = 8V$，动态电阻 $r_Z = 15\Omega$，负载电阻 $R_L = 1k\Omega$。试求：

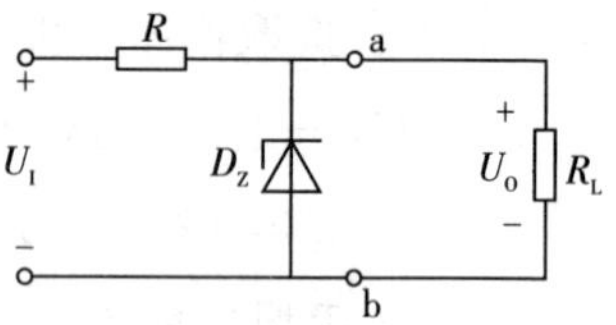

图 D10-3

① 输出电压 U_O、输出电流 I_O、流过 D_Z 的电流 I_Z。

② 该稳压电路的内阻 R_o。

③ 若负载电阻 R_L 减小到 0.5kΩ，求 U_O，I_O 和 I_Z。

【知识点窍】 稳压管工作于稳压状态的条件为稳压管被击穿；欧姆定律，即 $U = IR$；KCL 定律；KVL 定律。

【逻辑推理】 首先根据稳压管的稳压性值即可确定 $U_O = U_Z$，然后确定 I_O 与 I_Z 的值。

解：① 假设 D_Z 未接入电路，此时 R_L 两端的电压为

$$U_L = \frac{R_L}{R_L + R}U_I = \frac{1}{2+1} \times 30V = 10V > U_Z$$

由此可见硅稳压管在电路中可以被击穿，工作于稳压状态。

故 $U_O \approx U_Z = 8V$

$$I_O = \frac{U_O}{R_L} = \frac{8}{1}mA = 8mA$$

$$I_Z = \frac{U_I - U_O}{R} - I_O = \left(\frac{30-8}{2} - 8\right)mA = 3mA$$

② 将硅稳压管用一个电阻与电压的串联电路来等效，如图解 D10-3(a) 所示。然后将虚框内的稳压电路用戴维南定理等效为一个电压源（由开路电压 U'_O 及内阻 R_o 组成），等效电路如图解 D10-3(b) 所示。

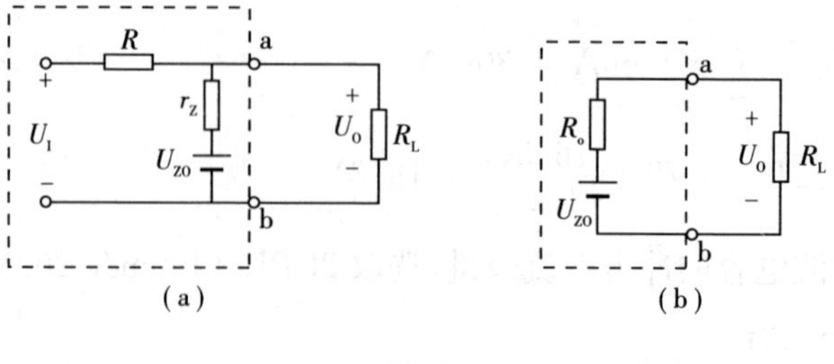

(a) (b)

图解 D10-3

稳压电路的内阻 R_o 等于从 a、b 两端往虚框看进去的稳压电路（有源二端网络）的入端电阻，即